蚯蚓在南方红壤地区的农业应用

张 池 戴 军 等 著

科 学 出 版 社

北 京

内 容 简 介

本书详细介绍了我国南方红壤地区常见的几种蚯蚓的特征及其繁殖技术，阐述了蚯蚓对农业废弃物处置、酸化土壤、重金属污染土壤、有机污染土壤、肥力贫瘠退化土壤、建设项目临时用地损毁土壤的影响及其田间管理技术。全书以作者和有关实验室多年来的蚯蚓生态学研究成果为依据，结合国内外相关研究进展编著而成，对以蚯蚓为主导的生物技术的进一步研发和应用工作具有一定的参考价值。

本书可供土壤学、生态学、生物学等专业的研究人员、高校教师、研究生及本科生阅读参考。

图书在版编目（CIP）数据

蚯蚓在南方红壤地区的农业应用 / 张池等著. —北京：科学出版社，2024.7

ISBN 978-7-03-077519-1

Ⅰ. ①蚯… Ⅱ. ①张… Ⅲ. ①蚯蚓－应用－红壤－农业科学－研究－中国 Ⅳ. ①S155.2

中国国家版本馆 CIP 数据核字（2024）第 013766 号

责任编辑：郭勇斌 冷 玥 覃 理 / 责任校对：周思梦
责任印制：徐晓晨 / 封面设计：义和文创

科学出版社出版
北京东黄城根北街 16 号
邮政编码：100717
http://www.sciencep.com
北京华宇信诺印刷有限公司印刷
科学出版社发行 各地新华书店经销
*
2024 年 7 月第 一 版 开本：720 × 1000 1/16
2024 年 7 月第一次印刷 印张：13 1/4
字数：260 000

定价：118.00 元

（如有印装质量问题，我社负责调换）

编 委 会

FOREWORD

Agroecological practices are now widely recognized as an alternative to solve all the problems generated by the development of industrial models of soil management in the 20th Century. In this context，earthworms that are major drivers of soil processes and supports of all soil-based ecosystem services，are a key element to consider.

This book is a very timely and extremely well documented contribution to the development of agroecological practices that will significantly improve the ecological，sociological and economic conditions of agriculture，in China and worldwide.

China and earthworm research have a long common history. One century before Aristoteles recognized earthworms as the intestine of soils，in the Yue Ling part of the Book of Rites mentioned the relationship of earthworms and natural season. The first earthworm species ever described from China was *Pheretima aspergillum*，mentioned by Perrier in 1872. In 2018，the pioneer Fang Bingwen and many Chinese and foreign specialists have progressively explored the earthworm fauna，with 640 species identified so far and still many more to discover.

In the last 20 years，earthworm ecology has developed enormously and in 2018，in the international ISEE symposium，around 280 Chinese specialists presented 43 communications to the＞350 delegates present at the event. 2574 research papers have been published by Chinese scholars on the theme of earthworms since 1980（source：Web of Science），accounting for 21% of the average proportion of papers on the same topic in the same period in the world. In 2021，333 articles were published and accounted for 38% of world publications.

South Chinese institutions，especially South China Agricultural University，have played a significant role in this dynamic，led by Professor Dai Jun，Zhang Chi and their research team accompanied in their effort by recognized international specialists from France and other countries. This book presents a very rich documentation of the research done during the last 20 years，mostly oriented towards the description of the existing communities and ways to enhance the enormous potential of these animals in resolving a number of crucial problems faced by farmers in the use of soils.

China has a large diversity of earthworm species，and soils of South China，with its relatively warm climate, have a large number of both native and exotic species.

First focused on their medicinal properties, earthworm applied research has applied to enhancement of plant protection and growth and to soil depollution and restoration. Since 1989, nearly 1400 domestic patents have been taken on earthworm breeding technologies, showing a huge interest for multiplication of earthworms to support their use in medicinal, restoration, agroecological or depollution practices (Chapter 3).

Earthworm based technologies are now widely developed worldwide with an intensive dynamics and important scientific support in South China. Vermicomposting is the most widespread and directly used technology. This is a very strategic research since it is estimated that 620 million t of agricultural wastes and much larger amounts of domestic organic wastes will have to be composted and returned to agricultural fields to offset the totally unsustainable use of industrially produced chemical fertilizers. Chapter 4 offers a great synthesis of local research set in the global context of international research. Effects of vermicompost in decreasing soil acidity, neutralizing toxic metals in organic complexes, improving plant production and protection against diseases is widely documented in a very comprehensive and clear way.

Acidification and the subsequent release of Al in toxic forms is a common problem in South China, enhanced by the continuous cropping of such plants as tea (Chapter 5). The effect of earthworms in increasing pH in their casts (from 0.4 up to 1.0 pH unit) and shifting Al atoms in less toxic forms, has been demonstrated and analyzed in experimental situations. A remarkable result is a decrease of 39.7% (in presence of the native species *Amynthas robustus*) to 68.5% (exotic species *Pontoscolex corethrurus*) in Al exchangeable concentration in earthworm casts, but still 30.7% (native *Amynthas robustus* species) to 61.7% (exotic *Pontoscolex corethrurus*) in the non-ingested soil. The extension of the earthworm effects beyond the sole casts is a remarkable result that should be explained in future research. A comparison of performances of native vs. exotic species shows significant differences, with occasional improved effects of exotics vs. natives that shall be taken into consideration in possible manipulations.

The next chapters of the book propose options of soil management using earthworms as a key agent to improve soil conditions. Soil metal contamination is a great problem because of industrial and agricultural activities (Chapter 6). It is now a major problem with crop products often exhibiting contamination levels close to or beyond legal thresholds. Depollution of soils contaminated with heavy metals (Chapter 6) has been the object of a rather large number of studies. Earthworms have significant effects on the speciation of metals and their availability to plants. Laboratory experiments test the hypothesis that the combined use of organic inputs, epi-endogeic earthworms and an association of hyperaccumulator and crop plant may allow produce safe food in a contaminated soil. In this complex system, earthworms develop their activities feeding on the organic inputs. By so doing, they activate in their guts microorganisms that mineralize organic matter and release metals in mineral available forms. While part of it will accumulate in the earthworm biomass, the rest is deposited as casts in soil. Hyperaccumulator plants successfully compete with crop plant in the absorption of the metal mineral ions. Laboratory experiments verified the hypothesis although they also show that the precise design of the technology still needs answering a number of key questions: which earthworm species to use? Which quality and quantity for the organic matter input? Which plants can be used, either as accumulator or crop, and in which proportions? Much is still to experiment already to propose a successful technology.

Earthworms are also presented as a solution to the depollution of soils contaminated with resistant organic pollutants (Chapter 7). This category actually comprises a wide diversity of compounds, from pesticides to antibiotics, polycyclic aromatic and other refractory compounds. A large number of studies, realized in China and elsewhere, show a great potential of earthworms to assist depollution via bioaccumulation in earthworm bodies, mineralization, during the gut transit and in fresh casts, by specific microbial communities and a general enhancement of microbial depollution activities through improved physical conditions in soil and bioturbation. Much research is still needed to better sort out processes involved and the relative efficiency of different earthworm species in the process.

Chapter 8 deals with restoration of degraded soils.After reminding the different ways to activate restoration through biological processes the chapter presents the FBO technology, a comprehensive restoration technique based on the nucleation process i.e., creating small areas of fully restored ecological functionality in a large degraded area. In this technique that associates inputs of organic matters of different qualities, the inoculation of soil feeding earthworms, from the endogeic and epiendogeic categories, is a key process that will stimulate and select microbial activities, enhance plant growth and restore suitable physical properties, soil aggregation, building of a diverse and connected porous space and organic matter storage and conservation in aggregated structures. Spectacular results have been obtained worldwide and Chinese experiments in tea garden plantations of Guangdong have been pioneering in that respect. Research showed that the FBO technology may allow a direct transition from conventional to organic practices，conserving similar levels of production but with organoleptic quality increased by 15% on average.

The last chapter addresses the issue of restoration of disturbed soil in construction projects. This broad topic related to the technosol issue is of great relevance in China where the building effort has been outstanding during the last two decades. Experiments confirm the ability of earthworms to improve chemical，physical and biological conditions in this context. Much research however is still needed to provide comprehensive methodologies and define ways to incorporate earthworm activities in the restoration process.

This book is generally well written and illustrated， with hundreds of references to national and international literature. Chapters have a first part that provides the reader with all the technical elements and results taken in the general literature. Chapters then have a second part where results from the regional research projects are detailed. This is a very complete，outstanding and timely contribution to the technical development of an agriculture that will enhance the production of ecosystem services by soils， prevent any kind of degradation and produce safe alimentation. It should be recommended to scientists and technicians involved in soil science and management.

Patrick　Lavelle
Sorbonne University
January　2024

序

人们普遍认为生态农业是解决 20 世纪工业化模式下土壤管理发展所带来的诸多问题的一种替代方案。在这种情况下，蚯蚓作为成土过程的主要驱动力和维护所有土壤生态系统服务功能的重要支撑，是值得考虑的关键要素。

《蚯蚓在南方红壤地区的农业应用》及时为生态农业的发展补充了非常翔实的资料，对改善中国和世界农业的生态、社会和经济条件具有重要意义。

中国在蚯蚓研究方面有着悠久的历史。《礼记·月令》中就已提到蚯蚓与自然季节的关系，比欧洲亚里士多德提出“蚯蚓是地球的肠道”早了一个多世纪。1872 年，Perrier 详细描述了参状环毛蚓，这是在中国第一个被描述的蚯蚓蚓种。从那时起，中国学者方炳文和许多中外专家一起逐步探寻了蚯蚓类群，到 2018 年为止已鉴定出蚯蚓 640 种，但仍然有很多种类尚未发现。

在过去的 20 年里，蚯蚓生态学取得了巨大的发展。2018 年，在上海召开的国际蚯蚓生态研讨会上，与会代表总计 350 多名。其中 280 余名中国专家向大会提交了 43 个研究通讯简报。1980～2021 年，中国学者以蚯蚓为主题发表的研究论文总计 2574 篇（来源：Web of Science），占同期全球相同主题论文平均比例的 21%；仅 2021 年，中国发表相关论文总计达 333 篇，占世界发表物总数的 38%。

在这一时期，华南的科研机构，特别是华南农业大学戴军教授、张池博士及其研究团队，联合法国和其他国家的知名专家们一起发挥了重要作用。这本书提供了过去 20 年研究的丰富资料，主要针对现有华南蚯蚓种群进行描述，提出如何增强这些土壤动物的巨大潜力，以解决农民在土壤使用中面临的许多关键问题。

中国蚯蚓种类繁多，而华南气候温暖，拥有大量本土和外来蚯蚓物种。

中国对蚯蚓的应用研究最初关注其药用价值，目前已应用于增强植物保护和生长、土壤污染防治和生态恢复。自 1989 年以来，中国已有近 1400 项专利涉及蚯蚓养殖技术，表明人们对蚯蚓繁殖技术的巨大兴趣，以支持其在药用、土壤恢复、农业生态学或污染治理实践中的应用（第三章）。

基于蚯蚓的应用技术已在世界范围内广泛使用，中国华南地区为这一发展提供了强大的动力和重要的科学支持。蚯蚓堆置处理技术是目前应用最广泛且最直接的技术。据估算，将有 6.2 亿 t 农业废弃物和更多的生活有机废弃物必须经过堆肥处理后返回农田，以抵消工业化肥完全不可持续利用的影响。因此，蚯蚓堆置处理技术是一项非常具有战略意义的研究。第四章综述了全球背景下中国本土相关研究情况，并全面和清晰地介绍了蚯蚓堆肥技术在降低土壤酸度、中和有机复合物中的有毒金属、提高植物产量和防治作物病害等方面的作用。

酸化和铝毒是华南地区土壤存在的普遍问题，同时连续种植茶叶等植物也加剧了这种现象的发生（第五章）。本书中提到的研究已证实蚯蚓蚓粪可以将土壤pH提高0.4～1.0，并且可以将铝元素转化为毒性较小的形态；蚓粪中交换性铝的浓度可以显著减小39.7%（本地种，壮伟远盲蚓）至68.5%（外来入侵种，南美岸蚓），在未吞食土壤中也明显减小30.7%（壮伟远盲蚓）至61.7%（南美岸蚓）。值得注意的是蚯蚓的作用不只体现在蚓粪上，这应在未来的研究中得到解释。另外，本地种与外来种调控土壤铝的功能差异明显，值得关注的是外来种有时比本地种有更好的调控效果。

接下来，第六章提出用蚯蚓作为关键元素改善金属污染土壤的管理措施。由于工业农业活动，土壤金属污染已成为一个严重的问题，一些农作物产品的重金属富集量已接近或超过法定污染水平阈值。因此，重金属污染土壤的修复成为大量研究的热点（第六章），而蚯蚓对金属的形态及其植物有效性具有重大影响。通过实验室模拟试验验证了这样的科学假设：添加有机物，接种食土类蚯蚓，并种植超富集植物和农作物这一体系能够在受污染的土壤中生产安全的粮食作物。在这个复杂的系统中，蚯蚓以添加的有机物为食进行生命活动，激活肠道微生物，加速有机物矿化并释放有效态金属。虽然部分金属会积累在蚯蚓体内，但其余部分会保留在蚓粪中。超富集植物与农作物竞争，成功吸收更多的金属离子。尽管目前实验室研究验证了这一科学假设，但是该技术仍需进一步精确设计，来回答以下关键科学问题：哪种蚯蚓更适合在这个体系内使用，如何控制有机物输入的质量和数量，哪些植物可以用作该系统的超富集植物或农作物，以及如何设计二者的种植比例。为了成功应用该技术，我们仍有很多工作要做。

蚯蚓也被提出作为一种解决持久性有机污染物污染土壤的方案（第七章）。这些有机污染物实际上包括各种各样的化合物，如杀虫剂、抗生素、多环芳烃和其他难以降解化合物等。在中国及世界其他地区，大量研究已表明蚯蚓对有机污染土壤修复具有巨大的潜力。蚯蚓可以通过自身体内的生物积累和矿化、改变肠道和新鲜粪便中特定微生物群落，以及通过改善土壤的物理条件和生物扰动增强微生物作用等来协助有机污染物的降解。未来我们需要进行更多的研究以便更好地梳理这些过程，同时比较不同蚯蚓种类在这一过程中的分解效率。

第八章涉及了肥力贫瘠退化土壤的修复。首先介绍了利用生物过程激活土壤的不同方法，其次主要介绍了蚯蚓有机生物培肥（FBO）技术。FBO技术是一种基于以下核心进程的综合修复技术：其在大面积退化区域中创建完全恢复生态功能的小区域，将不同质量的有机物质共同投入土壤，并筛选和接种食土类蚯蚓（内层种和表-内层种）。接种适宜蚯蚓这一关键过程能够激活土壤微生物，并招募有益微生物，促进植物生长、恢复土壤适宜的物理特性，形成土壤团聚体，并建立多样且连通的多孔空间，将有机物储备并固存在团聚体中。这一技术已在世界范围内取得了惊人的成果，中国在广东茶园的试验处于领先地位。该研究表明 FBO 技术能够使茶园从传统常规管理向有机管理进行直接地过渡，在茶园保持相同的生产力水平下，明显提高 15%的茶叶感官品质。

第九章讨论了因建设项目被扰动的土壤恢复问题。在过去的 20 年中，中国的建设成果十分出色，工程土相关的研究在中国具有非常重要的意义。这一章的研究证实了蚯蚓在类似土壤恢复过程中改善土壤化学、物理和生物条件的能力。然而，未来我们仍需要大量研究来提供全面的方法论，并明确如何将蚯蚓纳入修复进程的具体方法。

总体上来讲，这本书写得很好，插图也很美观，参考了很多国内外文献资料。各章节的前半部分为读者提供了基本的技术要素和结果，后半部分详细介绍了区域研究项目的结果。这本书非常全面、突出和及时，为农业技术发展做出了贡献，将有助于提高土壤生态系统服务，防止土壤退化并提供安全的农产品。推荐此书供从事土壤科学与管理的科技人员择用。

帕蒂克 · 拉威尔教授

索邦大学

2024 年 1 月

前　言

蚯蚓是一种生活在土壤中的神奇动物。其拥有多个心脏、雌雄同体，没有眼睛和腿脚，但能在土壤中随意穿行。它们吃进去大量废弃物，却能变废为宝，给土壤生态系统功能带来巨大的影响。本书拟讲述中国南方红壤中主要的几种蚯蚓特征和分布，阐述蚯蚓的繁育技术，不仅归纳它们在南方对农业废弃物处置，以及对酸化土壤、重金属污染土壤、有机污染土壤、肥力贫瘠退化土壤、建设项目临时用地损毁土壤的修复研究进展，同时也涉及相关成果的蚯蚓田间管理技术等内容，以期为以蚯蚓为主导的生物技术的进一步研发和应用提供参考。

本书共分为九章，第一章简要介绍国内外蚯蚓研究进展，第二章主要介绍华南地区典型蚯蚓的特征及分布，第三章主要介绍蚯蚓繁育技术，第四章主要介绍蚯蚓对有机废弃物的处置，第五章主要阐述蚯蚓对土壤酸化的响应和铝形态的影响，第六章主要介绍蚯蚓对重金属污染土壤的影响，第七章主要介绍蚯蚓对土壤有机污染物的影响，第八章主要介绍蚯蚓对肥力贫瘠退化土壤的修复，第九章主要阐述蚯蚓在建设项目临时用地损毁土壤生态恢复中的应用潜力。

本书各章分工：第一章由张池、钟鹤森、侯舒雨、张孟豪、周波、戴军撰写，戴军统稿；第二章由张孟豪、陈思怡、吴家龙、吴玲、张池撰写，张池统稿；第三章由林晓钦、周波、崔莹莹、刘婷、刘科学撰写，周波统稿；第四章由崔莹莹、林晓钦、周波、李静娟、张聪俐撰写，周波统稿；第五章由吴家龙、王皓宇、任宗玲、肖玲、李欢欢撰写，张池统稿；第六章由钟鹤森、侯舒雨、陈益清、代金君、刘青撰写，张池统稿；第七章由侯舒雨、钟鹤森、王珏、贾丽撰写，王珏统稿；第八章由李静娟、杜彦、陈思怡、陈旭飞、罗中海撰写，戴军统稿；第九章由李明惠、陈益清、袁中友、李灿、姜敏撰写，张池统稿。由衷感谢上述人员的撰写。

本书的出版得到了国家自然科学基金（41201305）、广东省自然科学基金（2021A1515011543）、科技基础资源调查专项（2018FY100300）、广东省农业农村厅农业科技发展及资源环境保护管理项目（2022KJ161）等项目的资助。

本书的主要内容是在作者多年研究成果的基础上整理而成的，同时也尽可能多地参阅近期国内外重要蚯蚓文献，以期更准确、恰当地对我国南方蚯蚓的应用研究进行全面梳理。本书可供土壤学、生态学、生物学等专业的研究人员、高校教师、研究生及本科生阅读参考。由于作者水平有限，书中可能存在一些疏漏之处，敬请读者批评指正。

作　者

2023 年 12 月

目　录

第一章　绪　论

蚯蚓被称为“土壤的肠道”（Gilbert，1789）、“地球上第一劳动者”和“生态系统工程师”（Kevan，1985；Lavelle，1997；Edwards，2004），在我国又俗称“地龙”、“曲蟮”和“歌女”等（陈义，1956）。它在土壤中看起来十分微小，但是通过取食分解凋落物和土壤、排泄蚓粪、分泌黏液和挖掘洞穴等活动影响土壤的形成（Carpenter et al.，2007；Frouz et al.，2007）和营养循环（Adejuyigbe et al.，2006；Costello and Lamberti，2008；Suárez et al.，2004），通过与地下生物相互作用，参与粮食、木材和纤维的生产，以及水分的运移、气候的调节和环境的修复等生态过程（Blouin et al.，2013），是保障生态系统功能和服务的关键土壤生物（Blouin et al.，2013；Byers et al.，2006；Lavelle et al.，2016；Edwards and Arancon，2022）。人们对蚯蚓已研究了140多年，本章主要介绍国内外蚯蚓研究历程、组织机构和研究模式以及华南地区蚯蚓的研究回顾及展望。

第一节　国内外蚯蚓研究历程

一、国外研究历程

1881年英国生物学家、进化论奠基人达尔文撰写的《腐殖土的形成和蚯蚓的作用》（*The Formation of Vegetable Mould Through the Action of Worms with Observations on Their Habits*）是人们进行蚯蚓研究的开端，达尔文根据自己40年的科学观察，提出“蚯蚓在世界历史上扮演着最重要的角色”（Edwards and Arancon，2022），“蚯蚓对土壤形成具有极其关键的作用”（Satchell，1983；Jouquet et al.，2010）。这本专著一经出版，在短短一个月内就售出了3500本，其100多年的销量甚至可媲美达尔文的另一部巨著《物种起源》（Feller et al.，2003）。这本专著的出版打破了长久以来人们普遍认为蚯蚓是农田害虫的观念，它的内容已接近现代土壤科学理论的思想和体系，使科学界和普通大众由此开始关注“蚯蚓生物扰动对土壤形成、肥力、植物生长、有机物的储存和矿物质富集等方面的作用”（Satchell，1983；Jouquet et al.，2010）。这本专著的出版也开启了19世纪末20世纪初科学家们对蚯蚓的形态学、组织学、分类学以及对环境因子响应等方面的研究热潮（傅声雷等，2019）。

20世纪80年代，蚯蚓生态学理论研究有明显进展，大量研究出现在这一时期出版的著作中。1983年，Satchell教授编著了《蚯蚓生态学：从达尔文到蚯蚓饲养》（*Earthworm Ecology，from Darwin to Vermiculture*）一书。这本专著一方面着重强调了达尔文对蚯蚓生态学的贡献，另一方面详细介绍了蚯蚓与腐殖质结构、团聚体、有机质分解的关系，阐明了草地、森林、耕地等不同土地利用方式下土壤中蚯蚓的生态学特征、蚯蚓与微生物关系、蚯蚓进化及分布方式；另外，该书强调了蚯蚓与污染土壤的关系，指出蚯蚓作为食品、药品、有机废物高效处理生物的应用潜力。同一时期，Lee教授在1985年出版了《蚯蚓：它们的生态学及其与土壤和土地利用方式的关系》（*Earthworms，Their Ecology and Relationships with Soils and Land Use*）一书，使蚯蚓生态学向更广阔的领域发展（Kretzschmar，1992）。全书引用了814篇文献，详细地描述了蚯蚓生态学基础知识，特别突出了蚯蚓生存的环境要求、蚯蚓的生活史、数量及行为方式、生态策略、能量关系，以及它们与捕食者、寄生虫和病原体的关系；介绍了蚯蚓对土壤和植物生长的影响，以及其与不同土地利用方式的关系；同时该书还系统介绍了蚯蚓废弃物处置技术和作为蛋白资源的应用技术（Lee，1985；Edwards and Arancon，2022）。这些研究对蚯蚓生态学的发展及生态功能、应用技术的研究极具重要的参考价值。

20世纪90年代后，蚯蚓的生态学研究进入了高潮，一系列综合性著作出现。Lavelle和Spain教授于2001年编著了《土壤生态学》（*Soil Ecology*）一书，详细阐述了“生态系统工程师”蚯蚓对土壤形成、物理结构、有机质分解、氮素转化、微生物活性、植物生长和生产等各方面的影响，鲜明地提出了蚯蚓在时间和空间上对土壤形成的作用、土壤碳储存和养分的保护机制，并提出了蚯蚓与微生物协同互作的“睡美人”理论。2011年，Karaca等结合了最新的研究成果，编著了《蚯蚓生态学》（*Earthworm Ecology*），不仅论述了大量新的实验技术，如采用超滤法、离子交换色谱法、凝胶过滤法和高效液相色谱法制备和纯化蚯蚓抗菌肽的方法和规程；同时，也详细分析了蚯蚓取样的优化问题，讨论了蚯蚓对土壤团聚体形成和土壤结构的影响，进行了基于蚓科13属30种蚯蚓的腺体比较解剖学研究；阐述了利用蚯蚓改良土壤的方法、蚯蚓进化生物学、不同尺度蚯蚓与土壤酶的关系、蚯蚓在土传植物真菌病害生物防治中的作用、综合利用蚯蚓粪产品抑制多种植物病虫害的发生、蚯蚓粪对作物产量的影响、蚯蚓先天免疫系统、蚯蚓中药研究的有效靶点、蚯蚓作为生物指示剂和生物监测器的应用、分子标记适合于解决蚯蚓生态学的各种问题以及蚯蚓种群动态和有机农业系统在温带气候中的影响。继1972年、1977年、1996年Edwards教授分别撰写和出版了《蚯蚓生态学》第一版、第二版、第三版后，2022年他的第四版《蚯蚓生态学》出版了，这是迄今为止最新和最全面介绍蚯蚓的一本书籍。它汇总了国际上著名期刊发表的 1700 篇文献，全面介绍了蚯蚓生物学和生态学，包括蚯蚓形态学、生理学、多样性及分布、生活史及行为等生物学特征，还有蚯蚓种群、环境响应、对有机质和养分的作用与微生物和其他无脊椎动物的关系，以及对土壤结构、肥力和产量的影响、蚯蚓害虫及益虫、蚯蚓环境管理和毒理学、农业措施和化学物对蚯蚓的影响、有机废物处理等内容（Edwards and Arancon，2022）。

另外，关于蚯蚓应用技术的书籍也大量出现，其中 Sherman 教授 2018 年出版的《蚯蚓养殖手册：大规模蚯蚓堆肥技术和体系》（*The Worm Farmer's Handbook: Techniques and Systems for Successful Large-Scale Vermicomposting*）引起了极大关注。该书介绍了有机废物的蚯蚓堆肥管理，详细描述了蚯蚓堆肥具有更高的养分水平和更低的可溶性盐含量、改善土壤空气、孔隙度和持水性，抑制植物病害和虫害等特征，介绍了中型和大型企业回收食物垃圾、庭院装饰物、粪便、办公纸碎屑物进行蚯蚓堆置处理的过程，阐述了美国、新西兰、中东、欧洲等国家和地区成功养殖蚯蚓的细节，包括生产管理、堆肥原料、蚯蚓床筛选、测试、蚯蚓肥的包装储存等。

至此，经过 100 多年的蚯蚓研究发展，蚯蚓分类学、形态学、生理学、行为学、毒理学、生态学、药理学等方面有大量研究涌现（图 1.1）。随着分子生物学、同位素技术、地理信息技术的快速发展，蚯蚓理论研究将日趋深入；随着新材料和新技术的使用，蚯蚓的应用研究未来更值得关注。蚯蚓与微生物、植物的联合修复技术，以及蚯蚓与生物炭和纳米吸附材料等联合应用技术，将在未来有长足的发展。正如 Edwards 教授所讲："未来仅用一卷书来涵盖所有蚯蚓的研究主题会变得越来越困难。"（Edwards and Arancon，2022）。

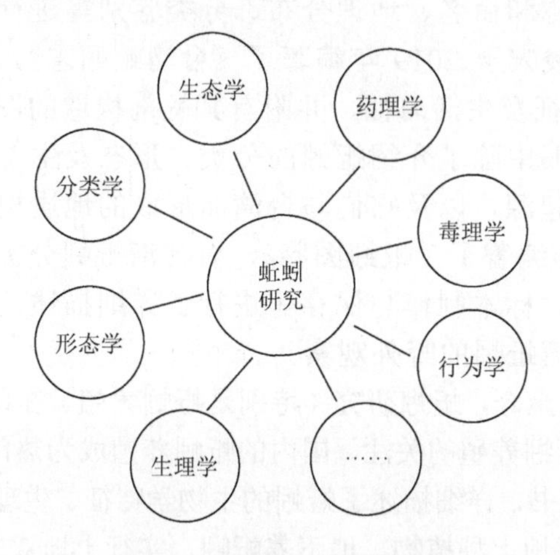

图 1.1 蚯蚓研究涉及的内容

二、国内研究历程

我国关于蚯蚓的记载，最早可在《礼记·月令》中查到，比亚里士多德提出“蚯蚓是地球的肠道”这一说法早了一个多世纪。“蚯蚓”一词取自李时珍《本草纲目》“蚓之行也，引而后申，其蝼如丘，故名蚯蚓”（陈义，1956）。国内真正的蚯蚓研究起步相对较晚，1872 年 Perrier 命名参状环毛蚓标志着我国开始进入了蚯蚓分类学科学研究（徐芹和肖能文，2011）。但是1872～1928 年的蚯蚓研究均为外国学者的研究报道。国内学者的研究始于1929 年方炳文描述了广西凌云九丈的异腺环毛蚓（徐芹，1999）。20 世纪 30～70 年代，生物学家、南京大学教授陈义对中国寡毛类动物学进行了深入研究，调查了全国的蚯蚓资源与分类，在全国划定 89 种蚯蚓新种，为我国环节动物学奠定基础。他的中文专著《中国蚯蚓》《中国动物图谱：环节动物门》和外文著作《南京蚯蚓之种种》《长江下游蚯蚓之调查》《香港蚯蚓之路》《环毛蚓的胃和盲肠组织学之研究》等至今仍具有极大的参考价值。80 年代后期，邱江平教授及其团队依托“土壤动物生物多样性及其知识的管理”“中国陆栖寡毛类（Oligochaeta）研究”“中国环毛属（*Pheretima*）蚯蚓系统发育多样性研究”“中国热带和南亚热带陆栖寡毛类分类学和分子系统学研究”等项目，在蚯蚓分类学方面做了大量工作，他们发现了 120 多个蚯蚓新种和新亚种；建立了 1 个新亚科，16 个新族，24 个新属和新亚属。尹文英院士 2000 年编著的《中国土壤动物》一书中，吴记华和孙希达两位学者在第五章第三部分介绍了我国的蚯蚓分布和区系分析。徐芹和肖能文（2011）编撰了《中国陆栖蚯蚓》，针对我国陆栖蚯蚓分类学的研究历史、名称和命名、地理分布、分类鉴别等进行了详细的概述。张智涵、沈慧萍、陈俊宏于 2019 年编著了《台湾蚯蚓志》，详细介绍了台湾的73 种蚯蚓的形态特征及生活习性，并附有其解剖构造的图片，部分物种附有清晰的活体图片，书中除了介绍蚯蚓的分类、形态及生态外，也讨论了台湾蚯蚓的生物地理与起源，以及它们与台湾岛形成的地质史之间的联系。赖亦德和陈俊宏 2018 年编著了《蚯蚓图鉴》，对台湾蚯蚓分类、研究历史、蚯蚓的野外采集、观察、标本制作与保存等进行了详细描述，提供了蚯蚓鲜体图片方便人们进行台湾蚯蚓的野外观察。

20 世纪 80 年代至今，蚯蚓研究（特别是蚯蚓养殖）在国内逐步开展并迅速发展。由于国际对蚯蚓养殖的关注，国内的蚯蚓养殖成为热门方向。1982 年黄福珍编著了《蚯蚓》一书，详细描述了蚯蚓的生物学特征、生理、生态等方面内容。她在书中首次提出“地上种植物，地下养蚯蚓，实行土地双重利用，促进植物生产又收获动物蛋白”“利用蚯蚓作为生物动力，达到免耕节能，改土培肥目的”等前瞻性问题；书中也根据国内当时蚯蚓养殖的实际情况，介绍了蚯蚓简易和田间养殖的方法。同年，曾中平、张国城、徐芹等学者出版了《蚯蚓养殖学》，详细介绍了蚯蚓生物学、分类学、地理分布和养殖的技术（徐芹和肖能文，2011）。1985年后，中国农业大学孙振钧教授团队在蚯蚓高产养殖理论与技术方面进行了大量工作，发表了一系列专著，如《蚯蚓反应器与废弃物肥料化技术》（2004 年）、《蚯蚓高效养殖和综合利用》（2013 年）、《蚯蚓养殖实用技术》（2018 年）。他们根据蚯蚓的生活规律、繁殖习性等，创立了蚯蚓人工养殖理论和系列技术，并在全国16省（自治区、直辖市）的130多个场（点）推广。

20 世纪 90 年代，蚯蚓的应用研究逐渐扩展。例如，孙振钧教授及其团队系统地研究了蚯蚓体内酶、氨基酸络合金属、多肽等有效成分和有益微生物组成，成功开发出了蚯蚓复合酶制剂、氨基酸复合营养液和以蚯蚓提取物为主要原料的新型植物生长抗病促进剂，建立了三处蚯蚓与畜禽鱼结合综合养殖示范场，为发展高效低耗无公害畜牧业提供了一条新途径。邱江平教授及其团队主要研制和开发了“蚯蚓生物滤池”（vermibiofilter）、“生态型污水联合处理系统”和“节能型模块化复合生物滤池”等污水处理新技术和新工艺，在污水处理应用上进行了大量探索。胡锋教授及其团队主要关注蚯蚓的土壤生态功能，深入探讨了“蚯蚓对农田土壤碳氮转化、平衡及作物生产力的影响”、“蚯蚓产生的可溶性有机物对重金属污染土壤植物修复效率的影响”和“蚯蚓长期影响下农田土壤生态功能演变及作用机制研究”，并进行了大量示范应用工作，如“基于蚯蚓和微生物联合调控的蔬菜清洁生产示范与推广”、“基于蚯蚓和微生物联合作用的畜禽粪便高效资源化利用技术集成研究”以及“不同时间尺度下蚯蚓对农田土壤微生物群落的影响”等，蚯蚓的土壤生态学功能进一步被国内学者认识和关注。傅声雷教授团队长期关注土壤生物和土壤生物网及其与植被的互作，在蚯蚓对碳循环影响方面进行了大量研究，提出了“碳固存系数”的概念，量化了蚯蚓对碳矿化和稳定的影响（Zhang et al., 2013）。张宝贵、乔玉辉、成杰民和戴军等研究团队在蚯蚓与微生物活性之间的关系、蚯蚓毒理学特征、蚯蚓有机培肥管理、退化和污染土壤修复等方面也进行了深入的理论及应用研究。

国内学者在蚯蚓研究中参与度和影响力与日俱增。调查数据显示：1980～2021 年中国学者发表以蚯蚓为主题的研究论文被 Web of Science 收录的共2574 篇，占世界同期同主题论文平均比例的 21%；其中，1980～1998 年仅有 2 篇以蚯蚓为主题的研究论文，而 1999 年则提升为 4 篇且占比为 6%，2004 年发表 24 篇且占比达到 10%，而 2021 年发表 333 篇且占比达到了 38%（图 1.2）。

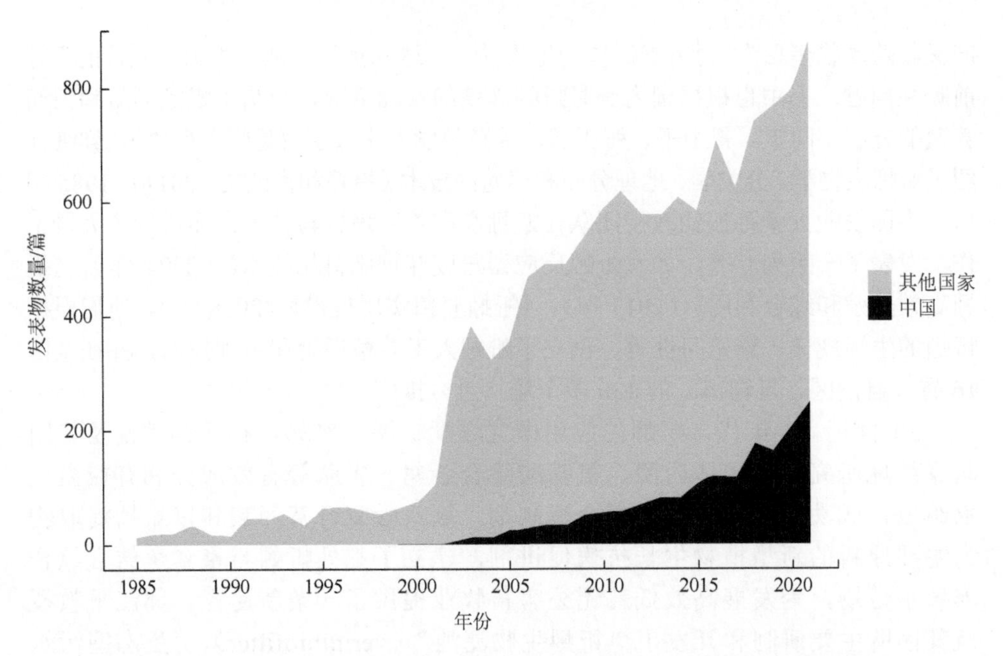

图 1.2 1980～2021 年 Web of Science 收录的以蚯蚓为主题的研究论文情况

第二节 蚯蚓研究的国内外组织机构及研究模式

一、国际组织及学术会议

第一次国际土壤动物学会议于 1955 年 4 月在英国诺丁汉大学举行。随后 1956 年在第六次国际土壤学大会上成立了国际土壤动物学委员会，这标志着土壤动物学学科的成立（傅声雷等，2019），而蚯蚓研究一直以来都是土壤动物学的重要组成部分。

1981 年第一届国际蚯蚓生态学大会（International Symposium on Earthworm Ecology，ISEE）是为了纪念达尔文的专著《腐殖土的形成和蚯蚓的作用》发表一百周年，John Satchell 教授在英国格兰奇奥沃桑茨（Grange-over-Sands）举办的一次蚯蚓盛会（Satchell，1983）。这次会议确立了蚯蚓生态学的定义，建立其与土壤生态学（其他土壤动物和根系）、土壤微生物学和土壤生物化学的关系。由此，国际蚯蚓生态学大会每四年举办一次，成为全球蚯蚓生态学研究的顶级会议，为蚯蚓研究者和爱好者交流提供了良好的平台。目前，这一会议已举办 12 届，大部分会议在欧洲举办，1994 年、2010 年、2018 年分别在北美洲的美国、拉丁美洲的墨西哥、亚洲的中国首次举办，历届大会情况如表 1.1 所示。2018 年上海第 11 届国际蚯蚓生态学大会参加人数最多，参会人员里 27.78%来自中国，11.9%来自法

表 1.1 历届国际蚯蚓生态学大会情况

届期	时间	国家	地点	组织者	会议主题	参会人数
ISEE1	1981 年	英国	英格兰，坎布里亚郡，格兰奇奥沃桑茨（England，Cumbria，Grange-over-Sands）	J. Satchell	会议内容被编辑在 Satchell（1983）的著作中，包括：①达尔文对蚯蚓生态学的贡献；②蚯蚓和有机质；③草地蚯蚓生态学；④耕地蚯蚓生态学；⑤林地蚯蚓生态学；⑥热带和酸性土壤蚯蚓生态学；⑦蚯蚓和土地复垦；⑧蚯蚓和土壤污染；⑨蚯蚓与废弃物利用；⑩蚯蚓和微生物；⑪食物链中的蚯蚓；⑫蚯蚓进化和分布；⑬蚯蚓分类和命名	150 人
ISEE2	1985 年 3 月 31 日～4 月 4 日	意大利	博洛尼亚（Bologna）	P. Omodeo	会议内容收集在 Bonvicini-pagliai 和 Omodeo 中（Barois，1987）。该会议强调了蚯蚓种群策略，生态类型划分；大量研究涉及蚯蚓大规模有机物料分解方面的应用，特别是表栖型蚯蚓在废弃物处置中的应用，也是本次会议的关键版块（Kretzschmar，1992）	不详
ISEE3	1987 年 9 月 14 日～9 月 18 日	德国	汉堡（Hamburg）	M. Dzwillo	这个时期农业技术对环境质量的影响引起了人们的重视，因此在这次会议中报道了大量关于把蚯蚓作为农药或重金属污染的指示生物的内容（Kretzschmar，1992）	不详
ISEE4	1990 年 6 月 11 日～6 月 15 日	法国	阿维尼翁（Avignon）	A. Kretschmar	涉及蚯蚓作为土壤肥力的组成部分，其对农药和耕作管理的敏感性；无蚯蚓土壤中接种新蚯蚓种群时蚯蚓与土壤物理、生物特性之间的关系；蚯蚓在农业的潜力及其基础生态学和分类学的问题（Kretzschmar，1992）	来自 35 个国家的 150 个人
ISEE5	1994 年 7 月	美国	俄亥俄州哥伦布市（Columbus Ohio）	C.A. Edwards	会议涉及八个方面的内容，包括蚯蚓多样性、生理行为、普通生态、它们在营养循环中的作用、土壤可持续性、植物生长、环境和废弃物管理等。参会的优秀文章被土壤生物学和生物化学（*Soil Biology and Biochemistry*）期刊收录。16 篇受邀论文被收录在 Edwards（1998）的专著中	来自 38 个国家的 220 名参会人员
ISEE6	1998 年	西班牙	维哥（Vigo）	D.J. Diaz Cosin	暂无资料显示	

续表

届期	时间	国家	地点	组织者	会议主题	参会人数
ISEE7	2002 年 9 月 1～6 日	英国	威尔士，加的夫（Wales，Cardiff）	A.J. Morgan	会议涉及蚯蚓分类学、空间分布、毒理学、分子生物学、生态学等多个板块（Morgan，2003），在 *Pedobiology* 2003 年 47 卷第 5～6 期汇总了这次会议的部分优秀研究论文，如世界著名蚯蚓分类学家 Gilberto Righi 教授对热带土壤蚯蚓分类所做的贡献，圣保罗博物馆-里吉纪念馆里蚯蚓标本的地位、亚马逊濒危蚯蚓；18S、16SrDNA 和细胞色素 C 氧化酶系在蚯蚓分类中的应用，蚯蚓 *Octolasion cyaneum* 的低克隆多样性和形态计量学；蚯蚓粪傅里叶红外光谱分析评价土壤微生物种群及活性；美国阿巴拉契亚山未扰动土壤中发现外来蚯蚓 *Amynthas agrestic*；哥斯达黎加东海岸南美岸蚓；不同蚯蚓钙腺的产生和动力学特征；蚯蚓作为生物标记物的行为；小尺度蚯蚓空间分布结构；重金属对蚯蚓体腔细胞的影响；重金属污染土壤中蚯蚓在法国北部的分布；安德爱胜蚓取食行为等 80 篇文章（Morgan，2003）	不详
ISEE8	2004 年 9 月 4～9 日	波兰	克拉科夫（Kraków）	A. Rozen	会议涉及内容为：①蚯蚓多样性：系统学的常规和分子生物学方法；②生态学与全球变化；③免疫与生理学；④蚯蚓与其他生物的关系；⑤行为与进化生态学；⑥蚯蚓与土壤性质；⑦生态毒理学与风险评估；⑧应用蚯蚓生物学（Rozen，2007）	来自 31 个国家，180 人
ISEE9	2010 年 9 月 5～10 日	墨西哥	哈拉帕（Jalapa）	Isabelle Barois；G. G. Brown；E. Cooper；J. Dominguez；C. Fragoso；E. Huerta；S. James；A.J. Morgan；M. Pulleman；O. Schmidt 等	①蚯蚓生物多样性和基因条形码技术；②蚯蚓免疫学和生理学；③蚯蚓作为地区、区域和全球尺度变化的指标；④蚯蚓和生态系统服务；⑤蚯蚓相互作用；⑥蚯蚓和土壤肥力；⑦蚯蚓，土壤污染和生物修复；⑧蚯蚓堆置技术与废弃物管理（Barois，2011）	172 人
ISEE10	2014 年 6 月 22～27 日	美国	佐治亚州阿森斯（Athens，Georgia）	M. Callahan Jr.，Sharon L Weyers，Kevin R. Butt，Samuel W. James，Jörg Römbke，María J.I Briones，Katalin Slavecz 等	①蚯蚓与生态系统服务：养分循环和植物生长；②蚯蚓与生态系统服务：Ⅰ蚯蚓作为食物；Ⅱ蚯蚓作为药物；Ⅲ蚯蚓作为试验和检测生物；Ⅳ蚯蚓作为有机物和肥料的原材料；Ⅴ蚯蚓作为遗传资源；③蚯蚓与生态系统服务：A 调节服务（a 废物管理；b 分解和解读；c 水净化；d 空气净化）；B 文化服务（a 文化；b 娱乐；c 科学与教育）蚯蚓摄食生态；④蚯蚓分布和生物地理学；⑤基于分子数据的蚯蚓进化和应用生物学；⑥蚯蚓分类学和系统学：过去、现在和未来	来自 40 多个国家的 120 人

续表

届期	时间	国家	地点	组织者	会议主题	参会人数
ISEE11	2018年6月24～29日	中国	上海	邱江平和孙振钧教授	A：研讨会内容：①蚯蚓分类学和系统学；②基于分子数据的蚯蚓进化和应用生物学；③全球环境变化对蚯蚓的影响——PartⅠ分布、行为与生理；PartⅡ蚯蚓入侵；④蚯蚓的生态毒理学作用；⑤蚯蚓在农业中的应用——PartⅠ蚯蚓与土壤；PartⅡ蚯蚓与废弃物处理；PartⅢ蚯蚓与动物养殖；⑥蚯蚓与医药和免疫。 B：产业论坛：①国外蚯蚓堆肥技术与产品进展；②国内蚯蚓养殖发展趋势；③蚯蚓养殖与循环农业；④蚯蚓产品深度开发进展；⑤国内外蚯蚓养殖设备与产品展览	来自30多个国家的300多人
ISEE12	2022年7月10～15日	法国	雷恩（Renne）	Guénola Pérès；Kevin Hoeffner；Françoise Binet；Eric Blanchart；Manuel Blouin；Daniel Cluzeau；Thibaud Decaëns；Mickael Hedde；Cécile Monard；Céline Pelosi；Paul Robin等	①蚯蚓进化和生物多样；②蚯蚓生态免疫生理及应急反应；③蚯蚓和土壤功能；④蚯蚓和可持续农业；⑤蚯蚓和气候变化；⑥蚯蚓种群生态和生态网络；⑦蚯蚓和工程进程；⑧蚯蚓毒理学；⑨蚯蚓和公民科学；⑩蚯蚓和艺术	160人

国，7.14%来自印度。会议召集了各国从事蚯蚓研究的学者、蚯蚓产业的企业和精英进行面对面交流，开展学术专题报告 52 个，企业专题报告 25 个。最新的国际蚯蚓生态学大会为 2022 年在法国雷恩（Rennes）举办的第 12 届国际蚯蚓生态学大会。来自世界各地的 160 名学者通过线下和线上的方式参加了会议，6 人进行了大会主题报告，62 人进行了口头报告，100 多人进行了墙报交流。2026 年的国际蚯蚓生态学大会将在荷兰瓦赫宁恩大学举办，蚯蚓生态学研究已成为土壤动物学研究最活跃的领域之一。

二、国际研究模式及机构

合作研究是科学发展、社会进步、交流频繁的情况下产生的研究模式。随着土壤生物越来越受到人们的关注，世界各国学者寻求更多机会和模式进行密切交流合作。基于一些大型项目，学者们自由组织进行团队合作研究。2011 年欧盟资助的 EcoFINFERS 项目中吸引了 10 多个国家的学者（傅声雷等，2019），从各个角度共同探讨土壤生物多样性对生态系统服务的影响，在蚯蚓研究方面人们认识到大尺度下蚯蚓的生物多样性并不是在低纬度热带地区最大，而是在温带地区达到高峰（Wall et al.，2012）。2018 年，受全球土壤生物多样性倡议（GSBI）支持，土壤生物多样性观测工作网络（Soil Biodiversity Observation Network，Soil BON）启动。它由来自 80 多个国家的研究团队组成，是联合国地球生物多样性观测工作网络（The Group on Earth Observations Biodiversity Observation Network，GEO BON）的一部分（Guerra et al.，2021；Potapov et al.，2022）。针对不同研究版块，Soil BON 含有很多合作小组。如：2021 年 Soil BON 食物链团队共同探讨了在全球尺度下的土壤动物种群和食物链监测(Potapov et al.，2022)；2024 年，Soil BON 蚯蚓团队则集中在蚯蚓生态学、分类学领域研究专家组织的建立，为确定野外和实验室调查的规范、进行大时间序列的蚯蚓相关数据集建立和综合分析，探索蚯蚓群落不同气候带分布，以及促进社会对蚯蚓及收集工具的认识起到了积极作用(Ganault et al.，2024)。2021 年法国索邦大学 Jerome Mathieu 教授、德国综合生物多样性研究中心 Nico Eisenhauer 教授受德国综合多样性研究中心项目资助，组织德国、法国、巴西、俄罗斯、葡萄牙、中国等多个国家的学者成立土壤动物研究团队(Soil Fauna)，各国研究学者一起探讨土壤大动物（包括蚯蚓）功能及人类活动对土壤大动物的影响（Mathieu et al.，2022）。这些协作研究团队的建立对探讨蚯蚓生物多样性和生态系统功能方面的认识具有重要意义，目前大部分研究仍在进行中。

此外，蚯蚓产业协会和产业联盟等机构也是研究人员、企业及爱好者交流的平台。20 世纪 80 年代初，日本成立了全国性的蚯蚓协会；1997 年美国 300 家大型养蚓企业成立“国际蚯蚓养殖者协会”；此外，英国、意大利、德国、澳大利亚、法国、印度及中国等均有蚯蚓养殖企业和组织。2018 年，在上海召开了第一届国际蚯蚓产业论坛（1st International Earthworm Industry Forum），大会的重要成果是成立了国际蚯蚓产业联盟筹备委员会。筹委会由来自加拿大、墨西哥、英国、波兰、印度、菲律宾、日本等国的 13 人组成，中国农业大学孙振钧教授担任筹委会主席。大会发布了“促进蚯蚓产业发展行动上海宣言”，提出了共同促进世界蚯蚓产业的发展与行动计划。该次会议的成功召开对促进标准化、规模化的蚯蚓养殖技术及其在畜禽粪便资源化中的广泛应用具有重要作用。另外，国内的蚯蚓相关组织多以产业联盟方式构建。2019 年，广东正式成立广东省蚯蚓产业联盟；2023 年，成立广东省华南地龙研究院。蚯蚓产业联盟和地龙研究院的成立，将开展与蚯蚓产业相关的基础资料的调查、收集、统计、研究，探讨蚯蚓产业发展中存在的问题和解决的路径，建立并完善蚯蚓相关的产业链，着力推动蚯蚓在养殖、农业资源利用、环境保护、药用等行业市场化发展，加强其在技术、经济、管理、知识产权等方面的政府、高校、科研单位、企业间的紧密合作，制定行业、国家或国际标准，推动产品认证、质量检测等体系的建立和完善；搭建蚯蚓产业共享信息、培训交流的平台，对外开展咨询服务和人才培训等活动，开展与国内外相关组织、企业的联系和交流，以及一系列多种形式科技合作，为促进蚯蚓产业的高质量发展贡献力量。

第三节　华南地区蚯蚓研究回顾及展望

一、研究回顾

我国华南地区蚯蚓研究主要集中在蚯蚓分类、蚯蚓毒理学、蚯蚓养殖、蚯蚓废水处理、蚯蚓土壤功能及修复等方面。华南地区拥有丰富的蚯蚓物种资源，目前远盲蚓属蚯蚓的研究还较为缺乏，主要体现在：

（1）蚯蚓分类及蚓种分布的资料较少。远盲蚓在我国分布极广（姚波等，2018），是华南地区的主要蚯蚓类型。2005 年起邱江平教授团队对我国南方陆栖寡毛纲物种多样性进行了系统调查，公开报道了海南岛、云南、广东、福建、广西等区域的远盲蚓新物种（Zhao et al. 2013；Jiang et al. 2015，2018；Sun et al. 2018；Yuan et al. 2019）。尽管如此，不同土地利用类型和强度下，华南地区蚯蚓地理分布特征究竟如何，它们的起源究竟在哪里仍缺乏详细的资料。2018 年科技基础资源调查专项（2018FY100300）开展了我国东部农区包括蚯蚓在内的相关土壤动物物种分布、多样性等方面的研究工作，上海交通大学邱江平教授主持了蚯蚓多样性调查等内容，南京农业大学刘满强教授、华南农业大学张池和龚贝妮博士、廊坊师范学院张峰博士等参加了蚯蚓种群的详细调查，其中华南地区涉及264个采样单元，包括福建、广东和海南等省份，未来对于华南地区蚯蚓多样性及分布将会有更清晰的认识。

（2）食土类蚯蚓繁殖。蚯蚓在土壤改良、有机废物处理、环境毒理等方面应用潜力极高。但是，目前蚯蚓主要的应用研究仍集中在食粪类蚯蚓种类，如利用赤子爱胜蚓（*Eisenia fetida*）进行蚯蚓养殖、有机废弃物处理及肥料制备等研究（周波等，2011；Lv et al.，2020；刘婷等，2012）。它的繁殖技术相对成熟，大规模繁殖、产业化特征明显（孙振钧，2013）。本地食土野生种蚯蚓对土壤功能及生态系统起到举足轻重的作用，然而它们的大规模繁殖技术十分有限（张池等，2018）。现有资料显示：全国本地种蚯蚓的繁殖主要集中在威廉腔蚓（*Metaphire guillelmi*）、参状远盲蚓（*Amynthas aspergillum*）等多个蚯蚓品种（孙振钧，2013），且成功的产业化养殖技术较少。本地食土野生种蚯蚓繁殖技术是蚯蚓能够在农业及其他产业应用的基础，因此极其需要相关研究的进一步开展和深化。

（3）蚯蚓在退化和污染土壤的田间应用研究。华南地区蚯蚓对土壤物理、化学和生物学质量的影响已被人们广泛认识（张池等，2018；Zhang et al.，2016；Xiao et al.，2020；Wu et al.，2020；Zhang et al.，2022）。但是，前人大多数研究集中在室内微宇宙或者盆栽实验，蚯蚓田间应用研究十分不足。同时，前人研究较多地关注了蚯蚓自身对土壤的作用，一定程度上忽视了蚯蚓与植物根系、微生物、其他土壤动物的互作关系，同时蚯蚓对植物生产力和土壤生态系统的影响及机制也仍在探索研究之中。

（4）蚯蚓研究和高新技术的结合及应用。高新技术如基因技术、智能技术、信息技术、新型材料技术等的研发和利用对国家、社会等各方面的进步产生深远的影响。Wang 等（2021）通过对皮质远盲蚓（*Amynthas corticis*）基因组的完整拼装与多组学分析，揭示了其基因组的三倍体特征，探明该种蚯蚓和肠道微生物之间存在强烈的协同效应，共同维持蚯蚓在不同时间点的生理需求。上述研究也仅仅是蚯蚓研究的冰山一角，更多新型技术在蚯蚓相关研究中继续深化和应用将有助于人们更深入地了解这一微小土壤生物对全球变化和人类生产生活的影响，揭示其生态功能。

二、展望

土壤生物多样性与人类的可持续发展密切相关。蚯蚓作为土壤生物中最关键的无脊椎动物，它的生态系统服务功能不可忽视。在当前土壤生物学研究的热点时期，进一步加强华南地区蚯蚓分类学相关研究，增强标本收藏工作和蚓种地理分布图件绘制工作、进行食土类蚯蚓的选种育种、大规模产业高效繁殖、防病逃逸等关键技术攻关尤为必要。同时，由于蚯蚓对有机废弃物处理、土壤改良和修复的作用，开展室内模拟与大尺度的田间实验，深入探究蚯蚓与植物、微生物、其他土壤动物的关系，明确它们的养分循环机理，厘清它们与作物生产力的关系、对全球变化和环境污染的影响机制，利用新技术、新材料进行蚯蚓应用技术研发，这些可能是未来蚯蚓研究发展的重要趋势。

参 考 文 献

陈义，1956. 中国蚯蚓[M]. 北京：科学出版社.

傅声雷，张卫信，邵元虎，等，2019. 土壤生态学：土壤食物网及其生态功能[M]. 北京：科学出版社.

刘婷，任宗玲，陈旭飞，等，2012. 不同碳氮比培养基质组合对赤子爱胜蚓生长繁殖的影响[J]. 华南农业大学学报，33（3）：321-325.

孙振钧，2013. 蚯蚓高产养殖与综合利用[M]. 北京：金盾出版社.

徐芹，1999 . 中国陆栖蚯蚓分类研究史探讨[J]. 北京教育学院学报：社会科学版，（3）：52-57.

徐芹，肖能文，2011. 中国陆栖蚯蚓[M]. 北京：中国农业出版社.

姚波，孙静，蒋际宝，等，2018. 远盲蚓属蚯蚓在中国的地理分布及其对水热条件的响应[J]. 动物学杂志，53（4）：554-571.

张池，周波，吴家龙，等，2018. 蚯蚓在我国南方土壤修复中的应用[J]. 生物多样性，26（10）：1091-1102.

周波，陈旭飞，任宗玲，等，2011. 基于蚯蚓消化作用的城市生活垃圾资源化利用研究进展[J]. 广东农业科学，38（12）：156-159.

Adejuyigbe C O，Tian G，Adeoye G O，2006. Microcosmic study of soil microarthropod and earthworm interaction in litter decomposition and nutrient turnover[J]. Nutrient Cycling in Agroecosystems，75（1-3）：47-55.

Barois I，2011. Preface[J]. Pedobiologia-International Journal of Soil Biology，54S：S1-S2.

Barois I，Verdier B，Kaiser P，et al.，1987. Influence of the tropical earthworm *Pontoscolex coretbrurus*（Glossoscolecodae）on the fixation and mineralization of nitrogen[M].（Bonvicini Pagliai A M and Omodeo P eds.）. Modena：Mucchi Press：151-158.

Blouin M，Hodson M E，Delgado E A，et al.，2013. A review of earthworm impact on soil function and ecosystem services[J]. European Journal of Soil Science，64（2）：161-182.

Bonvicini-Pagliai A M，Omodeo P，1987. On overview of earthworm activity in the soil.On earthworms[C]. Modena：Mucchi Editore：103-112.

Byers J E，Cuddington K，Jones C G，et al.，2006. Using ecosystem engineers to restore ecological systems[J]. Trends in Ecology and Evolution，21（9）：493-500.

Carpenter D，Hodson M E，Eggleton P，et al.，2007. Earthworm induced mineral weathering：Preliminary results[J]. European Journal of Soil Biology，43（1）：S176-S183.

Costello D M，Lamberti G A，2008. Non-native earthworms in riparian soils increase nitrogen flux into adjacent aquatic ecosystems[J]. Oecologia，158（3）：499-510.

Edwards C A，1998. Earthworms ecology[M]. Boca Raton：CRC Press.

Edwards C A，2004. Earthworm ecology[M]. 2nd Edition. Boca Raton：CRC Press.

Edwards C A，Arancon N Q，2022. Biology and ecology of earthworms[M]. 4th Edition. New York：Springer Science + Business Media，LLC.

Edwards C A，Neuhauser E F，1988. Earthworms in waste and environmental management[M]. The Hague：SPB Academic Press.

Feller C，Brown G G，Blanchart E，et al.，2003. Earthworms and the natural sciences：various lessons from past to future[J]. Agriculture，Ecosystems & Environment，99：29-49.

Frouz J，Pižl V，Tajovský K，2007. The effect of earthworms and other saprophagous macrofauna on soil microstructure in reclaimed and un-reclaimed post-mining sites in Central Europe[J]. European Journal of Soil Biology，43：S184-S189.

Ganault P，Ristok C，Phillips H，et al.，2024. Soil BON earthworm-A global initiative on earthworm distribution，traits，and spatiotemporal diversity patterns[J]. Soil Organisms，96（1）：47-60.

Gilbert T，1789. Voyage from New South Wales to canton，in the year 1788，with views of the islands discovered[M]. London：Debrett's Limited.

Granval P，Muys B，1995. The 4th international symposium on earthworm ecology[C]. Oxford：Pergamon Press.

Guerra C A，Heintz-Buschart A，Sikorski J，et al.，2020. Blind spots in global soil biodiversity and ecosystem function research[J]. Nature Communications，11：3870.

Hendrix P F，1995. Earthworm ecology and biogeography in North America[M]. Boca Raton：Lewis Publishers.

International Symposium on Earthworms，1985. On earthworms：Proceedings of the international symposium on earthworms dedicated to Daniele Rosa，Bologna，Carpi，March 31-April 4[C].Modena：Mucchi Editore.

Jiang J，Sun J，Zhao Q，et al.，2015. Four new earthworm species of the genus Amynthas Kinberg（Oligochaeta：Megascolecidae）from the island of Hainan and Guangdong Province，China[J]. Journal of Natural History，49（1-2）：1-17.

Jiang J B，Dong Y，Yuan Z，et al. 2018. Three new earthworm species of the tokioensis-group in the genus Amynthas（Oligochaeta：Megascolecidae）from Guangxi Province，China[J]. Zootaxa，4496（1）：269-278.

Jouquet P，Henry-des-Tureaux T，Mathieu J，et al.，2010. Utilization of near infrared reflectance spectroscopy（NIRS）to quantify the impact earthworms on soil and carbon erosion in steep slope ecosystem[J]. Catena，81（2）：113-116.

Kevan D K，1985. Soil Zoology，then and now-mostly then[J]. Quaestiones Entomol，21：317-472.

Kretzschmar A，1992. Preface-The 4th international symposium on earthworm ecology[C]. Oxford：Pergamon Press，24（12）：6.

Lavelle P，1997. Faunal activities and soil processes：Adaptive strategies that determine ecosystem function[J]. Advances in Ecological Research，27：93-132.

Lavelle P，Spain A V，2001. Soil ecology[M]. London：Kluwer Academic Publishers.

Lavelle P，Spain A V，Blouin M，et al.，2016. Ecosystem engineers in a self-organized soil：A review of concepts and future research questions[J]. Soil Science，181（3/4）：91-109.

Lee K E，1985. Earthworms：Their ecology and relationships with soils and land use[M]. Sydney：Academic Press.

Lv M，Li J，Zhang W，et al.，2020. Microbial activity was greater in soils added with herb residue vermicompost than chemical fertilizer[J]. Soil Ecology Letters，2（3）：209-219.

Mathieu J，Antunes A C，Barot S，et al.，2022. Soilfauna-a global synthesis effort on the drivers of soil macrofauna communities and functioning[J]. Soil Organisms，94（2）：111-126.

Morgan A J，2003. From Darwin to Microsatellites[J]. Pedobiologia，47：397-399.

Potapov A M，Sun X，Barnes A D，et al.，2022. Global monitoring of soil animal communities using a common methodology[J]. Soil Organisms，94（1）：55-68.

Rozen A，2007. ISEE8-the 8th international symposium on earthworm ecology-4-9 September 2006，Krakow，Poland-Preface[J]. European Journal of Soil Biology，43：S1-S2.

Satchell J E，1983. Earthworm microbiology[M]. Satchell J E. Earthworm Ecology. Dordrecht：Springer，351-364.

Sherman R，2018. The worm farmer's handbook[M]. London：Chelsea Green Publishing.

Suárez E R，Pelletier D M，Fahey T J，et al.，2004. Effects of exotic earthworms on soil phosphorus cycling in two broadleaf temperate forests[J]. Ecosystems，7（1）：28-44.

Sun J，Jiang J，Bartlam S，et al.，2018. Four new Amynthas and Metaphire earthworm species from nine provinces in southern China[J]. Zootaxa，4496（1）：287-301.

Sun J，Zhao Q，Qiu J P，2009. Four new species of earthworms belonging to the genus Amynthas（Oligochaeta：Megascolecidae）from Diaoluo Mountain，Hainan Island，China[J]. Revue Suisse De Zoologie，116（2）：289-301.

Wall D H，Bardgett R D，Behan-Pelletier V，2012. Soil ecology and ecosystem services[M]. Oxford：Oxford University Press.

Wang X，Zhang Y，Zhang Y，et al.，2021. Amynthas corticis genome reveals molecular mechanisms behind global distribution[J]. Communications Biology，4（1）：1-13.

Wu J L，Zhang C，Xiao L，et al.，2020. Impacts of earthworm species on soil acidification，Al fractions and base cation release in a subtropical soil from China[J]. Environmental Science and Pollution Research，27：33446-33457.

Xiao L，Li M，Dai J，et al.，2020. Assessment of earthworm activity on Cu，Cd，Pb and Zn bioavailability in contaminated soils using biota to soil accumulation factor and DTPA extraction[J]. Ecotoxicology and Environmental Safety，195：110513.

Yuan Z，Dong Y，Jiang J，et al.，2019. Three new species of earthworms（Oligochaeta：Megascolecidae）from Yunnan province，China[J]. Zootaxa，4664（3）：390-400.

Zhang C，Mora P，Dai J，et al.，2016. Earthworm and organic amendment effects on microbial activities and metal availability in a contaminated soil from China[J]. Applied Soil Ecology，104：54-66.

Zhang M，Jouquet P，Dai J，et al.，2022. Assessment of bioremediation potential of metal contaminated soils（Cu，Cd，Pb and Zn）by earthworms from their tolerance，accumulation and impact on metal activation and soil quality：A case study in South China[J]. Science of the Total Environment，820：152834.

Zhang W X，Li J X，Fu S L，et al.，2006. Four new earthworm species belonging to Amynthas Kinberg and Metaphire Sims et Easton（Megascolecidae：Oligochaeta）from Guangdong，China[J]. Annales Zoologici，56（2）：249-254.

Zhang W X，Hendrix P F，Dame L E，et al.，2013. Earthworms facilitate carbon sequestration through unequal amplification of carbon stabilization compared with mineralization[J]. Nature Communication，4：2576.

Zhao Q，Sun J，Jiang J，et al.，2013. Four new species of genus Amynthas（Oligochaeta，Megascolecidae）from Hainan Island，China[J]. Journal of Natural History，47（33-34）：2175-2192.

第二章　华南地区典型蚯蚓的特征及分布

蚯蚓，属环节动物门（Annelida）寡毛纲（Oligochaeta）的单向蚓目（Haplotaxida）和正蚓目（Lumbricida），是大多数陆地生态系统中生物量最丰富的土壤动物。全球大约7000多种蚯蚓，已描述的有18科3700种（Edwards and Arancon，2022；Lavelle and Lapied，2003）。我国共记录蚯蚓9科28属640种，巨蚓科（Megascolecidae）、正蚓科（Lumbricidae）和真蚓科（Eudrilidae）是陆生蚯蚓中发展最广的类群，其中巨蚓科为最大的优势类群，特别是远盲蚓属（*Amynthas*）与腔蚓属（*Metaphire*）蚯蚓（邱江平，1999；蒋际宝和邱江平，2018）。本章简要介绍蚯蚓的生态类型、华南地区农业应用的主要蚯蚓品种及部分典型区域蚯蚓分布特征。

第一节　蚯蚓的生态类型

根据蚯蚓的食物来源、生活习性和生态功能等方面的不同，学者将蚯蚓分为表栖型（epigeic）、内栖型（endogeic）和深栖型（又名“上食下栖型”，anecic）3种生态类型（Bouché et al.，1997；Lee，1985；Lavelle and Spain，2001）。

不同生态类型的蚯蚓特征如表2.1所示。表栖型蚯蚓主要以枯枝落叶等凋落物为食，极少吞食土壤，生活在枯枝落叶层及其与土壤的交界处。因此，表栖型蚯蚓的行为活动对土壤的影响相对较小，主要表现为排泄蚓粪对土壤表层的养分提高。深栖型蚯蚓主要以地面枯枝落叶等凋落物为食，栖息在较深的土层中，在其到地表取食的过程中也会大量吞食土壤，在土体中形成跟地面垂直的孔道，对土壤有机物的向下迁移和转化的影响最大。内栖型蚯蚓则主要取食含有土壤有机质的矿质土壤，并形成大量的水平网状孔道，对土壤性质和结构的影响较大。根据内栖型蚯蚓对土壤有机质含量的偏好程度，又可进一步将内栖型蚯蚓细分为多腐殖质亚型（polyhumic）、中腐殖质亚型（mesohumic）和寡腐殖质亚型（oligohumic）3种亚型（Lavelle and Spain，2001）。

此外，蚯蚓生态类型的界限并不十分明显，也存在表-内栖型（epi-endogeic）和表-上食下栖型（epi-anecic）等过渡类型（Edwards，2004；张卫信等，2007）。不同生态类型的蚯蚓对土壤性质的影响显著不同（Curry and Schmidt，2007；Lavelle，1997），相比之下，内栖型和深栖型蚯蚓生活在土壤矿质层中，通过吞食土壤矿物颗粒和半分解的有机物质来满足自身生存的需要，对土壤的影响较大，被认为是组成土壤动物群落的主要部分。

表 2.1 蚯蚓的生态类型及其特征

特征	表栖型	内栖型			深栖型
		多腐殖质亚型	中腐殖质亚型	寡腐殖质亚型	
体色素	有色	较浅	无色	无色	背部深色
个体大小	小	较小	中等	大	大
生长速率	快	较快	中等	中等	慢
生活环境	枯枝落叶层	土壤表层	0～10cm 或 15cm 土层	土壤风化层	土壤深层
繁殖能力	强	强	中等	中等	弱
孔道	有孔道	水平孔道	网状孔道	网状孔道	垂直孔道
洞穴	无洞穴	无洞穴	无洞穴	无洞穴	垂直洞穴系统
食物	新鲜的或半腐解的细碎枯枝落叶	细小的有机物颗粒及土壤	养分较高的矿质土壤	养分较低的矿质土壤	大的半腐解枯枝落叶碎片及土壤
活动能力	强	较强	缓慢	缓慢	慢

第二节 华南地区典型蚯蚓

我国蚯蚓的种类丰富，其分布研究比较集中于长江流域以及云南、海南和香港等地，而广东尚无成规模的调查记录。远盲蚓属（*Amynthas*）蚯蚓属于环节动物门寡毛纲（Oligochaeta）单向蚓目（Haplotaxida）的巨蚓科（Megascolecidae）（徐芹和肖能文，2011），以 57.8%的比例在巨蚓科中成为优势属（赵琦，2015）。据考证，这些远盲蚓属蚯蚓主要发源于菲律宾或婆罗洲。我国是世界上远盲蚓属蚯蚓分布最多的国家（孙静，2013），已记录的远盲蚓属蚯蚓有 180 种左右（徐芹和肖能文，2011）。华南地区远盲蚓属蚯蚓占主导地位（廖崇惠和李健雄，2009）。孙静（2013）的调查显示在这一地区 175 个分布点都有远盲蚓属蚯蚓的分布。毛利远盲蚓（*Amynthas morrisi* Beddard，1892）、壮伟远盲蚓（*Amynthas robustus* Perrier，1872）、皮质远盲蚓（*Amynthas corticis* Kinberg，1867）和参状远盲蚓（*Amynthas aspergillum* Perrier，1872）等均是华南分布较广且研究较深入的蚯蚓（张池等，2012；陈旭飞等，2014；Zhang et al.，2016）。另外，南美岸蚓（*Pontoscolex corethrurus*）和赤子爱胜蚓（*Eisenia fetida*）也分别是华南地区常见外来入侵种和人工饲养蚓种（王皓宇等，2020；刘婷等，2012）。

一、皮质远盲蚓

皮质远盲蚓（*Amynthas corticis* Kinberg，1867），华南地区常见表栖型蚯蚓（图 2.1），可见于垃圾堆、腐殖质较多的菜园、撂荒田和次生林等农田、果园和林地生境中。赖亦德和陈俊宏（2018）提出这类蚯蚓以植食性为主，土食性为辅，产生稍微相连的成堆颗粒蚓粪。体长 9.6～18.4cm，环带宽 0.3～0.5cm，环带位于 14～16 节，闭合环带，颜色偏灰，通常与背部颜色相近或较浅。刚毛环明显突出，且颜色稍浅，体表因此具纤细浅色横纹感，使得体表有稍微的起伏，尤其在身体后端更明显；体表背面体色深褐且常偏绿色，虹彩结构色明显。皮质远盲蚓背血管通常不可见，前列腺多半缩小呈紧密团状甚至消失，腹面体色较浅。第 18 节腹面外侧的下凹处中央有一对雄孔，第 5～8 节间侧面有四对受精囊孔，第 14 节腹面正中央有单一雌孔。皮质远盲蚓受到惊扰时极易弹跳，多以蛇形方式爬行（赖亦德和陈俊宏，2018）。

图 2.1　皮质远盲蚓（张池提供）

二、毛利远盲蚓

毛利远盲蚓（*Amynthas morrisi* Beddard，1892），华南地区常见表-内栖型蚯蚓（图 2.2），土食性为主，植食性为辅，常见于菜园、撂荒田和次生林等农田、果园和林地生境中。体长 7.5～21.6cm，环带宽 0.3～0.5cm，环带一般位于第 14～16 节，偏灰色闭合环形，颜色浅于背部。体表以红褐色为主，有明显虹彩结构色。身体颜色常呈现不均匀偏黄色，越接近尾部越明显（赖亦德和陈俊宏，2018；徐芹和肖能文，2011）。同时，毛利远盲蚓背血管不明显，有时仅前段可见；前列腺较大，位于环带后背面；第 18 节腹面外侧有一对雄孔，第 5～7 节间腹面外侧有两对受精囊孔，第 14 节腹面正中央有单一雌孔。与皮质远盲蚓不同，毛利远盲蚓受到惊扰时一般不会弹跳，多以蛇形方式爬行（赖亦德和陈俊宏，2018）。

图 2.2　毛利远盲蚓（张池提供）

三、壮伟远盲蚓

壮伟远盲蚓（*Amynthas robustus* Perrier，1872），内栖型蚯蚓（图 2.3），土食性为主，植食性为辅，一般活动于 5～15cm 的土层，常见于人工草地、次生林和果园等生境。体长 11.3～24.4cm，环带宽 0.6～0.8cm。环带位于第 14～16 节，闭合，颜色深或浅。壮伟远盲蚓身体略呈透明，腹面及背面体色粉红、红褐或红紫，颜色浅而均匀，体表无横纹，虹彩结构色明显。壮伟远盲蚓背血管不明显，一般不可见或只可见部分。前列腺位于环带后背面体表，大且明显。体色略呈透明，背面体色浅而均匀，粉红、红褐或红紫，无横纹或花纹，体表虹彩结构色明显。

背血管粗大完整边缘模糊，大多不可见。壮伟远盲蚓有一对雄孔，位于第 18 节外侧；两对受精囊孔，位于第 7～9 节间腹面外侧；单一雌孔，位于第 14 节腹面正中央；第 9 节腹面中央刚毛线前有两对乳突。另外，壮伟远盲蚓常被孢子虫寄生（图 2.4），因此体表有时可见白色或粉红色颗粒。壮伟远盲蚓在孔道中活动并取食土壤，仅会在大雨后探出地表。因此壮伟远盲蚓的蚓粪仅在土壤孔道中堆积，土壤干燥程度不同呈现不规则大团、小团或紧密填塞的不规则颗粒。

图 2.3　壮伟远盲蚓（张池提供）

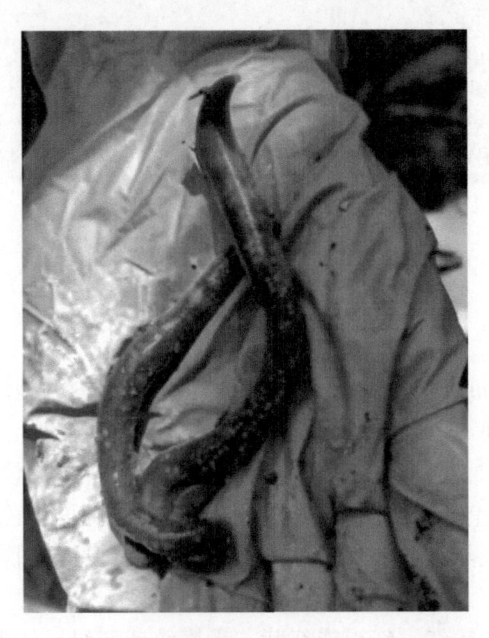

图 2.4　壮伟远盲蚓的蚓体寄生的孢子（张孟豪提供）

四、参状远盲蚓

参状远盲蚓（*Amynthas aspergillum* Perrier and Beddard，1872），又称“广地龙”，为上食下栖型蚯蚓（图 2.5），是我国最早被学者描述的蚯蚓。它在土表取食有机物并栖居于土层深处，常见于人工草地、果园和农田开垦地等，是城市绿地可见的最大蚯蚓。体长 11.7～41.6cm，环带宽 0.8～1.5cm，体节 109～153 节（徐芹和肖能文，2011）。环带位于第 14～16 节，环形且愈合，颜色深浅不定。参状远盲蚓体背呈深褐或灰色，少数为红褐或肉红色，无横纹或花纹，后部颜色稍浅，体表虹彩结构色不明显；腹面体色较浅，常可见体腔内许多白色细碎颗粒。背血管通常不可见。前列腺大致可见但略模糊，个体越大越不可见。参状远盲蚓有一对雄孔，位于第 18 节腹面外侧；单一雌孔，位于第 14 节腹面正中央；两对受精囊孔位于第 7～9 节。参状远盲蚓常从较深的土层贯穿至地表取食有机物质，该过程常产生不分节粗条状或团状的蚓粪，常在地表堆积成塔状（图 2.6）。

图 2.5　参状远盲蚓（朱凌佑提供）

图 2.6　参状远盲蚓的蚓粪（张池提供）

五、南美岸蚓

南美岸蚓（*Pontoscolex corethrurus* Müller，1856）为内栖型蚯蚓，广泛分布在泛热带地区，也是我国南岭以南地区唯一的外来蚯蚓（Huang et al.，2015；Hendrix et al.，2008）。土食性蚯蚓，在园地、次生林等地区生存。南美岸蚓在土壤中常呈现蜷缩休眠状态以抵抗土壤干旱、贫瘠等环境胁迫（图 2.7）。放松体长 9.2～12.8cm，环带宽 0.3～0.4cm，体节 167～220 节，比其他相似体型的种类多，外观看起来体节密集（赖亦德和陈俊宏，2018）。蚯蚓体表虹彩结构色极弱，腹面与背面体色基本相同，环带前呈浅红色，环带后为浅灰色。背面可见背血管和消化道。环带开始于第 14 或 15 节，马鞍形，橘黄色。环带前体可见白色三对钙腺，口前叶尖细且长。无前列腺，第 17 节有一对雄孔，受精囊孔和雌孔不可见（图 2.8）。

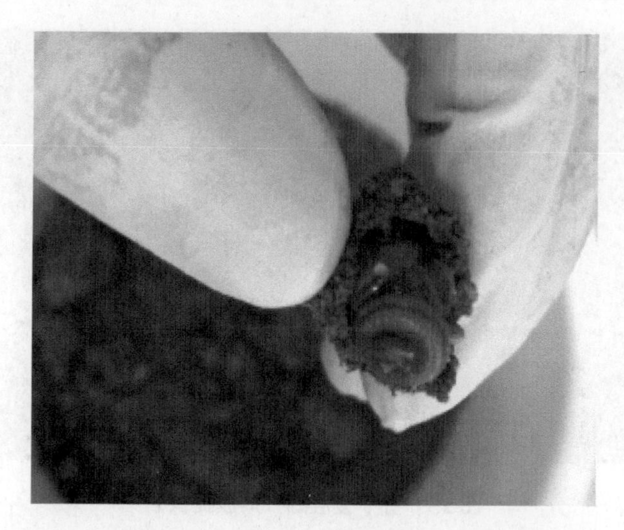

图 2.7　南美岸蚓在干旱条件下的蜷缩行为（吴家龙提供）

图 2.8　南美岸蚓（张池提供）

六、赤子爱胜蚓

赤子爱胜蚓（*Eisenia fetida* Savigny，1826）是常见人工饲养蚓种，在我国广泛分布，华南地区肥料公司或堆肥厂常见此种蚯蚓（图 2.9）。这种蚯蚓体长约 60～130mm，宽 3～5mm。全身 80～110 节，环带从第 25～33 节开始，背孔自第 4～5 节开始，背面及侧面橙红色或栗红色，节间沟无色、外观有花纹。刚毛对生、细而密。雄孔一对在第 15 节，雌孔一对在第 14 节。受精囊孔 2 对，储精囊 4 对。砂囊大，位于第 17～19 节（黄福珍，1982）。

图 2.9　赤子爱胜蚓（周波提供）

第三节　华南地区典型区域蚯蚓分布特征

蚯蚓主要在温带和热带地区生存，它的生物多样性及地理空间分布受很多因素影响，如历史进化因素、土壤湿度及理化和生化特征、植被组成、人类活动强度等。华南地区蚯蚓的生物多样性及地理空间分布格局及影响因素的资料目前仍较少，我们仅基于有限的资料进行简单整理。

一、人工林蚯蚓群落分布

在华南地区有少量研究探讨丘陵山地不同林型下蚯蚓群落的差异（张卫信等，2005）。这一研究基于中国科学院鹤山丘陵综合试验站，探讨了豆科林、荷木林和针叶林下蚯蚓的分布。结果显示各林型内蚯蚓均以内层种西土寒螅蚓（*Ocnerodrilus occidentalis* Eisen，1878）为例，它的生物量和个体数量分别占总数的 44.3%～66.4%和 71.4%～79.7%。豆科林蚯蚓个体数最多，荷木林蚯蚓生物量最大。蚯蚓生物量和个体数量也随季节、空气相对湿度和平均土壤含水量的变化而显著变化，土温 20～22℃蚯蚓个体数量最高，土温 23～25℃时生物量最高（张卫信等，2005）。

二、不同土地利用方式下土壤理化性质对蚯蚓分布特征的影响

土壤性质复杂多样，特别在不同地区不同土地利用方式下，土壤理化性质变化与蚯蚓分布具有一定的关系。侯舒雨等（2021）初步调查了粤北、珠江三角洲

和粤西地区多个农田、林地和果园，利用 25cm×25cm 铁框采集蚯蚓样品，分析蚯蚓的数量、重量、生态类型，并测定土壤含水量、容重、硬度、pH、电导率，以及有机碳、全氮、可溶性碳和碱解氮含量等理化性质，运用方差分析和协惯量分析方法，探明蚯蚓数量、生物量、生态类型与土壤基本理化性质的关系（图 2.10）。研究结果显示：不同地区的蚯蚓数量差异显著，总体上呈现粤北＞珠江三角洲＞粤西（$P<0.05$）。其中珠江三角洲地区林地的蚯蚓数量大于农田和其他用地（$P<0.05$）；在粤西地区林地和其他用地的蚯蚓数量大于农田（$P<0.05$）。不同地区不同土地利用方式下蚯蚓生态类型差异不明显。同时，不同地区土壤的硬度、含水量和碱解氮含量具有显著差异，粤北和珠江三角洲地区显著高于粤西地区。不同利用方式下，林地和农田的土壤 pH 和含水量显著高于其他用地；林地的土壤有机碳、可溶性碳、全氮和碱解氮含量显著高于农田和其他用地，而容重表现出相反的结果。多元数据分析结果显示蚯蚓分布与土壤基本理化性质之间有显著相关关系（$P<0.05$）。蚯蚓数量与土壤硬度、碱解氮含量呈正相关关系；表层种蚯蚓的分布与土壤可溶性碳密切相关，而内层种和深层种蚯蚓的分布则与土壤 pH 和电导率有紧密的联系。前人研究也显示蚯蚓数量和生物量变化与不同土地里利用方式下土壤 pH、有机质、盐基离子含量等密切相关（Lavelle and Spain，2001；Bhadauria et al.，2000；Haynes et al.，2003）。由此可见，不同地区不同土地利用方式影响蚯蚓数量，而土壤理化性质影响蚯蚓生物量及生态类型的分布，这为我们继续深入探究广东省土著蚯蚓养殖条件和研究不同生态类型蚯蚓对土壤功能的影响提供了重要科学参考。

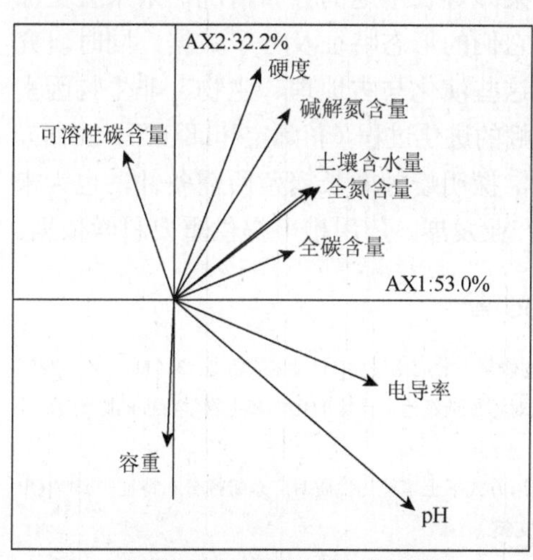

(a) 土壤各理化性质的协惯量分析投影

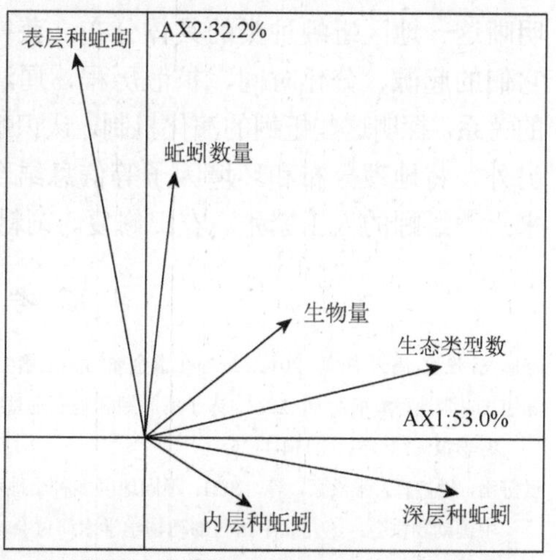

(b) 蚯蚓数量、生物量和生态类型数的协惯量分析投影

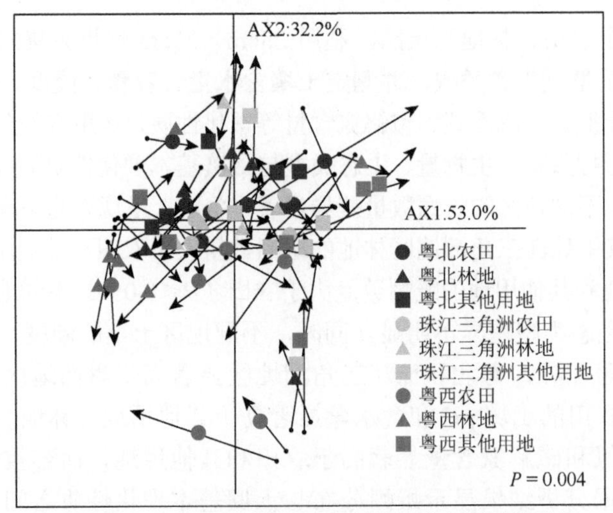

(c) 不同地区、多种土地利用方式土壤的蚯蚓分布的特征得分图

图 2.10 蚯蚓数量、生物量和生态类型与土壤各理化性质的协惯量分析

第四节 本 章 展 望

华南地区气候温暖、雨量充沛，适于蚯蚓的生长繁殖。但是，这一地区蚯蚓属、种究竟有多少，目前并不清楚；这些蚯蚓种类的具体演化机制和影响因素也仍在研究之中。科技基础资源调查专项（2018FY100300）的开展使我们有机会系统调查了华南地区的蚯蚓在农田、林地、果园等农用地的分布情况，未来会更加明晰这一地区蚯蚓种类的具体分布，获得它们的形态特征及分子数据，同时研究它们的起源、分化时间、扩散历程，厘清这些演化与古地理、生物、非生物因素的关系，探明这些蚯蚓的演化机制，认识蚯蚓的进化过程（蒋际宝和邱江平，2018）。另外，将地理分布和环境因子等信息结合，探明蚯蚓生长繁殖所需条件，也为未来土著蚯蚓的人工繁殖、农田修复、饲料产业发展、药用推广提供重要科学依据。

参 考 文 献

陈旭飞，张池，高云华，等，2012. 蚯蚓在重金属污染土壤生物修复中的应用潜力[J]. 生态学杂志，31（11）：2950-2957.

陈旭飞，张池，戴军，等，2014. 赤子爱胜蚓和毛利远盲蚓对添加造纸污泥土壤的化学和生物学特征的影响[J]. 生态学报，34（5）：1114-1125.

侯舒雨，钟鹤森，张孟豪，等，2021. 不同地区多种土地利用方式下土壤理化性质对广东蚯蚓分布特征的影响[C]//中国动物协会：第九届中国西部动物学学术研讨会论文集.

黄福珍，1982. 蚯蚓[M]. 北京：农业出版社.

蒋际宝，邱江平，2018. 中国巨蚓科蚯蚓的起源与演化[J]. 生物多样性，26（10）：1074-1082.

赖亦德，陈俊宏，2018. 台湾常见蚯蚓图鉴[M]. 新北：远足文化出版社.

廖崇惠，李健雄，2009. 华南热带和南亚热带地区森林土壤动物群落生态[M]. 广州：广东科技出版社.

刘婷，任宗玲，陈旭飞，等，2012. 不同碳氮比培养基质组合对赤子爱胜蚓生长繁殖的影响[J]. 华南农业大学学报，33（3）：321-325.

邱江平，1999. 蚯蚓及其在环境保护上的应用 I. 蚯蚓及其在自然生态系统中的作用[J]. 上海农学院学报，（3）：227-232.

孙静，2013. 中国远盲属蚯蚓分类学及分子系统发育研究[D]. 上海：上海交通大学.

王皓宇，张池，吴家龙，等，2020. 壮伟远盲蚓（*Amynthas robustus*）和南美岸蚓（*Pontoscolex corethrurus*）的人工生长繁殖及其对赤红壤碳氮磷素的影响[J]. 西南农业学报，33（7）：1528-1537.

徐芹，肖能文，2011. 中国陆栖蚯蚓[M]. 北京：中国农业出版社.

张池，陈旭飞，周波，等，2012. 华南地区壮伟环毛蚓（*Amynthas robustus*）和皮质远盲蚓（*Amynthas corticis*）对土壤酶活性和微生物学特征的影响[J]. 中国农业科学，45（13）：2658-2667.

赵琦，2015. 中国海南岛环毛类蚯蚓分类学、系统发育学和古生物地理学研究[D]. 上海：上海交通大学.

张卫信，陈迪马，赵灿灿，2007. 蚯蚓在生态系统中的作用[J]. 生物多样性，15（2）：142-153.

张卫信，李健雄，郭明昉，等，2005. 广东鹤山人工林蚯蚓群落结构季节变化及其与环境的关系[J]. 生态学报，25（6）：1362-1370.

Bhadauria T，Ramakrishnan P S，Sivastava K N，2000. Diversity and distribution of endemic and exotic earthworm in natural and regenerating ecosystems in central Himalayas[J]. India Soil Biology &Biochemistry，32（14）：2045-2054.

Bouché A M B，1977. Strategies lombriciennes[J]. Ecological Bulletins，25：122-132.

Curry J P，Schmidt O，2007. The feeding ecology of earthworms：A review[J]. Pedobiologia，50（6）：463-477.

Edwards C A，2004. Earthworm ecology[M]. 2nd Edition. Boca Raton：CRC Press.

Edwards C A，Arancon N Q，2022. Biology and ecology of earthworms[M]. 4th Edition. New York：Springer New York.

Haynes R J，Dominy C S，Graham M H，2003. Effect of land use on soil organic matter status and the composition earthworm in KwaZulu-Natal，South Africa[J]. Agriculture，Ecosystems & Environment，95：453-464.

Hendrix P F，Callaham M A，Drake J M，et al.，2008. Pandora's box contained bait：The global problem of introduced earthworms[J]. Annual Review of Ecology Evolution & Systematics，39：593-613.

Huang J H，Zhang W X，Liu M Y，et al.，2015. Different impacts of native and exotic earthworms on rhizodeposit carbon sequestration in a subtropical soil[J]. Soil Biology and Biochemistry，90：152-160.

Lavelle P，1997. Faunal activities and soil processes：Adaptive strategies that determine ecosystem function[J]. Advances in Ecological Research，27：93-132.

Lavelle P，Lapied E，2003. Endangered earthworms of Amazonia：An homage to Gilberto Righi[J]. Pedobiologia，47：419-427.

Lavelle P，Spain A V，2001. Soil ecology[M]. London：Kluwer Academic Publishers.

Lee K E，1985. Earthworms：Their ecology and relationships with soils and land use[M]. Sydney：Academic Press.

Perrier E，Beddard F E，1872. Recherches pour servir à l'histoire des lombriciens terrestres[M]. Paris：Librairie des Sciences Naturelles.

Wu J L，Zhang C，Xiao L，Motelica-Heino M，et al.，2020. Impacts of earthworm species on soil acidification，Al fractions and base cation release in a subtropical soil from China[J]. Environmental Science and Pollution Research，27：33446-33457.

Zhang C，Mora P，Dai J，et al.，2016. Earthworm and organic amendment effects on microbial activities and metal availability in a contaminated soil from China[J]. Applied Soil Ecology，104：54-66.

第三章　蚯蚓繁育技术

蚯蚓改良土壤、提高土壤质量，能够生产新型动物性蛋白质饲料，分解有机废弃物，变废为宝，具有药用功效等多种功能（孙振钧，2013）。因而挖掘蚯蚓应用潜力，解决蚯蚓人工扩繁问题，探讨适于人工扩繁的蚓种最适繁殖条件，推动蚯蚓养殖从实验室走向规模培育，具有现实研究意义，将蚯蚓养殖与环境修复和农业生产相结合是实现绿色、循环、高效生产的重要途径。

第一节　蚯蚓人工养殖的历程及农业应用实例

一、蚯蚓人工养殖的历程

国外的蚯蚓养殖技术起始于新西兰和美国，美国已有百余年的养殖历史，蚯蚓养殖规模已发展到工厂化养殖和商品化生产（孙振钧，2013）。英国和欧洲国家都有生产蚯蚓作为鱼诱饵的大型商业农场（Edwards and Arancon，2022）。日本的蚯蚓养殖虽然只有 50 多年的历史，但已经是目前世界上蚯蚓消费最大的国家之一（刘孝华，2005）。

我国的蚯蚓养殖产业起步于 20 世纪 70 年代。国内多个省市从日本引进大平 2 号、北星 2 号等蚯蚓品种，相继开展蚯蚓人工养殖研究。80 年代初，在农业部、粮食部号召下，国内机构开始蚯蚓相关研究与应用探索，用蚯蚓处理垃圾和堆置养殖试验（刘丽等，2021）。2000 年后，华北多地开始出现小规模化养殖场，利用蚯蚓生产有机肥。台湾省也有相关报道，建立蚯蚓人工养殖工厂，出口国外或利用蚯蚓改良梯田、喂鸭和青蛙，试验效果良好（孙振钧，2013）。

蚯蚓养殖需要适合国情的高产养殖技术及配套的综合利用技术。国内的养殖，一开始人们尝试用野生蚓饲养，采用混群饲养，最终蚯蚓退化现象严重，一年仅能收获 5 $kg \cdot m^{-2}$ 的蚯蚓，大小不同的蚯蚓混在一起分离效率极低（钟乐芳等，2000）。后来改用其他驯化的蚓种作为研究对象，如赤子爱胜蚓（*Eisenia fetida* Savigny，1826），开发了规模化高产养殖技术，利用其进行堆肥、处理有机废弃物等（张池等，2018），在环保产业、肥料产业进行广泛应用。自从建立化学品生态毒理评价标准方法之后，赤子爱胜蚓养殖唤起了国内蚯蚓养殖高潮。

近年来，蚯蚓药用的规范化开发以及在生态农业中的应用，再次激发了人们养殖蚯蚓的积极性。特别是农业农村部门加大工作力度，推动完善法律法规和政策制度，加强蚯蚓等土壤生物保护，持续打击非法捕捉、收购、加工野生蚯蚓的行为，加大蚯蚓人工养殖产业发展等一系列措施，使野生土著蚯蚓的人工养殖成为新热点。威廉环毛蚓、湖北环毛蚓、背暗异唇蚓等是湖北、河北、江苏等地人工养殖较为成功的蚯蚓（孙振钧，2013），但华南地区本土蚯蚓的养殖目前仍较为薄弱（王皓宇等，2020；张池等，2018）。在蚯蚓药用研究方面，人们目前主要集中在广地龙——参状远盲蚓的人工繁殖。但目前养殖周期长，蚯蚓采收加工利用繁琐，养出的蚯蚓销路等问题亟待解决。在生态农业利用方面，部分地区将赤子爱胜蚓或南美岸蚓进行人工养殖后直接放入野外、进行田间利用，但前者为食粪类蚯蚓，在野外存活率相对较低，后者为入侵种蚯蚓，会与其他土著蚯蚓抢夺生存空间，它们对生态系统的影响和效果有待进一步评估和验证。

总之，不同品种和生态类型的蚯蚓在取食、活性和生长繁殖速度等方面的差异较大（Bouché，1977），而蚯蚓的存活、生长和繁殖状况直接影响其利用及生态功能。因此，选种选育、高效繁殖、防病防逃等关键技术的研发和有关单位及部门的科学引导是目前蚯蚓养殖产业持续健康发展的关键。

二、国内蚯蚓人工养殖的农业应用实例

蚯蚓养殖应用主要涉及肥料堆置、有机废弃物处置、土壤肥力提升和修复等方面（图 3.1），1989～2022 年国内关于蚯蚓养殖的专利已接近 1400 项。将蚯蚓与现代农业生产相结合，有利于绿色农业的发展，既得良好的生态效益和经济效益。梁玉刚等（2020）运用水稻垄作养殖赤子爱胜蚓的模式，发现抽穗后的水稻剑叶叶片 SPAD 值较高，水稻剑叶衰老缓慢，有利于水稻稳产及增产。王齐旭等（2020）通过蚯蚓养殖改良土壤，土壤地力得到持续提升，应用番茄-绿叶菜-蚯蚓茬口 667 m^2 的土地年均增产 15%以上，收益增加 900 元，以蚯蚓粪作为下茬作物基肥，化肥用量可减少 40%以上。曾令涛等（2017）发现蚯蚓堆肥均促进了西瓜生长，降低了植株枯萎病发病率，增加了西瓜产量，并显著提高了西瓜可溶性固形物、可溶性糖和维生素 C 含量等果实品质指标；此外蚯蚓能有效降低西瓜植株枯萎病的发病率，促进植株生长，其防控机理可能为：蚯蚓的穴居、取食等活动直接抑制土壤中尖孢镰刀菌的快速繁殖，同时蚯蚓提升微生物总量和活性等方式调控土壤微生物群落结构，改善土壤微生态环境，从而有效防控西瓜枯萎病的发生（张娟琴等，2020）。张生智（2020）通过蚯蚓养殖，探究其对改善果园土壤、树体生长发育及果实品质的影响，结果表明蚯蚓对果树根系、新梢质量及数量影响较大，其中，试验组新梢数量的增量超出对照组 27%；试验组苹果产量超出对照组 20%且口感爽脆，果实产量和质量得到了提升。Saufi 和 Adri（2021）通过生长试验，

研究了蚯蚓堆肥对植物生长的影响，在 3 周内测定植物株高，发现施加 50%蚓粪的处理组比没有施加蚓粪的处理组株高平均高出 20%。养好蚯蚓是蚯蚓农业规模化应用的必要途径，因而深入了解蚯蚓的生长繁殖特性、影响因素至关重要。

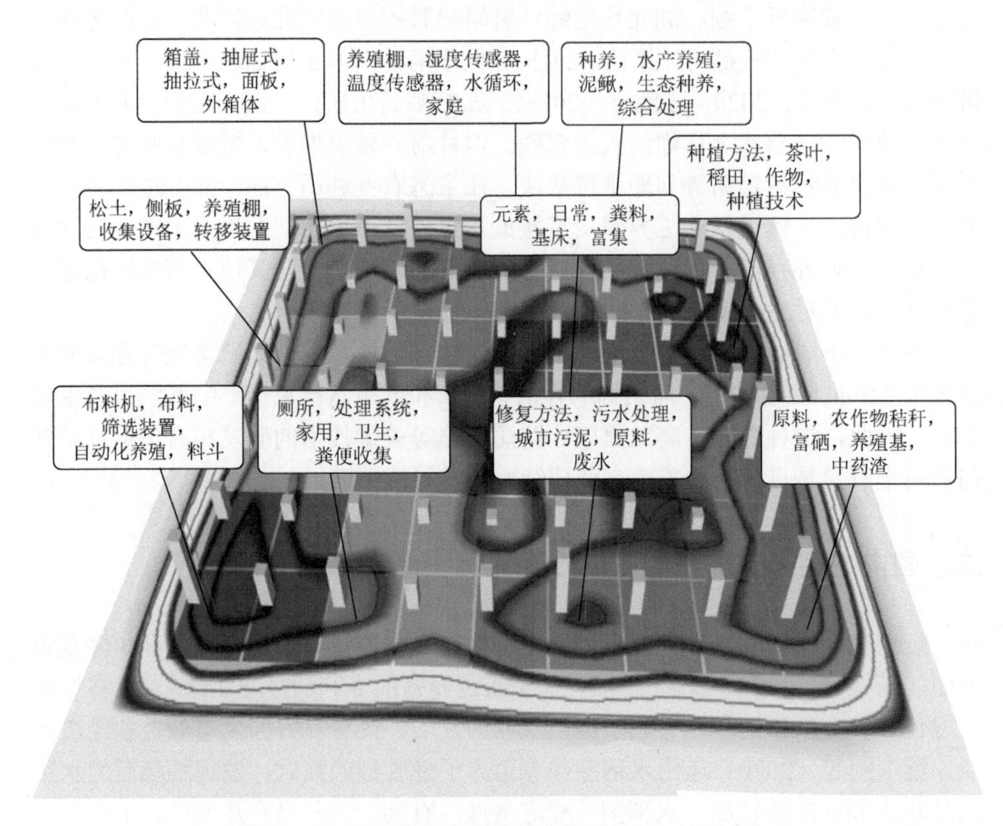

图 3.1　3D 蚯蚓养殖专利地图分析（1989～2022 年）

第二节　蚯蚓生长繁殖的影响因素

蚯蚓生长繁殖受到环境中多种因素的限制（区家秀等，2020；孙振军等，1993），因而养殖时要时刻监测蚯蚓养殖的条件。本节将主要介绍土壤温湿度、接种密度、酸碱度和蚯蚓品种等方面对蚯蚓养殖过程的影响。

一、蚯蚓繁育环境的适宜温湿度

温湿度是决定土壤生物群活动和分解过程的最重要的气候变化驱动因素。蚯蚓是变温动物，它们的体温随环境温度的变化而变化。因此，蚯蚓的活动、生长、密度、新陈代谢、呼吸和繁殖都受到温度的影响（Edwards and Bohlen，1996）。一般认为，土温 5～30℃为蚯蚓的活动温度，15～25℃为最适合蚯蚓生存的温度，对其繁殖和发育都比较好。低于 10℃时，蚯蚓通常会减少摄食活动，高于 40℃时，幼蚯蚓的茧生产和发育完全停止（Edwards and Bohlen，1996）。蚯蚓活动的下限温度可能在–5℃或更低，较低的致死温度往往比较高的致死温度对蚯蚓的破坏性更强（钟乐芳等，2000；Singh et al.，2019）。另外，对于温度的抵抗，蚯蚓物种之间差异很大，热带物种通常比温带物种更能抵抗较高的温度，反之亦然。而对于–5℃或更低温度的耐受性，不同蚓种差异显著。Shekhovtsov 等（2015）发现，如果温度下降，表层种大连爱胜蚓（*Eisenia nordenskioldi*）可以通过积累甘油，在–35℃低温下依旧有部分存活，而如八毛枝蚓（*Dendrobaena octaedra*）和杜拉蚓（*Drawida ghilarovi*）也都可以在冰冻状态下越冬，且这两种蚯蚓致死温度相似，约为–16℃（Berman et al.，2010）。相反，像绿色异唇蚓（*Allolobophora chlorotica*），即使是其蚓茧，在–5℃也难以存活（Holmstrup and Zachariassen，1996）。

蚯蚓为湿生动物，喜欢阴暗潮湿的环境。环境湿度与其生长，维持体液平衡、酸碱平衡、代谢平衡，以及蚓茧的数量和孵化等密切相关。一般控制在饲料 65%湿度的时候赤子爱胜蚓个体生长最好，60%和 70%湿度组稍次之，但是所体现的差异并不显著（$P>0.005$），故湿度最终控制在 60%～70%生长均适宜，而当湿度达到 70%时，蚓茧数达到最大值，是繁殖的最适湿度（孙振军等，1993）。在湿度大于 75%和小于 40%的环境条件下赤子爱胜蚓难以存活（单监利等，2011）。在大规模养殖蚯蚓的时候，应使用喷水器等加湿工具及时补充水分（金茜等，2019）。

另外，温度和湿度的相互作用对蚯蚓繁殖也很重要。赤子爱胜蚓在高湿度和中等温度下的最大生长速率，但在生殖成熟后，最大生长和存活效率发生在中/高湿度和低温下。相对于夏季和冬季，温度适中且水分充足的雨季更有利于蚯蚓的生长（Presley et al.，1996）。

二、蚯蚓的适宜接种密度

大多数蚯蚓繁殖与接种密度直接相关。在自然条件下，土壤中的蚯蚓密度一般在 0～1000 条·m^{-2} 不等（Curry，2004），而迄今为止的报道中，最高蚯蚓密度是在洪泛区土壤中蚯蚓密度接近 2000 条·m^{-2}（Zorn et al.，2005）。在实际人工扩繁中，Suthar（2014）用掘穴环爪蚓（*Perionyx excavatus*）进行蚯蚓接种密度的实验，在低放养密度试验中，表现出较大的个体生物量产量，而在高密度试验的虫床中，蚓茧产量较高，蚯蚓种群密度与其生长率呈明显的反比关系，蚯蚓堆肥每平方米土壤的最佳投放蚯蚓量为 1000～1200 条。刘顺会等（2012）的研究结果表明，产业化养殖过程中，赤子爱胜蚓与基质比例为 1∶20 时为最佳接种密度；当蚯蚓密度超过 1200 条·m^{-2} 时，蚯蚓种间呈现较大的竞争关系与生长停滞状态。Klok（2007）的研究也显示在粉正蚓（*Lumbricus rubellus*）密度较高的情况下，即使在食物最适宜生长，蚯蚓个体生长也会受阻，成熟延迟，产茧量减少。

三、酸碱度适中环境利于蚯蚓生长

土壤 pH 是限制蚯蚓在土壤中数量和分布的主要因素，不同的蚯蚓物种对土壤 pH 表现出不同的敏感性和耐受性（Chan and Mead，2003）。一般蚯蚓应接种在接近中性的基质中，最适酸碱度为 6.5～8.5。毛歌（2019）在中药渣中培育参状环毛蚓，结果表明在 pH 为 7.4～7.6 时，蚯蚓活动最为旺盛，产茧最多。如果基质 pH 太小或太大会对蚯蚓生长造成伤害，蚯蚓数量大大减少（Manaf et al.，2009）。大量调查研究显示土壤 pH<4.3 对大多数蚯蚓物种不利（Moore，2013；Mccallum et al.，2016）。Chen 等（2020）通过模拟蚯蚓在酸雨胁迫下的土壤中孵化，记录蚯蚓的死亡率，结果表明，蚯蚓在 pH 低于 2.5 的酸雨胁迫和 pH 为 4.0 的弱酸性酸雨胁迫下无法存活，与对照组相比，当在滤纸实验中暴露 0.5h 后，蚯蚓在 pH 为 2.0 时呈现环状肿胀和糖葫芦形状。24h 后，40%的蚯蚓死亡。同时，70%的蚯蚓在 pH 为 2.5 时表现出卷曲或弯曲中毒症状。

四、蚓种对繁殖的影响

不同蚓种最适生长条件差别明显，不同生态类型的蚓种人工扩繁难度也截然不同。赤子爱胜蚓为食粪类蚯蚓，大量研究显示腐熟的牛粪即可直接作为其饲养基质（孙振军等，1993），这种蚯蚓生长繁殖的最佳条件是 25℃、70%湿度和 pH 为 6。内栖型蚯蚓喜欢取食混合有机物料的土壤，特别是有机物料聚集的地方（Lowe and Butt，2005）。王皓宇（2019）在实验室条件下，以不同有机物料（牛粪、蘑菇渣）混合赤红壤作为培养基质，研究了 90d 内层种蚯蚓南美岸蚓（*Pontoscolex corethrurus*）和壮伟远盲蚓（*Amynthas robustus*）生物量和数量的变化情况（图 3.2）。结果表明：①是否添加有机物料对内栖型蚯蚓生长的影响不同；②添加有机物料的种类对内栖型蚯蚓生长特征的影响也有差异；③蚯蚓生长特征差异与蚯蚓自身的取食和消化生理特征密不可分（García and Fragoso，2003）。南美岸蚓（*P. corethrurus*）属于多腐殖质亚型内栖型蚯蚓，而壮伟远盲蚓（*A. robustus*）属中腐殖质亚型内栖型蚯蚓。南美岸蚓对土壤养分的需求更多，因而必须在饲养时不断添加新鲜的有机物料；而壮伟远盲蚓则对养分的需求相对较少，在矿质土壤中也可以生存一定的时间。南美岸蚓体积小、活跃、接种数量大，种间竞争激烈，壮伟远盲蚓体积大、接种数量少，种间竞争相对较小。另外，张翰林等（2016）

采用内栖型威廉环毛蚓（*Pheretima guillelmi* Michaelsen，1895）进行试验，生长繁殖的最佳条件是：25℃、65%湿度和 pH 为 7。于智勇等（2007）以秉氏环毛蚓（*Pheretima pingi*）进行实验室培育，发现其生长发育和繁殖的最适宜条件是饲养密度为 106 条·m^{-2}、温度为 24℃、土壤含水量为 20.00%和 pH 为 6.6。Tripathi 和 Bhardwaj（2004）处理深栖型莫氏炬蚓（*Lapito mauritii* Kinberg，1866）的生长繁殖的最佳条件是：30℃、60%湿度和 pH 为 7.5。因此，对于不同类型的蚯蚓进行人工扩繁，要针对蚯蚓的取食和生长特征因种制宜地进行培育。

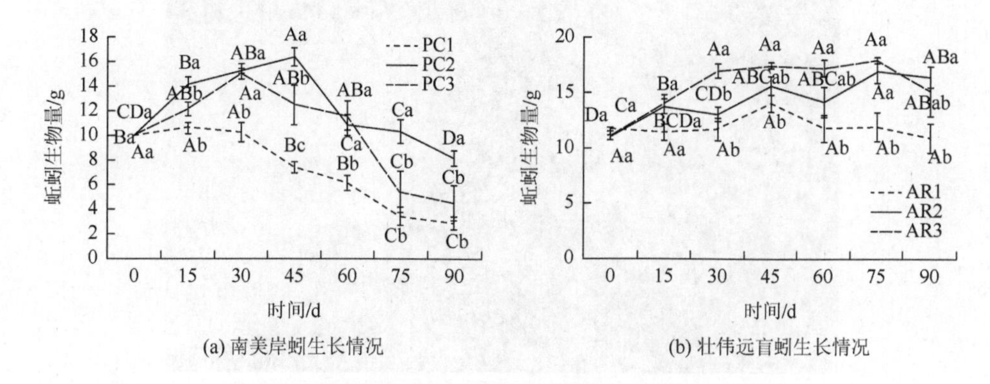

(a) 南美岸蚓生长情况　　(b) 壮伟远盲蚓生长情况

图 3.2　不同土壤处理蚯蚓生长情况

不同线条分别代表不同土壤处理，大写字母表示同种土壤处理在不同时间段 $P<0.05$ 水平下差异性；小写字母表示不同土壤处理在同一时间段 $P<0.05$ 水平下差异性

第三节　赤子爱胜蚓的人工扩繁

目前应用最广的蚓种为赤子爱胜蚓（*Eisenia fetida*）。这种蚯蚓多喜欢高腐殖有机质与含糖物质，繁殖与适应能力强，性成熟早，而且寿命可达 7 年（姜艳双，2019；Mulder et al.，2007），因而在堆肥处理中应用较多。Mulder 等（2007）指出赤子爱胜蚓进入衰老阶段后，生物量开始降低，种间可用的资源不再被用于生殖以外的目的。另外，人工扩繁过程中添加的饲料不同，蚯蚓取食的有机物料会影响蚯蚓的存活、生长和繁殖情况（Hurisso et al.，2011；Ortiz-Ceballos et al.，2005）。本节主要从蚯蚓繁殖添加的有机物碳氮比和微生物属性等方面分析不同有机物料对赤子爱胜蚓的影响。

一、适宜碳氮比的有机物料

当环境温度、湿度和蚯蚓接种密度控制在相同水平时，物料的品质（即碳氮比）是影响蚯蚓生长和繁殖以及蚯蚓组成的主要因素。在限饲的条件下，由于食物品质不同，所以蚯蚓喜欢把能量主要用于生长或者繁殖，培养基质的养分可利用性会显著影响蚯蚓的生长和繁殖（Suthar，2007）。碳元素是调节生物体代谢的基本元素，高氮含量是蚯蚓性成熟的必要条件（García and Fragose，2003），不同的碳氮比培养基质组合将会给蚯蚓繁殖生长带来不一样的结果，适宜碳氮比的有机物料（如图 3.3）对保持蚯蚓生长繁殖有显著影响。

图 3.3　腐熟牛粪中培育的赤子爱胜蚓（林晓钦提供）

采用相同类型物料饲养蚯蚓，C/N 相对较高时，蚯蚓生长旺盛，繁殖量大。Aira 等（2006）采用 C/N 分别为 11 和 19 的猪粪养殖蚯蚓，结果显示 C/N 较高时蚯蚓繁殖快，成蚓、亚成蚓、幼年蚯蚓和刚孵化蚯蚓的总数量是低 C/N 条件下的 7 倍，并且更有利于提高蚯蚓堆肥处理效果。Ndegwa 和 Thompson（2000）在 C/N 为 10～25 时赤子爱胜蚓的生物量随 C/N 的增加而增加，25 左右是对其生长比较有利的 C/N 比值（刘婷等，2012）。高娟等（2012）以猪粪和水稻秸秆为蚯蚓饲料，设置 C/N20、C/N25、C/N30 和 C/N35 共 4 个处理，进行 90d 蚯蚓生长繁殖状况研究，结果表明成蚓的生长繁殖在 C/N 为 30 时达到最佳效果，产蚓茧量 C/N30＞C/N35＞C/N25＞C/N20。刘婷等（2012）选择牛粪和秸秆两种物料，按照 100%牛粪（C/N = 21.8）、牛粪∶秸秆质量比 4∶1（C/N = 24.9）、牛粪∶秸秆质量比 3∶2（C/N = 28.7）、牛粪∶秸秆质量比 2∶3（C/N = 33.4）、牛粪∶秸秆质量比 1∶4（C/N = 39.3）、秸秆量 100%（C/N = 47.2）设置 6 个处理，进行了 90d 的蚯蚓培育试验，该过程有蚓茧和幼蚓产生（图 3.4），结果显示培养基质的碳氮比与蚯蚓的生物量和数量均呈显著负相关关系（P＜0.001），且随着培养时间的增加而增强（图 3.5），C/N 为 21.8 和 24.9 的牛粪和稻秆基质组合蚯蚓生物量最高，C/N 为 28.7 的组合 60d 和 90d 时蚯蚓数量最多。

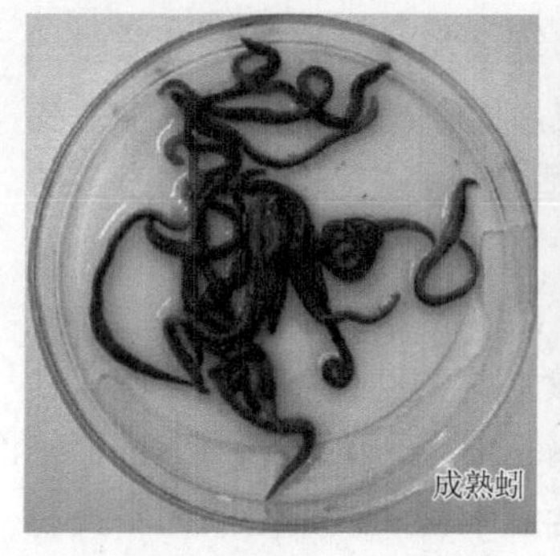

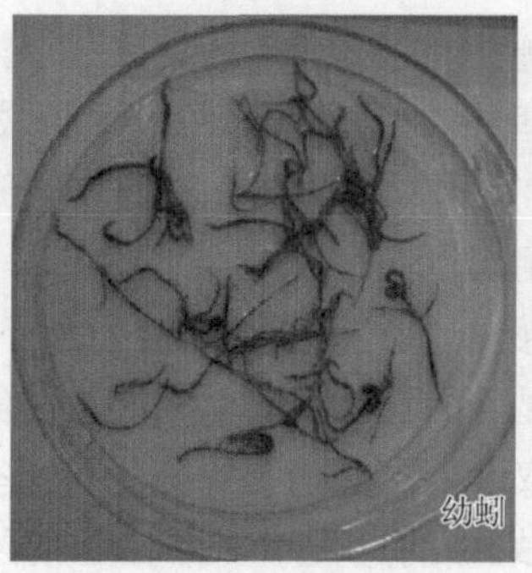

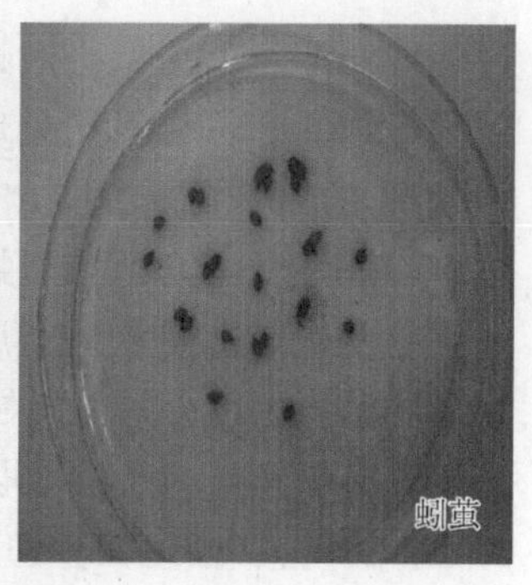

图 3.4　赤子爱胜蚓及其蚓茧和幼蚓（刘婷提供）

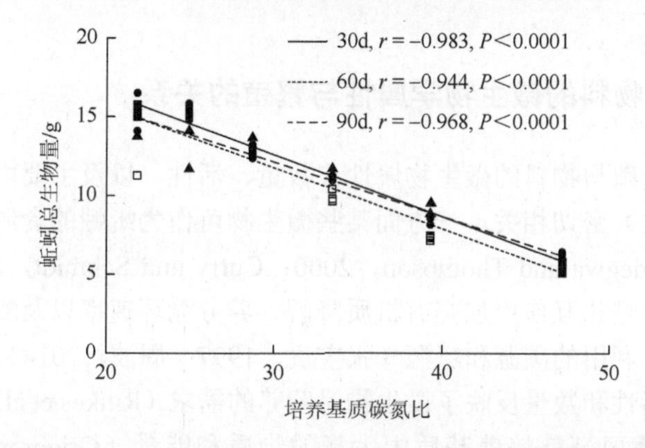

图 3.5　培养基质碳氮比与接种 30d、60d、90d 蚯蚓总生物量之间的相关关系

但是，当选择不同物料时，蚯蚓的繁殖和物料性质有关。周波（2014）选择牛粪（C/N 18.51）、中药渣（C/N 9.70）、水稻秸秆（C/N 50.46）、大豆秸秆（C/N 46.40）、城市园林废弃物（C/N 59.05）和茶渣（C/N 10.27）等 6 种不同属性的有机物料进行了室内赤子爱胜蚓培养，探讨不同有机物料对蚯蚓存活、生长和繁殖的影响。试验结果表明：碳氮比例大的水稻秸秆（C/N 50.46）、大豆秸秆（C/N 46.40）中，蚯蚓存活和繁殖最好，而碳氮比例小的茶渣（C/N 10.27）和中药渣（C/N 9.70）中蚯蚓存活和繁殖最差。同时，最有利于蚯蚓个体生长的物料是牛粪（C/N 18.51），其最大成蚓单体重达到了 615mg，是第二成蚓单体重水稻秸秆（C/N 50.46）处理组的 1.26 倍。

另外，C/N 影响蚯蚓繁殖的蚓群结构。Aira 等（2006）显示，在低 C/N 时，蚓群成蚓量占 60%，显著高于高 C/N；高 C/N 时，幼蚓和刚孵化的蚯蚓量占 70%。周波（2014）的研究显示成蚓对有机物料 C/N 的适应范围大于幼蚓。成蚓适宜存活的 C/N 范围约为 15～60，幼蚓适宜存活的 C/N 范围约为 25～45；低浓度的全氮对蚯蚓死亡率没有影响，但是随着全氮含量的增加，死亡率迅速呈指数增加，说明较高浓度的全氮会对蚯蚓的存活产生影响。刘婷等（2012）的研究显示在一定限度内，在低碳氮比处理中，蚯蚓主要由成蚓组成，而在高碳氮比处理中主要由幼蚓组成；碳氮比为 21.8～24.9 的牛粪和秸秆组合适宜蚯蚓生长，碳氮比为 28.7 的牛粪和秸秆组合适宜蚯蚓繁殖。

总的来说，在相同温度、湿度和接种密度条件下，培养基碳氮比与蚯蚓的生物量和数量之间分别呈极显著的负相关关系。蚯蚓取食腐烂的动物性有机物比取食植物性有机物产卵量大，取食富含氮的食物其生长速率和产卵量都较快（Jamieson et al.，1977）。因此在养殖蚯蚓的过程中，将含全氮含量丰富、碳氮比低的牛粪和含全氮含量低、碳氮比较高的稻秆进行混合，可以保证蚯蚓繁殖中营养平衡（周颖等，2009）。

二、不同有机物料的微生物学属性与繁殖的关系

蚯蚓生长繁殖与物料的微生物属性（数量、活性，以及主要由微生物代谢过程所产生的酶类）密切相关。一方面某些微生物可作为蚯蚓的食源，为蚯蚓的繁殖提供能量（Ndegwa and Thompson，2000；Curry and Schmidt，2007）；另一方面，微生物与蚯蚓相互作用加强有机质降解、养分循环速率以及酶活性，从而使蚯蚓获得更多可利用的碳源和氮源（张宝贵，1997；周波，2014）。

微生物的活性和数量反映了微生物对营养的需求（Rinkes et al.，2014），微生物的代谢活动需要消耗培养基质中大量的物质和能量（Grigoropoulou et al.，2008）。Sen 和 Chandra（2009），Gómez-Brandón 等（2012）在研究中发现蚯蚓作用伴随着增加有机物料中微生物的数量和活性。Aira 等（2006）发现伴随着 70% 的幼蚓的大量生长和繁殖，高碳氮比（19∶1）的猪粪的微生物量和活性显著高于低碳氮比（11∶1）猪粪。然而，在周波（2014）的试验中，如图 3.6 和图 3.7 所

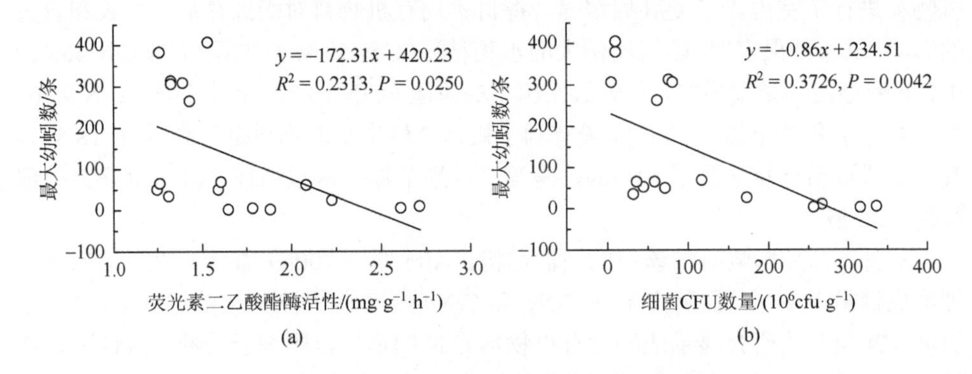

图 3.6　影响幼蚓数量的主要微生物学指标

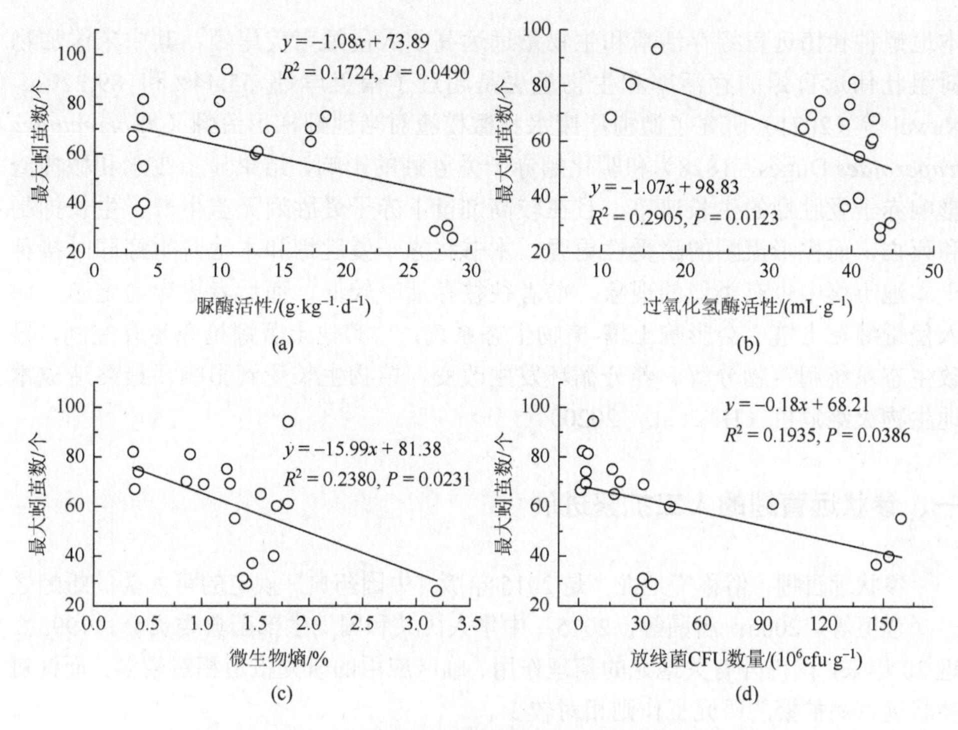

图 3.7　影响蚓茧数量的主要微生物学指标

示，不同的物料加入后，细菌 CFU 数量和荧光素二乙酸酯酶活性增加，幼蚓数量显著降低；放线菌 CFU 数量、脲酶和过氧化氢酶活性、微生物熵增加，而蚓茧数量减少。培养蚯蚓的物料养分有限，蚯蚓繁殖率下降、死亡率增加、种群密度下降可能是造成上述现象的原因之一。

第四节　野生蚓的人工繁殖

蚯蚓的种类繁多，但至今能够商品化养殖的野生蚓种寥寥无几，必须对蚯蚓的繁殖特性有一个深入的剖析，分析对比不同类型蚓种的繁殖潜力，最终寻求可以进行人工扩繁的蚓种或蚓种类型。

通常，野生蚓对环境的适应能力相对较强。在相似的环境条件下，当地土著蚓尤金真蚓（*Eudrilus eugeniae* Kinberg，1867）的生长速率比赤子爱胜蚓快得多，尤金真蚓在 5 周内就能达到性成熟，而赤子爱胜蚓则需要至少 6 周（Dominguez et al.，2001），且培育至成熟时的最终重量（4.41g±0.31g）远大于赤子爱胜蚓（0.61g±0.09g）。王皓宇（2019）观察了壮伟远盲蚓（*Amynthas robustus*）和南美岸蚓（*Pontoscolex corethrurus*）在实验室繁殖情况，结果显示本地蚓种壮伟远盲蚓存活率和生物量远远高于入侵蚓南美岸蚓，其中未添加物料组壮伟远盲蚓的存活率和生物量更是超过了南美岸蚓 55.44%和 89.22%。Nawal 等（2021）研究了橄榄厂废水和橄榄渣对当地蚓梯形流蚓（*Aporrectodea trapezoides* Dugès，1828）和驯化蚓赤子爱胜蚓的影响，结果显示废水和橄榄渣影响赤子爱胜蚓的生长速率，且在较高剂量下赤子爱胜蚓无茧生产、生长抑制和死亡，而梯形流蚓的耐受性更强。本书将赤子爱胜蚓和本地野生蚓同时接种于本地土壤中也有类似的现象，前者往往存活率较低，而后者更容易定殖。而入侵蚯蚓在土壤中会影响土壤-植物生态系统，与其他土著蚓抢夺生存空间，导致生态系统凋落物分解、养分循环发生改变，植物生长受到影响，最终造成本地生物灭绝危机（He et al.，2020）。

一、参状远盲蚓的人工扩繁进展

参状远盲蚓，俗称广地龙，是 2015 年版《中国药典》规定的可入药的蚯蚓之一（李恒等，2006；唐鼎等，2015；中华人民共和国卫生部药典委员会，1995）。近 20 年来，国内外有关地龙的药理作用、临床应用的研究报道相对较多，而针对参状远盲蚓扩繁的研究工作则相对较少。

参状远盲蚓为雌雄同体异体交配，一般 4～6 个月龄性成熟，1 年可产卵 3～4 次，寿命为 1～3 年（黄庆等，2018a）。它对周围环境反应十分敏感，适于生活在 15～25℃、湿度为 60%～70%、pH 为 6.5～7.5 的土壤中条件，条件不适时就会爬出逃逸。它的饲料主要是土壤中的有机质、腐烂的落叶、枯草、蔬菜碎屑、作物秸秆和畜粪等。如果要实现这种蚯蚓的大规模繁育，应该在选择适宜的养殖区和种苗养殖地、饲料选择及投喂、蚓种投放、田间管理、病虫鼠草害的防治和蚓苗采收等方面进行深入的研究。

黄庆等（2018b）的发明专利（CN108684613A）公开了参状远盲蚓的无公害养殖方法，提出养殖这种蚯蚓的区域空气质量需符合《环境空气质量标准》（GB 3095—1996）中的二级标准；农田溉用水符合《农田灌溉水质标准》（GB 5084—2005）中的二级标准。同时，养殖土需选择壤土或砂质壤土，耕层 30cm 以上，土壤 pH 为 5.5～7.5，土壤条件符合《土壤环境质量标准》（GB 15618—1995）中的二级标准。再者，应选择地势平整、排水好的农田，安装隔离网，防止其他动物威胁以及蚯蚓自身逃逸。另外，在养殖投苗前进行一次耕翻，每 20 天投放 1 次已发酵完全的鸡粪、牛粪或猪粪等饲料，每次采收蚓苗后，应投放蚓种作为补充。如果土壤水分不能满足蚯蚓生长需要时，应该进行浇水灌溉，以土壤接近湿土（保持含水量 60%～70%）为宜，及时排涝，定期清理杂草。

目前，参状远盲蚓在药理作用机制研究、养殖技术及地龙新产品开发、土壤生态修复等方面都具有广阔的前景和巨大的开发潜力（黄庆等，2018a；崔莹莹等，2020），但其研究和开发明显不足。随着环境变化和人为恶意电捕，野生来源的参状远盲蚓逐渐减少，它的人工养殖将成为主要的蚓种来源（黄庆等，2018a）。但是，人工养殖这种蚯蚓还处于初级探索阶段，其规范化人工养殖技术还需要进一步探索。

二、表栖型皮质远盲蚓的人工扩繁潜力

Bhattacharjee 和 Chaudhuri（2002）对 7 种热带蚯蚓开展了实验室研究，结果表明表栖型和内栖型蚓种产茧率高、发育时间短、孵化成功率高，具有一定的应用价值。深栖型的茧发育时间长、繁殖不稳定、产茧率低，不适合进行蚯蚓养殖，而内栖型蚯蚓与表栖型蚯蚓比较，本身的繁殖率相对较低（Davis，1985）。Roman 等（2010）为了评价不同植物残体对两种生态环境下热带蚯蚓生长和繁殖的影响，以矿质土为主要基质，在微观实验中进行了内栖型南美岸蚓（*Pontoscolex corethrurus*）和表栖型皮质远盲蚓（*Amynthas corticis*）的培养，显示接种南美岸蚓和接种皮质远盲蚓的处理组年均最高产茧数分别为 57 个和 234 个，皮质远盲蚓有较大的繁殖潜力。

因此，本书选择本地蚯蚓皮质远盲蚓进行了繁育实验。林晓钦等（2023）将皮质远盲蚓接种至混施水稻秸秆，C/N 约 25 的土壤中，培育土壤保持 80%田间持水量，全程室温 22℃情况下，观察蚯蚓的生长繁殖特征。强光下的皮质远盲蚓及其幼蚓如图 3.8 所示。皮质远盲蚓培育 100d 后的存活率仍然接近 80%，且孵化出了幼蚓，如表 3.1 所示。

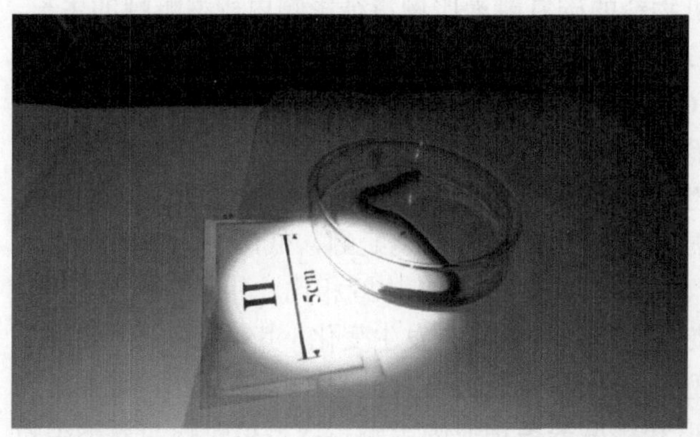

图 3.8　强光下的皮质远盲蚓及其幼蚓（林晓钦提供）

表 3.1　不同时期皮质远盲蚓生物学指标

指标	0d	20d	40d	60d	80d	100d
蚯蚓生物量/g	10.07±0.19[bc]	13.29±1.22[a]	11.57±0.33[b]	9.43±0.85[c]	8.96±0.57[c]	6.08±1.69[d]
存活数/条	10.00±0.00[a]	9.33±0.58[a]	9.33±0.58[a]	9.00±1.00[ab]	9.00±1.00[ab]	7.67±1.15[b]
幼蚓数/条	0.00±0.00[c]	0.00±0.00[c]	0.00±0.00[c]	3.33±1.53[c]	18.00±3.46[b]	30.00±5.00[a]
蚓粪量/g	0.00±0.00[f]	18.36±0.00[e]	37.64±0.00[d]	52.73±0.00[c]	65.26±0.00[b]	78.69±0.00[a]

注：表中数据同行中不同的字母表示水平差异显著（$P<0.05$，新复极差法），下同。

综上，在对于本地野生蚓人工扩繁的探索中，采用表栖型的野生远盲蚓如皮质远盲蚓作为扩繁对象，具有较大的可操作性，有利于当地蚯蚓养殖产业规模的发展，也有利于蚯蚓研究的可持续进行。

三、内栖型壮伟远盲蚓的人工繁育

王皓宇（2020）在实验室可控条件下，将内栖型蚯蚓壮伟远盲蚓接种至添加不同有机物料（牛粪、蘑菇渣）的赤红壤处理中，研究蚯蚓生长繁殖情况和人工繁殖的最适有机物料图 3.9。结果表明：90d 培养期内，在 25℃、湿度 40%的培养条件下，添加 5%牛粪和 5%蘑菇渣处理从培养第 15 天开始，蚯蚓生物量均显著高于 100%土壤处理，牛粪饲养的蚯蚓生物量更高。上述实验结果可以得出：①添加有机物料促进内栖型蚯蚓生长。Barois 等（1999）提出的添加有机底物土壤与矿物土壤喂养蚯蚓实验相比，将会有更高的生长和繁殖率。Lowe 和 Butt（2005）总结他人研究结果得出内栖型蚯蚓喜欢取食混合有机物料的土壤，特别是有机物料聚集的地方。②添加有机物料的碳氮磷素比例特征影响内栖型蚯蚓的生长。75d 培养期内，添加蘑菇渣处理对内栖型壮伟远盲蚓生长和维持生物量的效果最显著。与蘑菇渣相比，牛粪 C/N（14.9∶1）和 C/P（71.6∶1）相对较低，内栖型壮伟远盲蚓能在添加较高碳氮比和碳磷比的蘑菇渣土壤中生存，表明其生长受碳素的影响最大。③蚯蚓生长特征差异与蚯蚓自身的取食和消化生理特征密不可分。内栖型壮伟远盲蚓属中腐殖质亚型内栖型蚯蚓，低腐殖质也可满足其生长。但是，从蚯蚓数量看，与同时期培养的南美岸蚓相比壮伟远盲蚓数量 90d 内数量变化平稳，特别是牛粪处理中蚯蚓数量未发生变化，其他处理数量在 45d 出现下降趋势。对于蚯蚓繁殖来讲，其受蚯蚓自身品种、接种密度、培养基质种类、形态和养分、环境温度和湿度等多种原因影响，内栖型蚯蚓与表栖型蚯蚓比较，其本身的繁殖率相对较低，因此目前国内外成功繁殖内栖型蚯蚓的研究十分少。

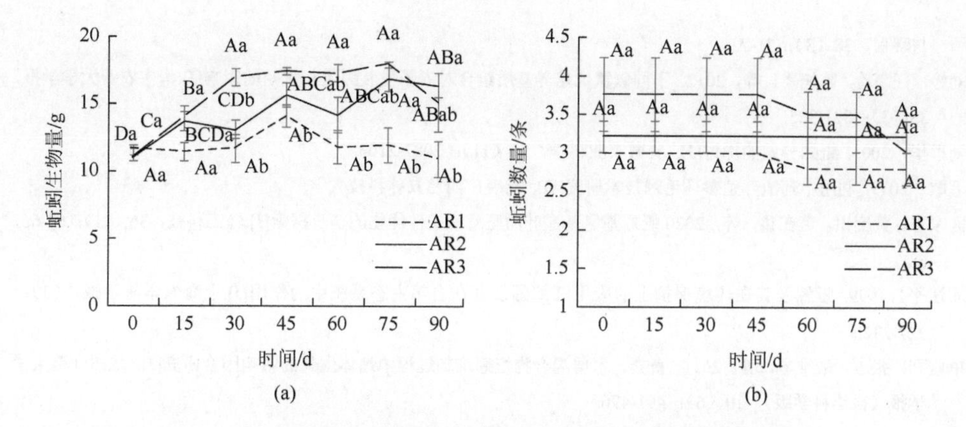

图 3.9　壮伟远盲蚓 90d 的生物量及数量变化（王皓宇等，2020）

AR1 为 100%土壤；AR2 为 5%牛粪 + 95%土壤；AR3 为 5%蘑菇渣 + 土壤

第五节　本 章 展 望

蚯蚓生态功能对于农业生产有着积极的影响，但是目前的研究较为局限，对本地野生蚓种繁殖机制这方面的研究仍十分缺乏。将蚯蚓养殖与环境修复和农业生产相结合是实现绿色、循环、高效生产的重要途径，如果解决不了野生蚓人工扩繁问题，蚯蚓的应用潜力将会停滞在理论阶段。梳理蚯蚓生态功能与农业应用，探讨适于人工扩繁的本地野生蚓种最适繁殖条件，推动表栖型远盲属野生蚓养殖从实验室走向规模培育，具有较大的研究意义。

参考文献

陈雪雪，刘前亮，简槐良，等，2020. 土壤 pH 对蚯蚓生长及 Cd，Pb 吸收的影响[J]. 山东化工，49（13）：234-238.

高娟，杨京平，杨虎，2012. 蚯蚓处理猪粪与秸秆的最适碳氮比及混合物腐熟度评价[J]. 应用生态学报，23（3）：765-771.

黄庆，李志武，马志国，等，2018a. 地龙的研究进展[J]. 中国实验方剂学杂志，24（13）：220-226.

黄庆，毛润乾，李志武，2018b. 一种广地龙无公害养殖的方法：201810322610.1[P]. 2018-04-11.

姜艳双，2019. 利用鸡粪养殖蚯蚓技术[J]. 农民致富之友，（12）：56-58.

金茜，罗稼戟，张波，等，2019. 中药渣制备有机肥及其蚯蚓养殖技术[J]. 湖北农业科学，58（1）：35-38.

李恒，邢桂菊，梁雪峰，2006. 地龙的养殖技术及发展前景[J].中国林副特产，（3）：44-45.

梁玉刚，陈璐，廖欣，等，2020. 水稻垄作养殖蚯蚓对植株生长特性与产量的影响[J]. 生态学杂志，39(10)：3285-3294.

林嘉聪，2021. 蚯蚓堆肥物料特性与蚯蚓-蚯蚓粪分离技术研究[D]. 武汉：华中农业大学.

林晓钦，崔莹莹，张孟豪，等，2023.皮质远盲蚓体内酶对土壤有机碳形态及碳库管理指数的影响[J].西南农业学报，36（7）：1447-1454.

刘丽，徐洪岩，张明爽，2021. 东北地区蚯蚓养殖方法综述[J]. 经济动物学报，25（3）：197-201.

刘顺会，陈大志，林秋奇，等，2012. 不同接种密度蚯蚓堆肥处理有机垃圾混合剩余污泥的比较研究[J]. 工业安全与环保，38（3）：71-73.
刘婷，任宗玲，陈旭飞，等，2012. 不同碳氮比培养基质组合对赤子爱胜蚓生长繁殖的影响[J].华南农业大学学报，33（3）：321-325.
刘孝华，2005. 蚯蚓养殖的探讨[J]. 安徽农业科学，33（11）：2087-2103.
毛歌，2019. 利用中药渣养殖参环毛蚓技术研究[D]. 杨凌：西北农林科技大学.
区家秀，黄庶识，黄在猛，等，2020.蚯蚓基氨基酸叶面肥酶解条件优化的初步探索[J].轻工科技，36（11）：64-66，68.
邱江平，1999. 蚯蚓及其在环境保护上的应用 I.蚯蚓及其在自然生态系统中的作用[J].上海农学院学报，（3）：227-232.
单监利，张志，朱维琴，等，2011. 畜粪、木屑混合物蚯蚓堆制过程中蚓体生长的影响因素研究[J]. 杭州师范大学学报（自然科学版），10（6）：491-496.
孙振钧，2013. 蚯蚓高产养殖与综合利用[M]. 北京：金盾出版社.
孙振军，刘玉庆，李文立，1993. 温度、湿度和酸碱度对蚯蚓生长与繁殖的影响[J]. 莱阳农学院学报，（4）：297-300.
唐鼎，涂乾，李娟，等，2015. 药用地龙的药理作用和临床研究进展[J]. 中国药师，（6）：1016-1019.
王皓宇，2019. 南美岸蚓（*Pontoscolex corethrurus*）和壮伟远盲蚓（*Amynthas robustus*）的生长情况及其对赤红壤肥力特性的影响[D]. 广州：华南农业大学.
王皓宇，张池，吴家龙，等，2020. 壮伟远盲蚓（*Amynthas robustus*）和南美岸蚓（*Pontoscolex corethrurus*）的人工生长繁殖及其对赤红壤碳氮磷素的影响[J]. 西南农业学报，33（7）：1528-1537.
王齐旭，李建勇，张瑞明，2020. 设施番茄-蚯蚓种养循环绿色生产技术模式[J]. 南方园艺，31（5）：47-48.
于智勇，魏万红，薛庆於，等，2007. 环境因素对秉氏环毛蚓（*Pheretima pingi*）繁殖的影响[J]. 南京师大学报（自然科学版），30（3）：107-101.
曾令涛，王东升，常江杰，等，2017. 蚯蚓堆肥与益生菌配施对西瓜生长和品质的影响[J]. 中国土壤与肥料，（1）：103-110.
张宝贵，1997. 蚯蚓与微生物的相互作用[J]. 生态学报，17（5）：556-560.
张池，周波，吴家龙，等，2018. 蚯蚓在我国南方土壤修复中的应用[J]. 生物多样性，26（10）：1091-1102.
张翰林，王金庆，郑宪清，等，2016. 威廉环毛蚓消解牛粪最优条件的研究[J]. 上海农业学报，32（3）：96-100.
张娟琴，李双喜，郑宪清，等，2020. 蚯蚓防控西瓜枯萎病的效果及其机理探索[J]. 江苏农业学报，36（1）：70-76.
张生智，2020. 蚯蚓养殖对改善果园土壤、树体生长发育及果实品质的影响[J]. 现代园艺，43（22）：9-10.
张卫信，李健雄，郭明昉，等，2005. 广东鹤山人工林蚯蚓群落结构季节变化及其与环境的关系[J]. 生态学报，25（6）：1362-1370.
赵琦，2015. 中国海南岛环毛类蚯蚓分类学、系统发育学和古生物地理学研究[D]. 上海：上海交通大学.
中华人民共和国卫生部药典委员会，1995. 中华人民共和国药典[M]. 北京：中国医药科技出版社.
钟乐芳，玄福，玄寿，2000. 蚯蚓快速高产养殖技术[J]. 动物科学与动物医学，（2）：67-68.
周波，2014. 蚯蚓对农用有机废弃物和重金属污染土壤的影响[D]. 广州：华南农业大学.
周颖，陈泽光，宦霞娟，等，2009. 蚯蚓堆制处理对不同物料中 4 种酶活性的影响[J]. 西北农业学报，18（6）：66-69.
Aira M，Monroy F，Dominguez J，2006. C to N ratio strongly affects population structure of *Eisenia fetida* in vermicomposting systems[J]. European Journal of Soil Biology，42（S1）：S127-S131.
Barois I，Lavelle P，Brossard M，et al.，1999. Ecology of earthworm species with large environmental tolerance and/or extended distributions[M]. Earthworm Management in Tropical Agroecosystems，（ii）：57-85.
Berman D I，Bulakhova N A，Meshcheryakova E N，2016. Cold hardiness and range of the earthworm *Eisenia sibirica*（Oligochaeta，Lumbricidae）[J]. Sibirskii Ekologicheskii Zhurnal，9：45-52.

Bhattacharjee G，Chaudhuri P S，2002. Cocoon production，morphology，hatching pattern and fecundity in seven tropical earthworm species-a laboratory-based investigation[J]. Journal of Biosciences，27（3）：26-19.

Bouché A M B，1977. Strategies lombriciennes[J]. Ecological Bulletins，25：122-132.

Cerbaf，1984. Organization for economic Co-operation and development，government debt management，vol. I，objective and techniques，OECD，Paris（1983），p.60，Organization for economic Co-operation and development，government debt management，vol. Ⅱ，debt instruments and selling techniques，OECD，Paris（1983），p.133[J]. Journal of Banking & Finance，8（1）：135-137.

Chan K Y，Mead J A，2003. Soil acidity limits colonisation by Aporrectodea trapezoides，an exotic earthworm[J]. Pedobiologia，47（3）：225-229.

Chen X，Zhang J，Wei H，2020. Physiological responses of earthworm under acid rain stress[J]. International Journal of Environmental Research and Public Health，17（19）：7246 .

Curry J，2004. Factors affecting the abundance of earthworms in soils[M]//Edwards C A. Earthworm Ecology. 2nd Edition. Boca Raton：CRC Press.

Curry J P，Schmidt O，2007.The feeding ecology of earthworms：A review[J]. Pedobiologia，50（6）：463-477.

Davis B，1985. Earthworms：Their ecology and relationships with soils and land use[J]. Environmental Pollution，42（1）：94.

Dominguez J，Edwards C A，Dominguez J，2001. The biology and population dynamics of Eudrilus eugeniae（Kinberg）（Oligochaeta）in cattle waste solids[J]. Pedobiologia-International Journal of Soil Biology，45（4）：341-353.

Edwards C A，Bohlen P J，1996. Biology and ecology of earthworms[M]. 3rd Edition. London：Chapman & Hall.

Edwards C A，Arancon N Q，2022. Biology and ecology of earthworms[M]. 4th Edition. New York：Springer Science + Business Media，LLC.

García J A，Fragoso C，2003. Influence of different food substrates on growth and reproduction of two tropical earthworm species（*Pontoscolex corethrurus* and *Amynthas corticis*）[J]. Pedobiologia-International Journal of Soil Biology，47（5）：754-763.

Gómez-Brandón M，Lores M，Domínguez J，2012. Changes in chemical and microbiological properties of rabbit manure in a continuous-feeding vermicomposting system[J]. Bioresource Technology，128C（1）：310-316.

Griffith B，Türke M，Weisser W W，et al.，2013. Herbivore behavior in the anecic earthworm species *Lumbricus terrestris* L.? [J]. European Journal of Soil Biology，55：62-65.

Grigoropoulou N，Butt K R，Lowe C N，2008. Effects of adult *Lumbricus terrestris* on cocoons and hatchlings in Evans' boxes[J]. Pedobiologia，51（5-6）：343-349.

He X X，Liu S J，Wang J，2020. Disturbance intensity overwhelms propagule pressure and litter resource in controlling the success of Pontoscolex corethrurus invasion in the tropics[J]. Biological Invasions，22：1705-1721

Holmstrup M，Zachariassen K E，1996. Physiology of cold hardiness in earthworms[J]. Comparative Biochemistry and Physiology Part A：Physiology，115（2）：91-101.

Hurisso T T，Davis J G，Brummer J E，et al.，2011. Earthworm abundance and species composition in organic forage production systems of northern Colorado receiving different soil amendments[J]. Applied Soil Ecology，48（2）：219-226.

Jamieson B，Ed Wards C A，Lofty J R，1977. Biology of earthworms[J]. Soil Biology，24（3）：821-826.

Kim J K，Dao V T，Kong I S，et al.，2010. Identification and characterization of microorganisms from earthworm viscera for the conversion of fish wastes into liquid fertilizer[J]. Bioresource Technology，101（14）：5131-5136.

Klok C，2007. Effects of earthworm density on growth，development，and reproduction in *Lumbricus rubellus*（Hoffm.）

and possible consequences for the intrinsic rate of population increase[J]. Soil Biology and Biochemistry，39（9）：2401-2407.

Lavelle P，Spain A V，2001 . Soil ecology[M]. Dordrecht：Springer Dordrecht.

Lavelle P，Decaëns T，Aubert M，et al.，2006. Oil invertebrates and ecosystem service[J]. European Journal of Soil Biology，42（1）：S3-S15.

Lowe C N，Butt K R，2005. Culture techniques for soil dwelling earthworms：A review[J]. Pedobiologia，49（5）：401-413.

Manaf L A，Jusoh M L C，Yusoff M K，et al.，2009. Influences of bedding material in vermicomposting process[J]. International Journal of Biology，1（1）：81-85.

Mccallum H M，Wilson J D，Beaumont D，et al.，2016. A role for liming as a conservation intervention？Earthworm abundance is associated with higher soil pH and foraging activity of a threatened shorebird in upland grasslands[J]. Agriculture，Ecosystems & Environment，223：182-189.

Moore J D，Ouimet R，Bohlen P J，2013. Effects of liming on survival and reproduction of two potentially invasive earthworm species in a northern forest Podzol[J]. Soil Biology and Biochemistry，64：174-180.

Mulder C，Hendriks J，Baerselman R，et al.，2007. Age structure and senescence in long-term cohorts of *Eisenia andrei*（Oligochaeta：Lumbricidae）[J]. Journals of Gerontology，62（12）：1361-1363.

Nawal M，Kadi K，Casini S，et al.，2021. Effects of single and combined olive mill wastewater and olive mill pomace on the growth，reproduction，and survival of two earthworm species（*Aporrectodea trapezoides*，*Eisenia fetida*）[J]. Applied Soil Ecology，168（1）：104123.

Ndegwa P M，Thompson S A，2000. Effects of C-to-N ratio on vermicomposting of biosolids[J]. Bioresource Technology，75（1）：7-12.

Ortiz-Ceballos A I，Fragoso C，Equihua M，et al.，2005. Influence of food quality，soil moisture and the earthworm *Pontoscolex corethrurus* on growth and reproduction of the tropical earthworm Balanteodrilus pearsei[J]. Pedobiologia-International Journal of Soil Biology，49（1）：89-98.

Presley M L，Mcelroy T C，Diehl W J，1996. Soil moisture and temperature interact to affect growth，survivorship，fecundity，and fitness in the earthworm *Eisenia fetida*[J]. Comparative Biochemistry & Physiology Part A Physiology，114（4）：319-326.

Regnier E，Harrison S K，Liu J，et al.，2008. Impact of an exotic earthworm on seed dispersal of an indigenous US weed[J]. Journal of Applied Ecology，45（6）：1621-1629.

Rinkes Z L，Deforest J L，Grandy A S，et al.，2014. Interactions between leaf litter quality，particle size，and microbial community during the earliest stage of decay[J]. Biogeochemistry，117（1）：153-168.

Roman A，Stefan S，Nico E，2010. Different earthworm ecological groups interactively impact seedling establishment[J]. European Journal of Soil Biology，46（5）：22-29.

Saufi M Z M，Adri S W，2021. Recycling of waste tea leaves via vermicomposting process and the effect on water spinach growth[J]. Kemija u Industriji，70（7-8）：387-392.

Saxler Z N，2007. Selective vertical seed transport by earthworms：Implications for the diversity of grassland ecosystems[J]. European Journal of Soil Biology，43（1）：S86-S91.

Sen B，Chandra T S，2009. Do earthworms affect dynamics of functional response and genetic structure of microbial community in a lab-scale composting system？[J]. Bioresource Technology，100（2）：804-811.

Shekhovtsov S V，Berman D I，Peltek S E，2015. Phylogeography of the earthworm *Eisenia nordenskioldi nordenskioldi*（Lumbricidae，Oligochaeta）in northeastern Eurasia[J].General Biology，461：85-88.

Singh J，Schädler M，Demetrio W，et al.，2019. Climate change effects on earthworms-a review[J]. Soil Organisms，

91（3）：114-138.

Surindra S，2012. Earthworm production in cattle dung vermicomposting system under different stocking density loads[J]. Environmental Science and Pollution Research International，19（3）：748-755.

Suthar S，2007. Influence of different food sources on growth and reproduction performance of composting epigeics-Eudrilus eugeniae，*Perionyx excavatus* and *Perionyx sansibaricus*[J]. Applied Ecology & Environmental Research，5（2）：79-92.

Suthar S，2014. Toxicity of methyl parathion on growth and reproduction of three ecologically different tropical earthworms[J]. International Journal of Environmental Science and Technology，11（1）：191-198.

Topoliantz S，Ponge J F，2003. Burrowing activity of the geophagous earthworm *Pontoscolex corethrurus*（Oligochaeta：Glossoscolecidae）in the presence of charcoal[J]. Applied Soil Ecology，23（3）：267-271.

Tripathi G，Bhardwaj P，2004. Decomposition of kitchen waste amended with cow manure using an epigeic species（*Eisenia fetida*）and an anecic species（*Lampito mauritii*）[J]. Bioresour Technol，92（2）：215-218.

Zorn M I，van Gestel C A M，Eijsackers H，2005. Species-specific earthworm population responses in relation to flooding dynamics in a Dutch floodplain soil[J]. Pedobiologia，49（3）：189-198.

第四章　蚯蚓对有机废弃物的处置

随着经济和社会的发展，有机废弃物不合理处置带来的资源浪费与环境污染问题已不容忽视。蚯蚓对有机物料具有特殊的取食特性和改造功能，特别在农业有机废弃物处理中具有广阔应用前景。蚓粪作为有机废弃物资源化处理的后续产物，具有优良的形态结构和理化生物学特征。本章主要讨论有机废弃物的利用现状及存在问题，以及蚯蚓对农业有机废弃物的处置及其应用。

第一节　有机废弃物利用现状及存在问题

一、有机废弃物利用现状

有机废弃物是人们在生产活动中产生的、丧失原有利用价值，或虽未丧失利用价值但被抛弃或放弃的、固态或液态的有机类物品和物质，包括农业有机废物、工业有机废物、市政有机垃圾三大类。农业废弃物以有机成分居多，主要是农业生产和再加工过程中产生的动植物残余类废弃物，一般可分为植物残体和畜禽粪便两大类，虽然已经过初步加工和提取，但仍含有大量可利用的物质和能量。全球每年产生多少农业有机废弃物，以及这些废弃物的分布和对环境的影响程度，都无法精确统计，人禽畜粪便排泄量每年可达 34.826×10^8t，而各种农作物秸秆可开发量每年也达到 6.2×10^8t（Bentsen et al.，2014；Chintala et al.，2013）。食品加工有机废物是指在食品加工过程中失去其原有价值或未失去其原有利用价值但被抛弃的物品、物质，例如，饮料生产中的茶渣、咖啡渣、中药渣等；味精生产过程中的米渣、屠宰场的禽畜废料、土豆皮、柑橘皮、旧面包等。在能源、资源利用方面，这些废料都可以进行再利用，以达到减少环境污染，节约成本、增加效益的目的（图 4.1）。

二、有机废弃物利用方式及存在问题

目前，有关农业有机废弃物资源化利用的研究已引起广泛关注，利用方式主要包括材料化利用、能源化利用、饲料化利用和肥料化利用等（Erenstein，2011）。

图 4.1　蚯蚓有机废弃物处置（崔莹莹提供）

材料化利用是当前研究比较多的一种用途。Kaur 等（2013）利用农业有机废弃物制作吸附材料，用来去除水相中的重金属离子。Santana-Méridas 等（2012）总结了利用农业有机废弃物生产生物活性材料（如生物质能源燃料、生物肥料、动物饲料等）的研究现状。El-Bondkly 和 El-Gendy（2012）利用农业有机废弃物进行了纤维素酶生产的相关研究。此外，也有研究者进行了利用农业有机废弃物制作新型生化材料的研究（Dahman and Ugwu，2014）。

能源化利用主要是将农业有机废弃物用作燃料，农业有机废弃物与煤炭、石油、天然气一样可以为人类提供能源，并且还具有可再生的独特优势。Monforti 等（2013）对欧洲利用 8 种农作物秸秆作为生物质能的可行性进行了评估，评估结果显示多数农作物秸秆都能提供非常可观的生物质能。Lönnqvist 等（2013）的研究显示，利用农作物秸秆进行沼气发电，在未来十年都可以满足瑞典的能源需求。但农业有机废弃物中的能量密度较低，能量化利用成本较高，如何提高利用效率和降低成本是当前的重点研究方向。

饲料化利用主要是将植物纤维性材料和畜禽粪便及加工下脚料如鸡粪、牛粪等，作为畜禽及其他一些特殊养殖的饲料。农作物秸秆历来就被作为家畜的优良饲料，Suthar（2012）研究了利用牛粪饲养蚯蚓，并得出了最佳放养密度和生长繁殖情况等一系列参数。

肥料化利用主要是将各种有机废弃物经过加工处理形成有机肥。Herrmann 等（2014）的研究指出，利用农作物秸秆制作有机肥，可以减少化肥施用量。Huang 等（2013）的研究也得出施用秸秆有机肥可以提升水稻产量的结论。Butterly 等（2013）的研究发现施用作物秸秆可以促使土壤 pH 趋向于中性。在肥料化利用的过程中，有机废弃物的分解是物质循环和能量流动的限制因子，对其养分释放和肥效发挥有着重要意义。因此，如何加快分解速度并提高其肥料效果是肥料化利用的重点研究方向。

第二节 蚯蚓处理有机废弃物的机制

蚯蚓对有机物质的分解和养分释放的重要性自达尔文时期就已被大家所认识。蚯蚓通过对枯枝落叶残体以及土壤有机质的吞食和消化，加速有机成分的分解和转化，将有机碳与矿质土混合，改变土壤有机碳的形态和空间分布，通过蚓粪的形式稳固土壤中的有机碳（Bossuyt et al.，2005），同时提高土壤养分循环的速率（Araujo et al.，2004；Sheehan et al.，2006）。大量研究已显示蚯蚓能够处理农作物秸秆、猪、牛、羊、鸡和马等动物粪便、污泥废弃物、造纸废弃物等（Edwards and Arro，2022），形成蚓堆肥（vermicompost）。蚯蚓堆置技术已经在国内外获得广泛认同和实际应用，在美国、英国、法国、新西兰、德国、意大利、日本、中国等很多国家和地区都有相关研究和产业化发展（Edwards，2004；刘婷等，2012a；张孟豪等，2022）。蚯蚓处理有机废弃物的作用机制如图 4.2 所示。

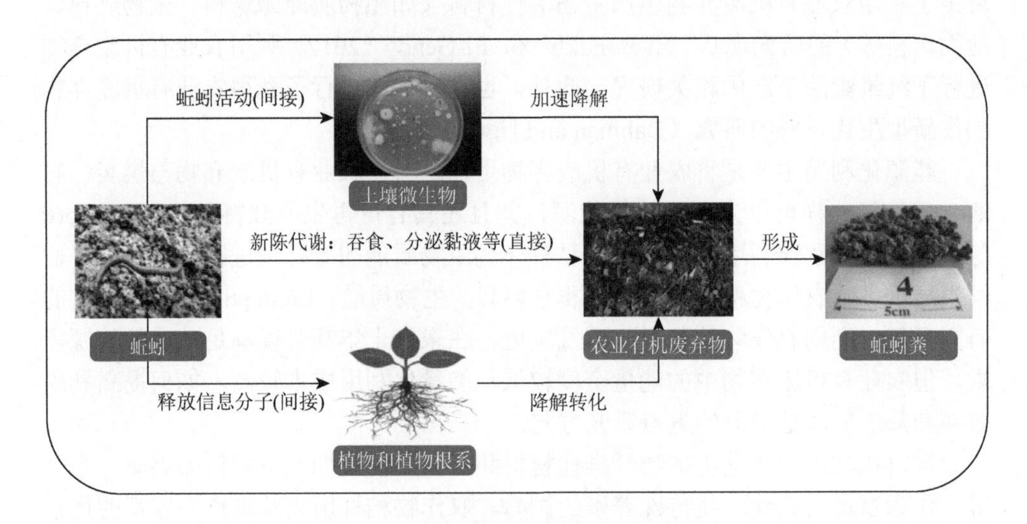

图 4.2 蚯蚓处理有机废弃物的作用机制

蚯蚓通过肠道内的消化作用直接消化某些微生物提供能量，微生物在肠道环境内被某些物质促进或抑制生长。蚯蚓大量吞食有机废弃物后，通过砂囊的机械研磨和肠道内微生物的协同作用进行分解和转化，微生物是促进有机物料分解和转化的关键因素。当蚯蚓选择性吞食富含多种微生物的有机物后，蚓肠液对微生物的刺激作用能够明显改变土壤微生物群落结构，蚓肠道中适宜的水分和湿度也能够促进特殊的微生物种群的生长繁殖。微生物与蚯蚓的协同作用机制还可能使微生物的代谢作用降低了物料的碳氮比，使有机物料更适合蚯蚓消化分解。有研究表明，真菌和其他微生物的代谢过程所产生的酶可对蚯蚓的存活、生长和繁殖产生影响（Ndegwa and Thompson，2000）。

另外，蚯蚓通过体表分泌物直接促进或抑制土壤微生物种群，或者通过其含有的活性成分促进农业废物有机物质的分解，进而促进或抑制微生物。有研究指出蚯蚓活动能提高土壤矿化氮的浓度，增加磷、钾、钙、镁等离子含量，并通过分泌各种酶和排泄物等对土壤pH、氧化还原电位、温度等产生影响，进而影响土壤微生物的群落结构（Aira et al.，2010；Dempsey et al.，2011；Gómez-Brandón et al.，2010）。

此外，蚯蚓消化有机物料后所产生的蚓粪可能影响微生物，蚓粪中的优势菌群可能影响土壤中原有的微生物，蚓粪中的某些物质可能促进或抑制微生物，蚓粪中的活性成分也可能通过促进其他物质的分解进而影响土壤微生物。微生物可加快有机质的分解，使有机物料全碳含量迅速下降。全氮含量逐渐升高，铵态氮含量先上升后下降，硝态氮含量不断上升（陈泽光等，2009），最终使有机物料转化为适合蚯蚓消化分解的状态，再经蚯蚓消化后，以蚓粪的形式排到土壤中，形成富含有效养分的多孔团聚体结构。

第三节　蚯蚓堆置处理在农业和环境领域的应用研究进展

20 世纪 80～90 年代蚯蚓的研究主要集中在生理生态、行为习性和品种多样性等方面，应用研究则主要集中在人工养殖品种的筛选等方面。近几十年来，人们逐渐重视蚯蚓在生态系统中的作用，越来越多地研究涉及农业有机废弃物的处理、环境污染治理、土壤质量以及污染程度的指示等方面（Edwards，2004；Nahmani et al.，2007）。

一、蚯蚓堆置在农业有机废弃物高效利用的应用

蚯蚓处理有机废弃物是将传统的堆肥法与生物处理法相结合，通过蚯蚓的新陈代谢作用，将废弃物转化为理化和生物学性状较佳的蚯蚓粪，同时将废弃物中低品位有机质转化为稳定腐殖质的过程。蚯蚓处理比传统堆肥的效率高，并且不产生恶臭，同时还可以收获蚓体，具有环保与经济的双重效益（Nattudurai et al.，2014）。通过蚯蚓堆肥，有机物料中的病原体被破坏，低品位有机物料被转化为稳定的腐殖质和小分子有机碳，氮素被转化为稳定的有机形态，体积大大减小，产

物的理化和微生物学性状显著改善（Pereira et al.，2014）。赤子爱胜蚓等表层种的蚯蚓具有较强的有机物料分解能力，并且对环境的适应能力较强，繁殖速度快，被广泛应用于农业有机废弃物的处理中。蚯蚓堆置处理农业有机废弃物 30d 后，蚯蚓仍生长良好。与自然堆置处理相比，蚯蚓堆置处理促使有机废弃物 pH 趋向中性、加速有机质分解和矿化，不同程度地提高氮磷养分的释放；另外，经蚯蚓消化后，物料的微生物量、微生物活性、转化酶、酸性和碱性磷酸酶活性增强，进一步证实了自然堆置和蚯蚓堆置处理有机废弃物的化学和生物学特性的显著差异。与自然堆置处理相比，蚯蚓堆置处理明显改善了有机物料的化学、生物学性质，是一种合理的、无害化和资源化的农业有机废弃物处理技术。

（一）化学性质变化

经蚯蚓堆置处理 30d 后，农业有机废弃物的 pH 显著降低（表 4.1），证明蚯蚓堆置处理有助于农业有机废弃物 pH 趋向中性。造成这一现象的主要原因是：①蚯蚓堆置过程促进有机物料中氮磷的矿化，大量硝酸盐、亚硝酸盐和正磷酸盐以及微生物新陈代谢中间产物-有机酸和 CO_2 的产生降低了 pH；②蚯蚓活动改善了有机物料中的氧气供应状况，使得好氧的硝化细菌大量繁殖，NH_4^+ 被氧化为 NO_3^- 速度加快，使得 pH 趋于中性；③蚯蚓调节 pH 的能力与蚯蚓食道分布的钙腺有密切关系，钙腺能分泌过剩的钙或碳酸盐，中和有机酸，调节体内的酸碱平衡，钙腺可以自动调节外部环境和食物条件（刘婷等，2012b）。

表 4.1　蚯蚓作用后物料的化学性质变化

	pH	有机质含量/%	全氮含量/%	全磷含量/%	全钾含量/%	可溶性碳 DOC 含量/(g·kg⁻¹)	碱解氮含量/(g·kg⁻¹)	速效磷含量/(g·kg⁻¹)	碳氮比
CK	8.47±0.02	63.4±0.33	2.00±0.11	0.73±0.03	2.14±0.07	11.1±0.28	1.14±0.06	1.11±0.07	18.5±1.03
EW	8.40±0.05	60.2±2.65	2.17±0.08	0.81±0.02	2.13±0.06	11.3±0.43	1.17±0.05	1.18±0.04	16.1±0.65
T	−3.46	−2.38	1.92	3.57	−0.18	0.62	0.65	1.41	−3.21
P	0.04	0.10	0.15	0.04	0.86	0.58	0.56	0.25	0.04

注：表中数据为平均值±标准差，$n=4$，CK 为对照处理，EW 为蚯蚓堆置处理。

蚯蚓吞食分解有机质，加速了有机质的矿化和养分的释放，研究结果显示蚯蚓堆置处理的物料中有机质含量降低，全磷、全氮、碱解氮、可溶性碳、速效磷含量不同程度地提高（表 4.1）。另外，物料速效养分的增加说明蚯蚓直接或间接影响微生物活性、数量及群落结构，通过微生物的协同作用，强化微生物降解有机物，提高有机物的降解效率。而全氮含量的增加则可能是由于蚯蚓活动过程不仅使有机氮转变成硝态氮保留在基质中，同时蚯蚓自身分泌富氮排泄物引起氮含量的增加。另外 pH 降低减缓了氮的损失，也可能是氮保留的重要因素。全磷的显著增加则可能归于总固形物的降低而导致的“浓缩效应”。

碳氮比反映的是堆置物料矿化和稳定化的程度，表征其腐熟度。物料中有机质含量下降，全氮含量上升，则碳氮比下降。自然堆置和蚯蚓堆置处理物料中的碳氮比差异显著（表 4.1，$P<0.05$），蚯蚓堆置处理的碳氮比下降幅度更高。这表明接种蚯蚓能加快物料腐熟的进度，优于自然堆置处理。

（二）生物学性质变化

微生物在有机质降解的过程中占主要的地位，但是蚯蚓通过直接吞食有机质和微生物或者间接与微生物相互作用等方式同样影响了有机质降解的效率。结果表明，与自然堆置相比，蚯蚓堆置的微生物碳和呼吸速率分别呈升高趋势（表 4.2），说明蚯蚓作用后物料不仅具有更多的微生物量，而且微生物的代谢更强。一方面，蚯蚓对物料具有加速矿化和降解作用，改善物料的环境且为微生物提供养分，使得蚓穴和蚓粪的微生物量增加；另一方面，过腹的有机物料更有利于微生物浸染和繁殖。有研究表明物料的可溶性碳含量的降低限制了微生物的生长和繁殖，而研究表明经过蚯蚓作用后，可溶性碳含量呈现一定程度的上升趋势（表 4.1），这可能有利于微生物生长和繁殖。

微生物熵（qMB，Bc/TOC）体现的是有机碳的活性部分，是有机质品质和有效性的一项指标，比值越大，说明有机碳周转速率越快。蚯蚓作用后物料的微生物熵提高（表 4.2）且其与有机质含量显著正相关（$r=0.73$，$P=0.04$），表明微生物与蚯蚓共同矿化分解有机质，随着有机质含量的降低，微生物熵上升，蚯蚓在一定程度上提升了有机碳的周转速率，即加速有机物料的降解速率。呼吸商（qCO_2）是基础呼吸与微生物碳之比，表征单位微生物的代谢能力。有研究表明，蚯蚓能提高呼吸商，使物料微生物群落年轻化，与本书研究结果不一致，造成这种现象的原因可能是在自然堆置物料中微生物受到环境胁迫，消耗了更高的能量，以利于生存，但其机理还有待进一步研究。

表 4.2　蚯蚓作用后物料的生物学性质变化

	微生物量碳/($g\cdot kg^{-1}$)	呼吸速率/($g\cdot kg^{-1}\cdot d^{-1}$)	呼吸商	微生物熵/(C_{CO_2} mg·MBCmg^{-1})	过氧化氢酶数量/($mL\cdot g^{-1}$)	脲酶数量/($mg\cdot g^{-1}$)	转化酶数量/($mL\cdot g^{-1}$)	酸性磷酸酶数量/($mg\cdot g^{-1}$)	碱性磷酸酶数量/($mg\cdot g^{-1}$)
CK	6.61±1.56	3.64±0.16	2.60±0.75	0.010±0.00	15.8±0.09	13.2±0.81	1.47±0.11	8.09±1.74	9.32±1.72
EW	8.01±0.71	3.80±0.16	2.03±0.33	0.013±0.00	15.5±0.13	11.8±0.67	1.68±0.30	8.19±0.53	9.52±2.19

续表

	微生物量碳/($g·kg^{-1}$)	呼吸速率/($g·kg^{-1}·d^{-1}$)	呼吸商	微生物熵/($C_{CO_2}mg·MBCmg^{-1}$)	过氧化氢酶数量/($mL·g^{-1}$)	脲酶数量/($mg·g^{-1}$)	转化酶数量/($mL·g^{-1}$)	酸性磷酸酶数量/($mg·g^{-1}$)	碱性磷酸酶数量/($mg·g^{-1}$)
T	1.88	2.38	−1.62	2.45	−5.35	−1.95	1.38	0.10	0.16
P	0.16	0.10	0.20	0.09	0.01	0.15	0.26	0.93	0.88

注：表中数据为平均值±标准差，$n=4$，CK 为对照处理，EW 为蚯蚓堆置处理。

酶是物质代谢的重要参与者，特定酶活性的变化可以反映特定物质代谢速度。本书研究选取与物料分解和养分（N、P）释放、转化密切相关的过氧化氢酶、脲酶、转化酶、酸性和碱性磷酸酶，以反映蚯蚓对物料分解、养分转化的影响。研究结果表明，呼吸速率与过氧化氢酶活性呈负相关关系，与转化酶活性呈正相关关系。这说明酶活性受微生物活性影响。蚯蚓堆置物料过氧化氢酶活性降低，可能是由于蚯蚓堆置处理中物料具有更好的环境，酶的底物浓度低；而转化酶活性上升，则表明转化酶活性能够反映呼吸强度。研究表明，物料的有机质含量与脲酶活性显著相关（$r=0.79$，$P=0.02$），蚯蚓作用后，有机质含量一定程度地降低（表 4.1）可能是脲酶活性降低的主要原因。此外，蚯蚓堆置处理的物料具有较高的酸性和碱性磷酸酶活性。在碱性环境下，蚯蚓堆置处理的碱性磷酸酶比酸性磷酸酶提高的幅度更大（表 4.2）。磷酸酶活性的提高主要是因为一方面微生物与磷酸酶存在密切关系，蚯蚓通过堆肥材料的混合、吞咽及排粪等行为影响微生物，进而影响酶的产生与释放；另一方面蚯蚓本身也可产生某些酶。

二、不同有机废弃物蚓堆肥在土壤中的应用

蚓堆肥（vermicompost）是蚯蚓取食有机物料后，经过消化道内的分解和腐殖化作用，生成的更稳定、腐殖化程度更高的物质（Canellas et al.，2010）。蚓粪因其特殊的物理、化学和生物学特性，受到了土壤、植物营养与环境科学等领域研究者的关注。

（一）不同有机废弃物蚓粪对土壤有机碳形态的影响

蚓粪对土壤肥力和作物生长的促进效果已有广泛报道（Nattudurai et al.，2014）。周波等（2017）以两种常见的有机废弃物牛粪和稻秆为原料，利用赤子爱胜蚓进行堆肥实验，结果显示施用蚓粪后，土壤中各种形态有机碳的含量都显著升高，这主要是由于蚓粪中各形态有机碳的含量都远高于土壤。但与同物料对照相比，蚓粪处理各形态有机碳含量均低于同物料对照，这主要是因为在蚯蚓消化

有机物料生产蚓粪的过程中，要消耗一部分有机碳以获得代谢所需的能量（Curry and Schmidt，2007），于是蚓粪中各形态有机碳的含量都低于同物料对照，因此，蚓粪处理中土壤有机碳含量的增加幅度也小于对照。

（二）不同有机废弃物蚓粪对土壤酸化程度的影响

施用蚓粪可显著提升土壤 pH，降低交换性氢、铝的含量（表 4.3～表 4.6），这与多数研究者对蚓粪与土壤 pH 关系的研究结果一致。

表 4.3　不同蚓粪种类和用量下土壤 pH（H_2O）的变化

用量	牛粪蚓粪	牛粪	稻秆蚓粪	稻秆	*F*	*P*
0%	5.01 ± 0.03^{Da}	5.01 ± 0.03^{Da}	5.01 ± 0.03^{Da}	5.01 ± 0.03^{Ca}	—	—
2.5%	5.39 ± 0.06^{Cb}	5.49 ± 0.02^{Ba}	5.43 ± 0.02^{Cb}	5.09 ± 0.03^{Cc}	72.85	<0.0001
5%	5.58 ± 0.06^{Ba}	5.33 ± 0.04^{Cb}	5.60 ± 0.08^{Ba}	5.28 ± 0.06^{Bb}	13.70	0.0031
10%	6.14 ± 0.09^{Aa}	5.75 ± 0.04^{Ac}	5.93 ± 0.07^{Ab}	5.63 ± 0.04^{Ad}	27.10	0.0005
F	84.63	128.82	74.56	66.62		
P	<0.0001	<0.0001	<0.0001	<0.0001		

表 4.4　不同蚓粪种类和用量下土壤 pH（KCl）的变化

用量	牛粪蚓粪	牛粪	稻秆蚓粪	稻秆	*F*	*P*
0%	4.38 ± 0.03^{Da}	4.38 ± 0.03^{Da}	4.38 ± 0.03^{Da}	4.38 ± 0.03^{Da}	—	—
2.5%	4.79 ± 0.09^{Cb}	4.98 ± 0.03^{Ba}	4.81 ± 0.02^{Cb}	4.60 ± 0.03^{Cc}	21.67	0.0009
5%	5.11 ± 0.05^{Ba}	4.91 ± 0.01^{Cb}	5.11 ± 0.05^{Ba}	4.84 ± 0.05^{Bc}	45.08	0.0001
10%	5.75 ± 0.06^{Aa}	5.43 ± 0.02^{Ab}	5.52 ± 0.05^{Ac}	5.20 ± 0.05^{Ad}	54.42	<0.0001
F	199.18	784.12	241.76	107.94		
P	<0.0001	<0.0001	<0.0001	<0.0001		

表 4.5　不同蚓粪种类和用量下土壤交换性氢含量的变化　［单位：mmol（H^+）·kg^{-1}］

用量	牛粪蚓粪	牛粪	稻秆蚓粪	稻秆	*F*	*P*
0%	1.98 ± 0.14^{Aa}	1.98 ± 0.14^{Aa}	1.98 ± 0.14^{Aa}	1.98 ± 0.14^{Aa}	—	—
2.5%	1.17 ± 0.08^{Ba}	1.34 ± 0.39^{Ba}	0.94 ± 0.06^{BCa}	1.27 ± 0.04^{Ba}	1.67	0.2749
5%	0.58 ± 0.15^{Cc}	0.88 ± 0.06^{Cb}	1.00 ± 0.14^{Bab}	1.13 ± 0.05^{Ba}	8.58	0.0105
10%	0.46 ± 0.08^{Cb}	0.49 ± 0.04^{Db}	0.79 ± 0.06^{Ca}	0.71 ± 0.16^{Ca}	5.08	0.0363
F	46.53	20.61	55.45	38.10		
P	0.0001	0.0010	<0.0001	0.0002		

表 4.6　不同蚓粪种类和用量下土壤交换性铝含量的变化［单位：mmol（$1/3Al^{3+}$）$\cdot kg^{-1}$］

用量	牛粪蚓粪	牛粪	稻秆蚓粪	稻秆	F	P
0%	4.30 ± 0.67^{Aa}	4.30 ± 0.67^{Aa}	4.30 ± 0.67^{Aa}	4.30 ± 0.67^{Aa}	—	—
2.5%	0.81 ± 0.04^{Bd}	1.04 ± 0.30^{Bc}	1.84 ± 0.12^{Bb}	3.94 ± 0.47^{Aa}	58.32	＜0.0001
5%	0.56 ± 0.20^{Bb}	1.10 ± 0.34^{Ba}	0.32 ± 0.09^{Cc}	1.62 ± 0.37^{Ba}	7.48	0.0147
10%	0.25 ± 0.13^{Ba}	0.24 ± 0.08^{Ba}	0.27 ± 0.06^{Ca}	0.30 ± 0.09^{Ca}	0.30	0.8952
F	48.64	29.93	74.26	30.13		
P	＜0.0001	0.0004	＜0.0001	0.0004		

（三）不同有机废弃物蚓粪对土壤 Cu 和 Pb 化学形态的影响

本书研究结果显示蚓粪可以显著降低土壤中水溶-交换态 Cu、Pb 的含量，并提升有机结合态含量（图 4.3～图 4.7）。在利用蚓粪处理电镀废水的研究中也发现蚓粪可以降低溶液中重金属的含量，但是同时还发现蚓粪会增加生菜中重金属的累积量（Jordao et al.，2007），还有研究者在蚓粪作用下的洋甘菊、东南景天等作物中也发现了类似的规律，这可能是蚓粪促进了作物生长，增加了根系分泌物的数量，而分泌物降低了根际土壤的 pH（Chand et al.，2012；Wang et al.，2012）。Zhou 等（2021）也发现蚓粪降低溶液中重金属的含量主要是通过改变溶液 pH 而发挥作用，因此，作物根际区域中被蚓粪固定的重金属会因为根系分泌物降低 pH 的作用而又被活化，并被植物根系吸收。结合前人的研究分析可见，在不考虑植物因素影响的情况下，蚓粪会提升土壤 pH，降低重金属的移动性。因为蚓粪

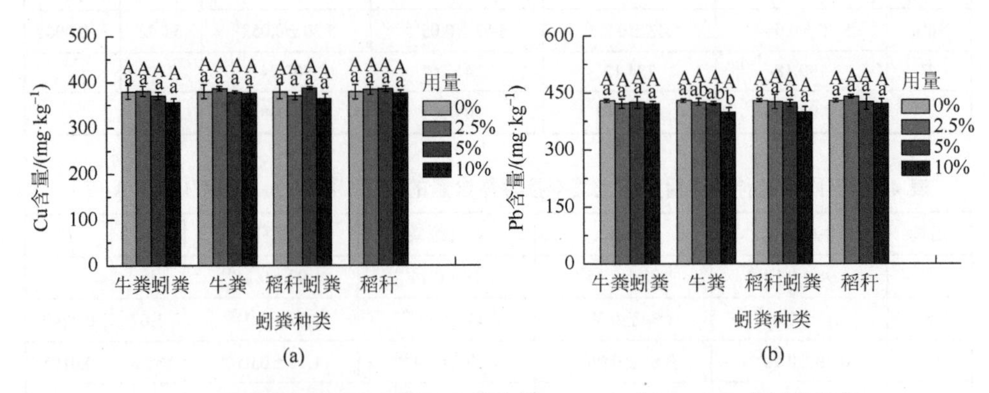

图 4.3　不同蚓粪种类和用量下土壤全量 Cu（a）和 Pb（b）含量的变化

柱形图上方的小写字母表示同一种物料不同施用量间的差异情况，同一种物料内含有相同小写字母的表示两个施用水平之间差异不显著。大写字母表示同一施用量水平不同有机物料间的差异情况，在同一施用量水平中含有相同大写字母的表示两种物料间差异不显著（下同）

中含有大量多种形态的有机碳，蚓粪施入后首先会带来土壤各形态有机碳含量的增加，并且有报道指出各形态的有机碳会不同程度地带来 pH 的升高和重金属离子可移动性的下降，而且 pH 的升高也会进一步降低重金属离子的可移动性。

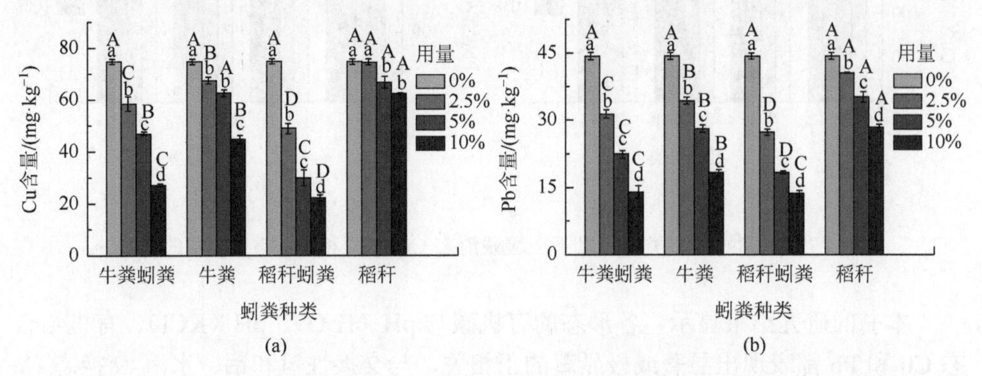

图 4.4　不同蚓粪种类和用量下土壤水溶-交换态 Cu（a）和 Pb（b）含量的变化

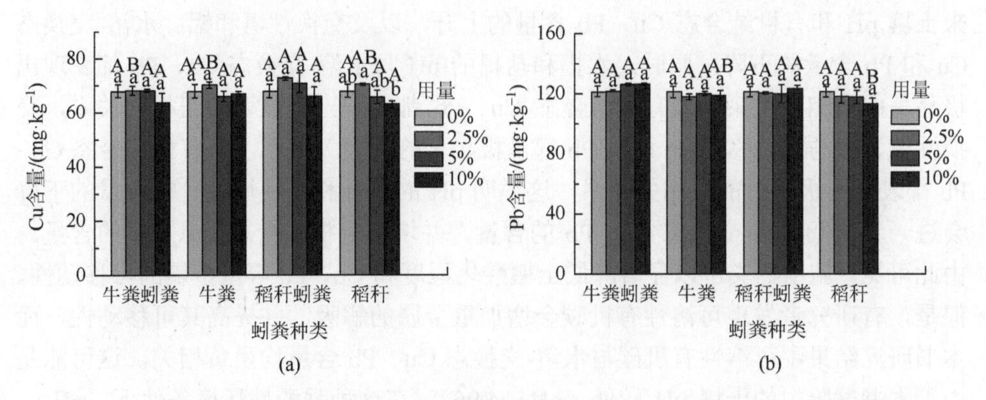

图 4.5　不同蚓粪种类和用量下土壤铁锰氧化物结合态 Cu（a）和 Pb（b）含量的变化

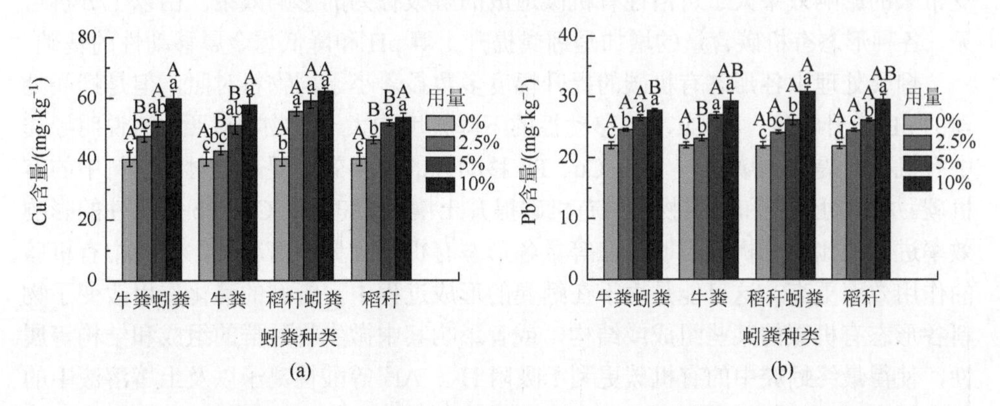

图 4.6　不同蚓粪种类和用量下土壤有机结合态 Cu（a）和 Pb（b）含量的变化

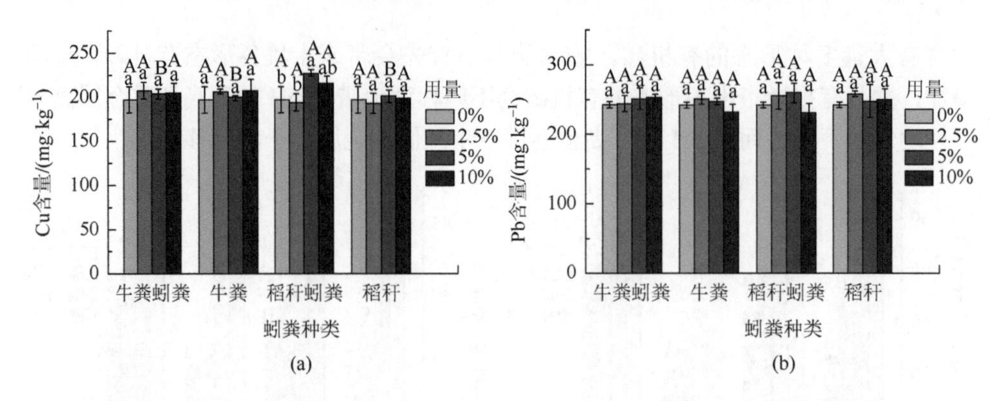

图 4.7　不同蚓粪种类和用量下土壤残渣态 Cu（a）和 Pb（b）含量的变化

本书的研究结果显示，各形态的有机碳与 pH（H_2O）、pH（KCl）、有机结合态 Cu 和 Pb 都表现出显著或极显著的正相关，与交换性氢和铝、水溶-交换态 Cu 和 Pb 呈显著或极显著的负相关，说明施用蚓粪后各形态有机碳含量的增加，会带来土壤 pH 和有机结合态 Cu、Pb 含量的上升，以及交换性氢和铝、水溶-交换态 Cu 和 Pb 含量的下降。同时，水提和盐提的 pH 与水溶-交换态 Cu、Pb 都表现出极显著的负相关关系，与有机结合态 Cu、Pb 都表现出极显著的正相关关系，交换性氢、铝与水溶-交换态 Cu、Pb 都呈极显著的正相关关系，与有机结合态 Cu、Pb 都表现出极显著的负相关关系，这说明 pH 的上升和交换性氢、铝含量的下降会进一步降低水溶-交换态 Cu、Pb 的含量，并增加有机结合态 Cu、Pb 的含量。由此可见，施用蚓粪可以显著降低土壤酸化程度和 Cu、Pb 等重金属的可移动性。但是，有研究者发现可溶性有机碳会增加重金属的解吸，并提高其可移动性，而本书研究结果中可溶性有机碳与水溶-交换态 Cu、Pb 含量均呈负相关，这可能是由于本书试验中的土壤 pH 较低（pH = 4.96），在这种强酸性环境条件下，pH 改变带来的影响效果大于可溶性有机碳造成的解吸行为的影响效果。由以上分析可见，各种形态有机碳含量的增加是蚓粪提升土壤 pH 和降低重金属移动性的基础。

蚓粪处理中各形态有机碳的提升幅度多数显著小于同物料对照，但是蚓粪处理的 pH 上升幅度、和 Cu、Pb 移动性的下降幅度均大于同物料对照，这说明蚓粪中有机碳对提升土壤 pH、降低 Cu、Pb 移动性的作用效率要高于对照物料中的有机碳。本书对蚓粪和对照物料中有机碳提升土壤 pH 和降低 Cu、Pb 移动性的影响效率进行的比较分析也表明，在等量各形态有机碳含量的情况下，蚓粪中有机碳的作用效率更高。这可能是由于在蚓粪的形成过程中，蚯蚓的消化作用改变了物料各形态有机碳的某些组成或结构，或者影响其中微生物种群的组成和结构等属性，使得最终蚓粪中的有机碳更利于吸附 H^+、Al^{3+}等酸性离子以及土壤溶液中的重金属离子，从而更有利于 pH 的上升和重金属离子移动性的下降。

三、蚓粪对植物生长及土壤的影响

增施有机肥是土壤改良以及可持续管理的一种有效方法。蚓粪是一种优良的有机肥，已有研究结果表明，蚓粪的合理施用将会对土壤肥力及作物生长产生显著的促进作用。蚓粪具有良好的物理性质，有利于团聚体和水稳性团聚体形成，因其具有很好的孔性、通气性、保肥性、排水性，进而能够促使更多有益微生物生存，具备良好的营养物质吸收和保持的能力。蚓粪含有丰富的有机质碳等养分，有较高的酶活性，这些养分有助于植物根系发育，促使作物生长旺盛，提高作物产量，有助于蔬菜干物质积累，有利于促进幼苗的发育，提高植株叶绿素含量和改变根系活力，减缓病害的发生。施用蚓粪，有效改善了土壤肥力，有效调节土壤 pH 降低土壤酸性，降低潜在酸的含量；显著提升了土壤酶活性，有效改善土壤微生物学特征。可见，蚓粪作为一种优质的、合理的、无害的有机肥，可以得到广泛应用。

Ravindran 等（2014）在研究固体废物处理中发现，蚯蚓堆肥可以显著改善有机废弃物的理化性状、提高酶活性，并降低重金属和总有机碳含量、提升有效氮含量，所得蚓粪对幼苗生长具有良好的促进作用。Gupta 等（2014）利用蚯蚓处理牛粪和生活垃圾，所得堆肥产物可显著促进万寿菊的生长和开花数量。Singh 和 Kalamdhad（2013）的研究表明赤子爱胜蚓在水葫芦堆肥过程中，会促进 Cu、Pb 等重金属向稳定态转化。Negi 和 Suthar（2013）利用赤子爱胜蚓进行了造纸污泥堆肥处理研究，并取得了显著效果。

（一）蚓粪施用对作物生长的影响

蚓粪中含有大量的有机质，由于有机质中的腐殖酸被证明是一类生活活性物质，它不仅能加速种子发芽，而且有助于增加根系活力，促进作物生长。前人研究指出，在蚓粪与土壤体积比为 0∶1～1∶5 的范围内，随着蚯蚓粪施用量的增加，番茄产量和果品品质都能提高。也有研究显示，与纯泥炭和纯蚓粪相比，混合基质均能显著提高小白菜苗高、叶绿素浓度、植株营养元素、生物产量等，其中以低比例（20%蚓粪、40%蚓粪）的基质效果最好。结果表明 25%的蚓粪添加量最适宜禾荔幼苗的地上部生长。本书研究结果显示，盆栽试验随着时间的推移，添加不同比例蚓粪的玉米植株株高逐渐增高，同时，在施加 0%～10%蚓粪范围内，随着蚓粪比例的增加株高升高，但在 20%蚓粪施入量的盆钵中株高却有所降低（图 4.8）。30d 添加不同比例蚓粪的玉米地上、地下部及其总干重量均随着蚓粪施入量的增多而升高（图 4.9）。这一现象说明在土壤中使用适宜的蚓粪施用比例能够促进作物的生长，但过量施用也会带来一定的抑制作用。

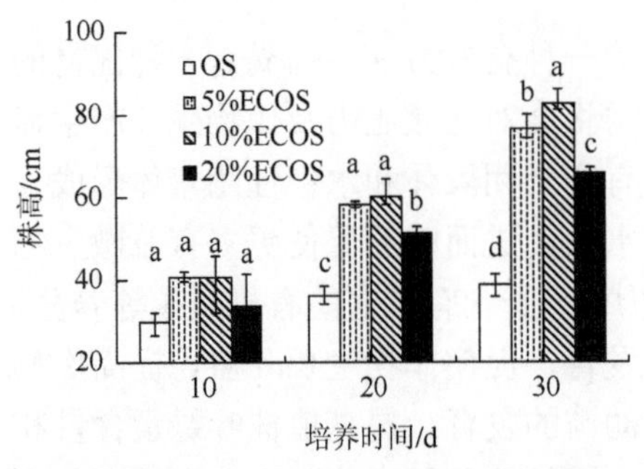

(a) 果园土中添加不同比例蚓粪对玉米植株株高的影响

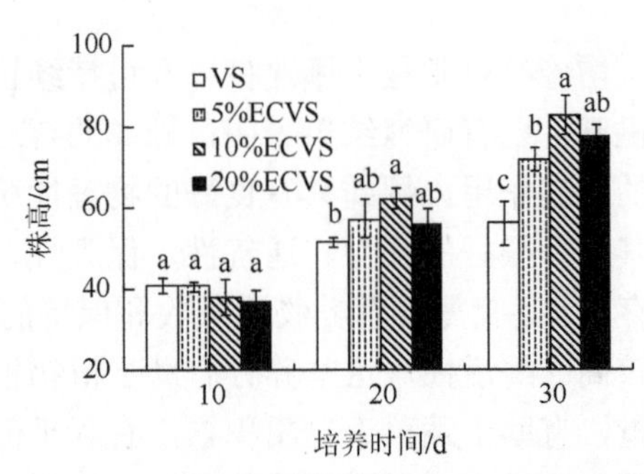

(b) 菜园土中添加不同比例蚓粪的玉米植株株高情况

图 4.8　添加不同比例蚓粪的玉米植株株高情况

图中同一时间添加了不同比例蚓粪的玉米植株的株高平均值采用 Duncan 进行比较，不同字母表示植株高度差异达显著水平（$P<0.05$），相同字母表示差异不显著（$P>0.05$）；$n=3$；OS，果园土；5%ECOS，5%蚓粪+95%果园土；10%ECOS，10%蚓粪+90%果园土；20%ECOS，20%蚓粪+80%果园土；VS，菜园土；5%ECVS，5%蚓粪+95%菜园土；10%ECVS，10%蚓粪+90%菜园土；20%ECVS，20%蚓粪+80%菜园土（下同）

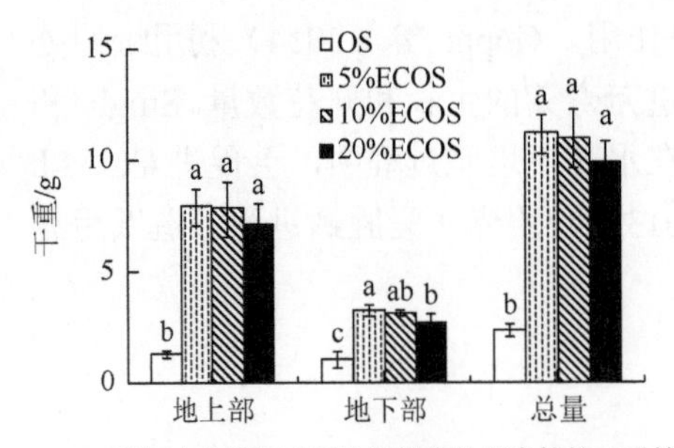

(a) 果园土中添加不同比例蚓粪的玉米植株干重情况

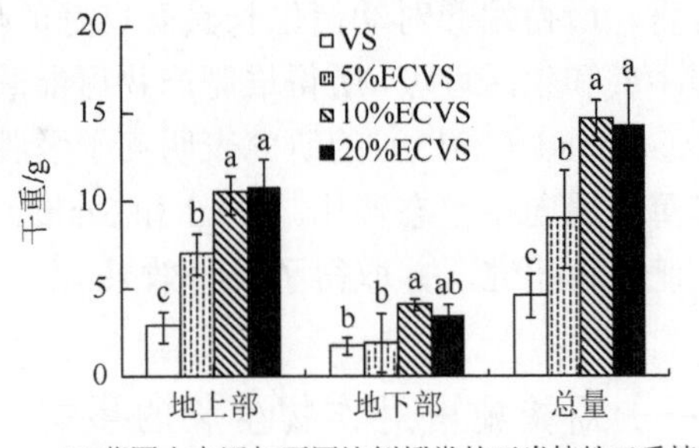

(b) 菜园土中添加不同比例蚓粪的玉米植株干重情况

图 4.9　添加不同比例蚓粪的玉米植株干重情况

过程中影响光能吸收和转化的关键色素，其含量高低是衡量叶片衰老的重要生理指标。相关资料显示一定的氮素水平对植株叶面积、叶绿素含量等都有显著的作用。磷在植物光能的利用、物质和能量代谢过程中都具有无法取代的作用；钾作为植株体内众多重要有机物的组成成分，以多种作用状态参与植株体内各种生理生化反应过程。由于植株的氮、磷和钾素水平与叶绿素含量紧密相关，因此其也能够影响植株体内的各种生理生化反应过程，提高其光能利用水平。有研究发现蚓粪处理的匍匐翦股颖草叶绿素含量均显著高于非蚓粪处理。有研究显示20%和 40%的蚓粪对小白菜的叶绿素浓度的增高作用最为显著。在试验进行 30d

时，随着蚓粪施入量的增加，添加不同比例蚓粪的玉米叶片的叶绿素含量明显提高（图4.10～图4.13）。

蚓粪施用对于增加植株干物质的积累、促进植株生长和氮磷钾含量增强、提高作物的光合作用强度均起了重要作用。

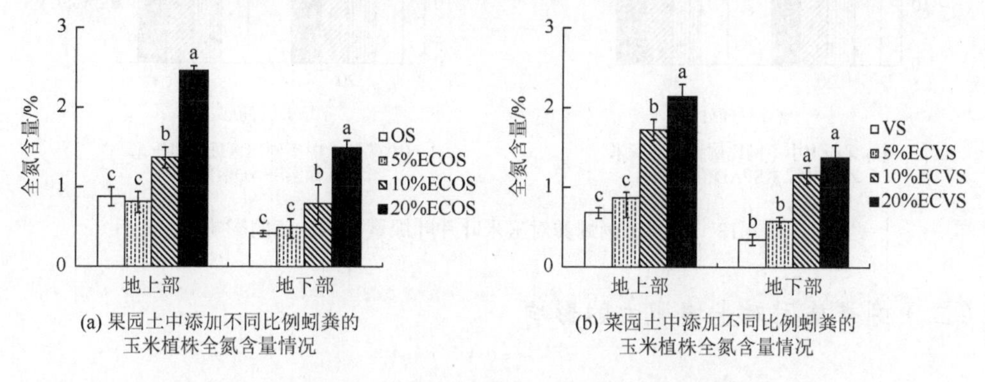

(a) 果园土中添加不同比例蚓粪的玉米植株全氮含量情况

(b) 菜园土中添加不同比例蚓粪的玉米植株全氮含量情况

图4.10　添加不同比例蚓粪的玉米植株全氮含量情况

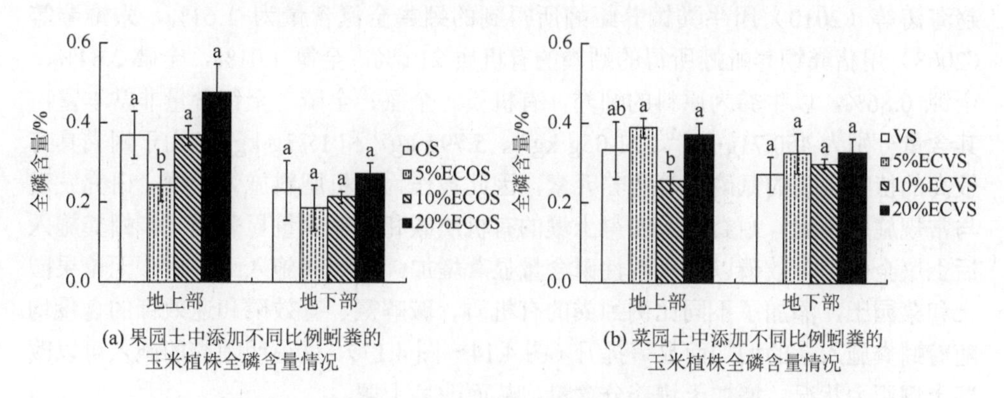

(a) 果园土中添加不同比例蚓粪的玉米植株全磷含量情况

(b) 菜园土中添加不同比例蚓粪的玉米植株全磷含量情况

图4.11　添加不同比例蚓粪的玉米植株全磷含量情况

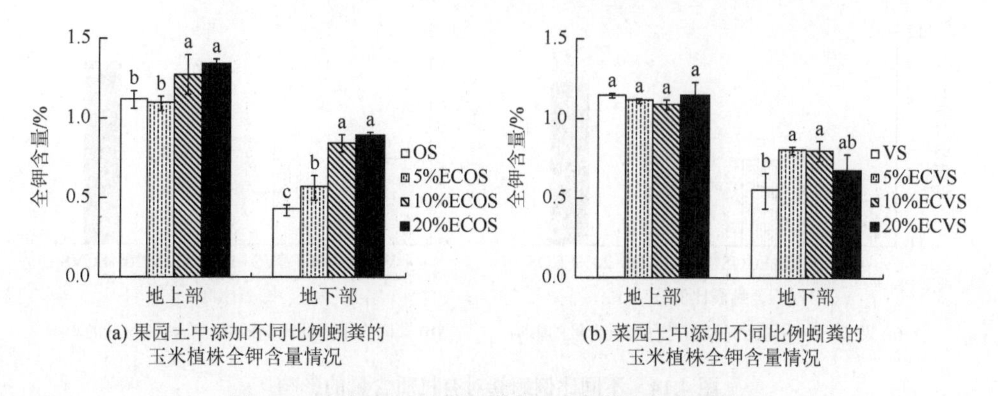

(a) 果园土中添加不同比例蚓粪的玉米植株全钾含量情况

(b) 菜园土中添加不同比例蚓粪的玉米植株全钾含量情况

图4.12　添加不同比例蚓粪的玉米植株全钾含量情况

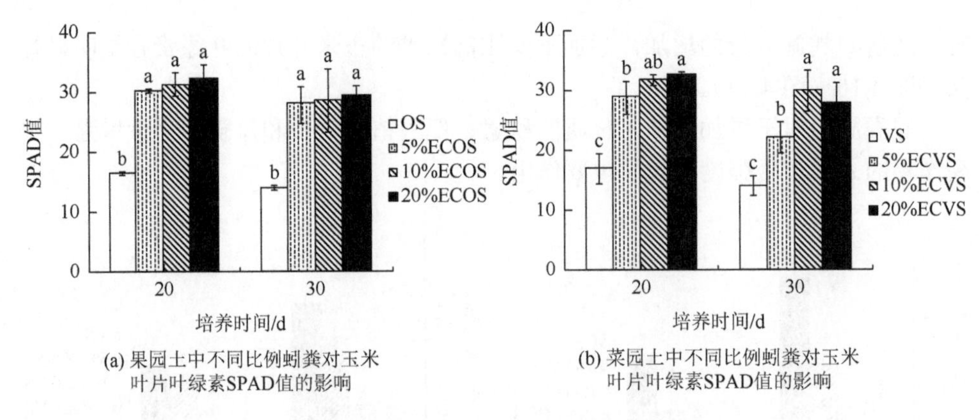

(a) 果园土中不同比例蚓粪对玉米叶片叶绿素SPAD值的影响　　(b) 菜园土中不同比例蚓粪对玉米叶片叶绿素SPAD值的影响

图 4.13　不同比例蚓粪对玉米叶片叶绿素 SPAD 值的影响

（二）蚓粪施用对土壤肥力的影响

采集自黑尔堡大学研究农场的蚓粪全氮含量为 1.16%（Materechera，2002），赵海涛等（2010）用牛粪饲养蚯蚓所得到的蚓粪全氮含量为 1.61%，朱维琴等（2008）用猪粪饲养蚯蚓所得的蚓粪的有机质 21.6%，全氮 1.01%，全磷 2.64%，全钾 0.86%，以牛粪为原料的蚓粪，有机质、全氮、全磷、全钾含量非常丰富，其含量分别为 $450.71g·kg^{-1}$、$21.05g·kg^{-1}$、$5.79g·kg^{-1}$ 和 $1.73g·kg^{-1}$。由于蚓粪具有较高的植物所需的氮磷钾等营养元素，因此被作为有机肥料施入土壤。研究发现与常规施肥相比，蚓粪施入使得土壤的有机质碳和全氮含量显著提高。蚓粪施入后土壤全磷、有效磷以及水溶性磷含量显著增加。将蚓粪施入土壤后，无论果园土和菜园土，添加了不同比例蚓粪的有机质、碱解氮、有效磷和速效钾的含量均随着蚓粪施入量的增加而显著提升（图 4.14～图 4.17）。这说明蚓粪的施入可以改善土壤肥力状况，增加土壤养分含量，从而改良土壤。

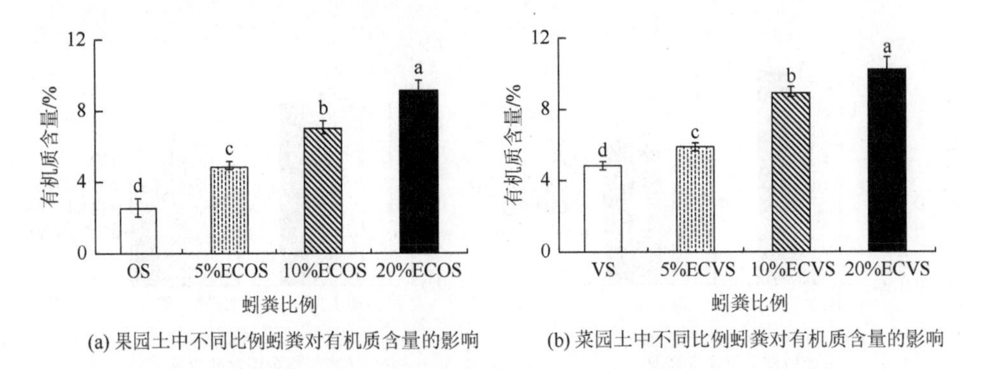

(a) 果园土中不同比例蚓粪对有机质含量的影响　　(b) 菜园土中不同比例蚓粪对有机质含量的影响

图 4.14　不同比例蚓粪对有机质含量的影响

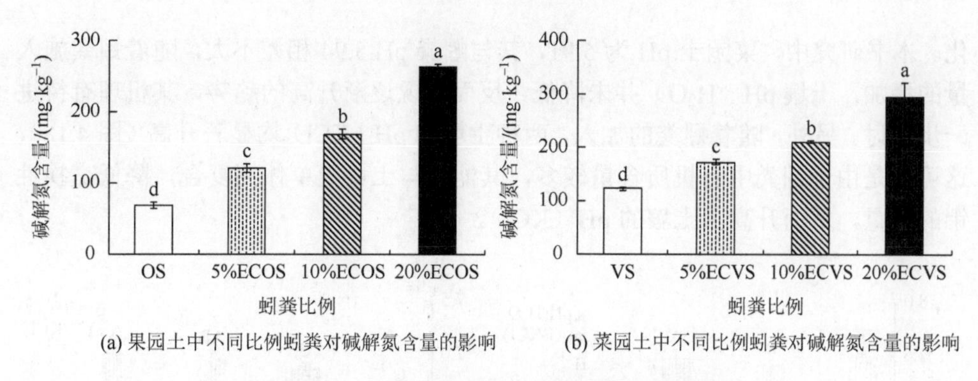

(a) 果园土中不同比例蚓粪对碱解氮含量的影响　(b) 菜园土中不同比例蚓粪对碱解氮含量的影响

图 4.15　不同比例蚓粪对碱解氮含量的影响

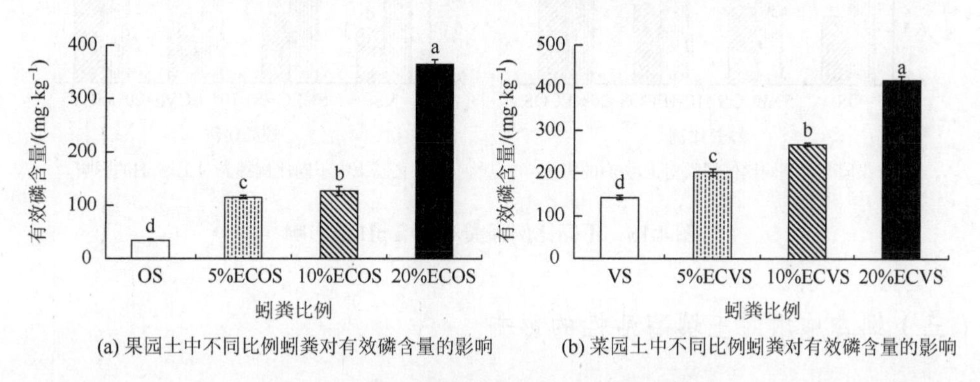

(a) 果园土中不同比例蚓粪对有效磷含量的影响　(b) 菜园土中不同比例蚓粪对有效磷含量的影响

图 4.16　不同比例蚓粪对有效磷含量的影响

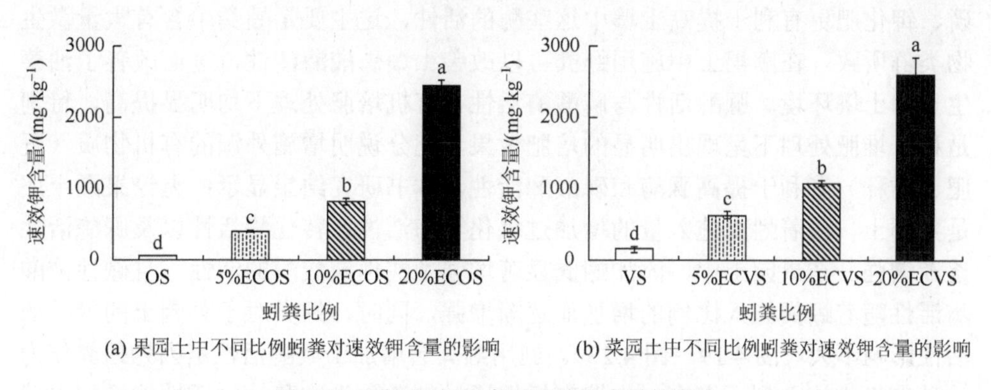

(a) 果园土中不同比例蚓粪对速效钾含量的影响　(b) 菜园土中不同比例蚓粪对速效钾含量的影响

图 4.17　不同比例蚓粪对速效钾含量的影响

蚓粪的 pH 与使用的有机物料密切相关。本书研究所使用蚓粪来源于牛粪，其 pH 偏酸性。由于果园土 pH 为 6.87，随着蚓粪（pH 为 5.94）施入量的增加，各处理土壤的 pH（H_2O）逐渐降低（图 4.18a）。然而，有研究结果显示：当由以羊粪为原料的蚓粪和土壤 pH（H_2O）接近时，蚓粪加入土壤后 pH 未发生显著变化。本书研究中，菜园土 pH 为 5.91，其与蚓粪 pH 5.94 相差不大，随着蚓粪施入量的增加，土壤 pH（H_2O）并未降低，反而出现逐渐升高的趋势，其机理有待进一步探讨。另外，随着蚓粪的加入，两种土壤的 pH（KCl）均显著升高（图 4.18），这可能是由于蚓粪中有机质含量较多，其能够与土壤中单体铝复合，降低交换性铝的含量，从而升高了土壤的 pH（KCl）。

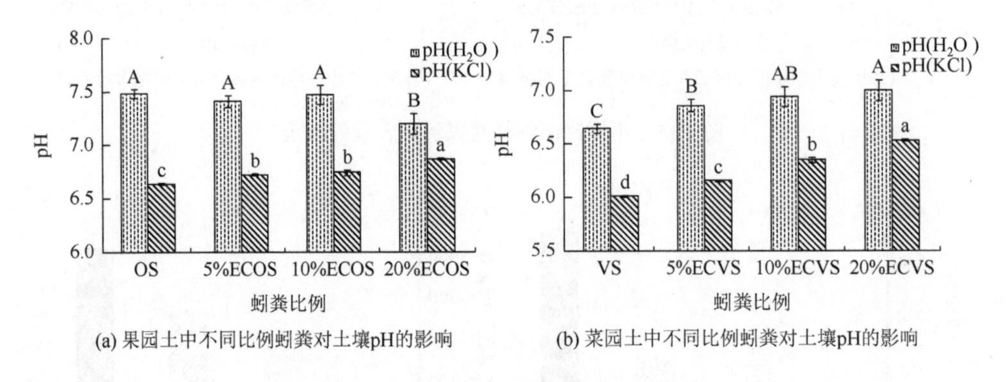

(a) 果园土中不同比例蚓粪对土壤pH的影响　(b) 菜园土中不同比例蚓粪对土壤pH的影响

图 4.18　不同比例蚓粪对土壤 pH 的影响

（三）蚓粪施用对土壤酶活性的影响

施用蚓粪可提高土壤脲酶和转化酶的活性，而且蚓粪比垃圾肥及单施氮、磷、钾化肥更有利于提高土壤中这些酶的活性，这主要是蚓粪中含有大量微生物类群所致。在潮褐土中施用蚓粪可以改善土壤磷酸酶活性，进而改善了油菜生长的土壤环境。脲酶活性与磷酸酶活性在有机培肥处理下均明显提高，特别是秸秆堆肥处理下呈现出明显的培肥效果，充分说明增施外源的有机物质（厩肥、秸秆）有利于提高脲酶和磷酸酶活性。本书研究结果显示：无论果园土还是菜园土，随着蚓粪施入量的增加过氧化氢酶活性、转化酶活性以及脲酶活性逐渐增强。在果园土中，添加蚓粪显著增强了酸性磷酸酶的活性，且碱性磷酸酶活性随着蚓粪施入比例的增加而逐渐增强，同时，蚓粪对于菜园土的磷酸酶活性影响不大（图 4.19～图 4.23）。施用蚓粪会增加土壤酶活性是因为蚓粪作为一种有机物施入到土壤中，土壤有机质通过刺激微生物和动物活性能增加土壤酶活性，从而影响土壤养分上转化的生物化学过程，而且蚓粪提高土壤酶的活性，势必提高了供试土壤的供肥性能，最终会表现在作物的生长发育乃至产量和品质上。

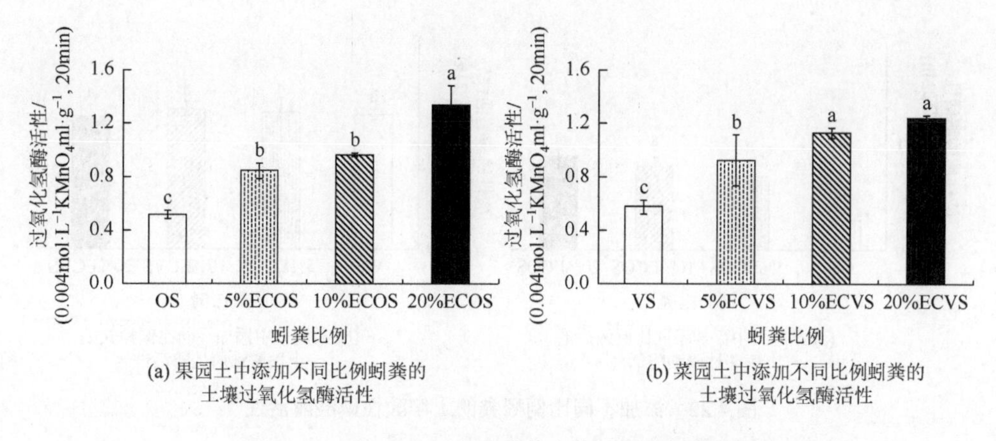

(a) 果园土中添加不同比例蚓粪的土壤过氧化氢酶活性　(b) 菜园土中添加不同比例蚓粪的土壤过氧化氢酶活性

图 4.19　添加不同比例蚓粪的土壤过氧化氢酶活性

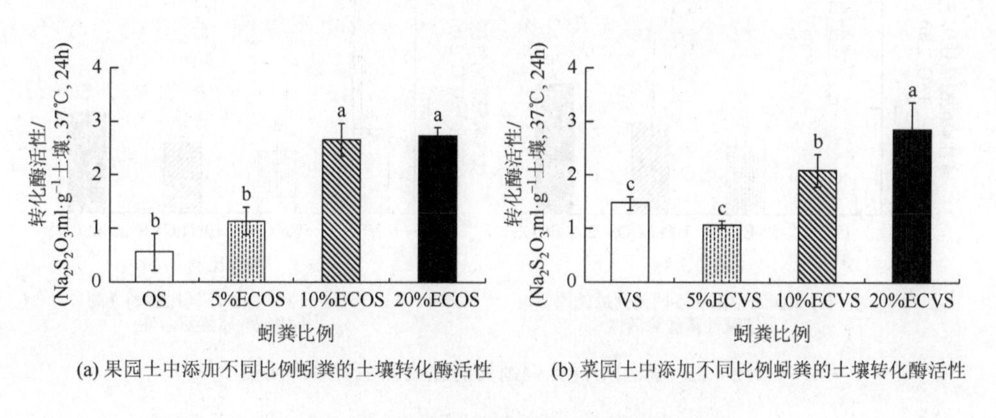

(a) 果园土中添加不同比例蚓粪的土壤转化酶活性　(b) 菜园土中添加不同比例蚓粪的土壤转化酶活性

图 4.20　添加不同比例蚓粪的土壤转化酶活性

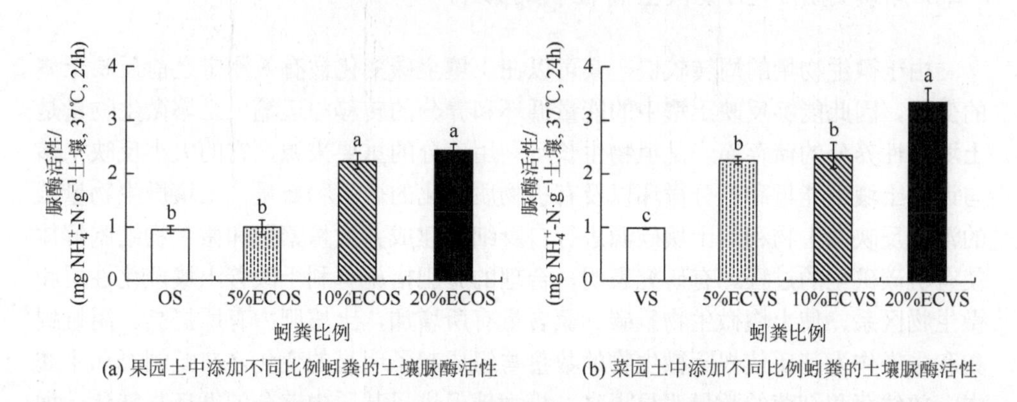

(a) 果园土中添加不同比例蚓粪的土壤脲酶活性　(b) 菜园土中添加不同比例蚓粪的土壤脲酶活性

图 4.21　添加不同比例蚓粪的土壤脲酶活性

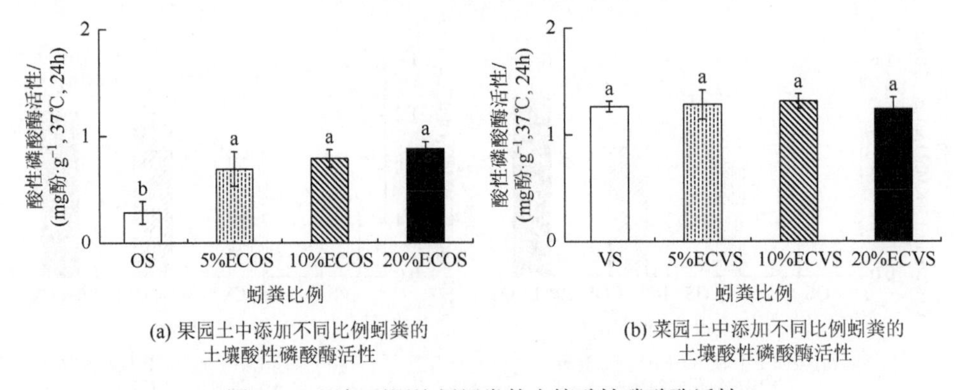

(a) 果园土中添加不同比例蚓粪的土壤酸性磷酸酶活性

(b) 菜园土中添加不同比例蚓粪的土壤酸性磷酸酶活性

图 4.22 添加不同比例蚓粪的土壤酸性磷酸酶活性

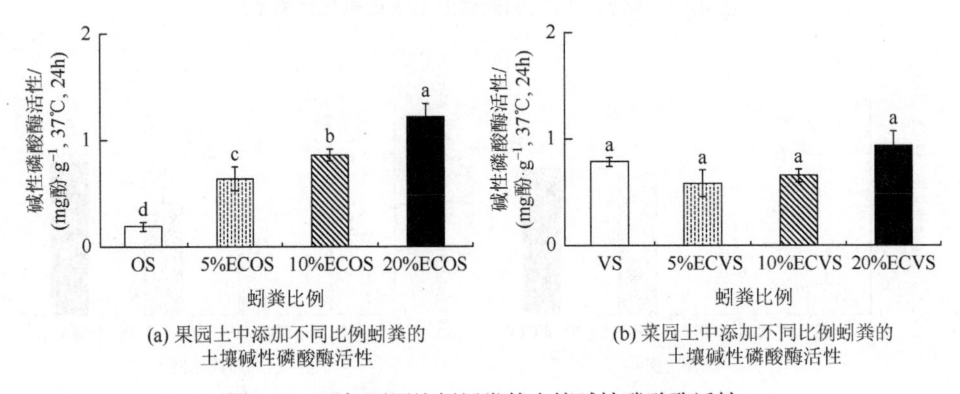

(a) 果园土中添加不同比例蚓粪的土壤碱性磷酸酶活性

(b) 菜园土中添加不同比例蚓粪的土壤碱性磷酸酶活性

图 4.23 添加不同比例蚓粪的土壤碱性磷酸酶活性

（四）蚓粪施用对土壤微生物性状的影响

由于微生物量的周转较快，其可以在土壤全碳变化被有效测定之前反映土壤的变化，因此能够反映土壤中的能量循环和养分的转移与运输。土壤微生物量是土壤活性养分的储存库，是植物生长可利用养分的重要来源，它的大小反映了参与调控土壤中能量和养分循环以及有机物质转化的微生物数量。土壤微生物量碳的消长反映微生物利用土壤碳源进行自身细胞建成并大量繁殖和微生物细胞解体使有机碳矿化的过程。有研究表明，合理的施肥措施有利于改善土壤理化性质和微生物区系，使土壤微生物量碳、氮含量有所增加，土壤肥力有所提高。用蚯蚓粪和牛粪作为基质使根际微生物的数量与组成起了明显的变化。在蚯蚓粪和牛粪中，放线菌和细菌的数量明显提高，极大地促进了基质中养分的循环与转化，加速了基质中有机质的分解。许多研究表明，施用有机物料不但可以显著地提高土壤微生物量碳、氮的含量以及土壤酶活性，并且随着有机肥施用量的增加，其效果越明显。微生物量碳能反映出土壤碳库的容量和活性特征，体现土壤质量的高低。在本书试验中，蚓粪作为有机肥施入土壤中，结果显示无论是在果园土还是菜园土中，微生物量碳氮的含量都随着蚓粪施入量的增加而升高，且微生物量碳氮比降低（图 4.24～图 4.27）。

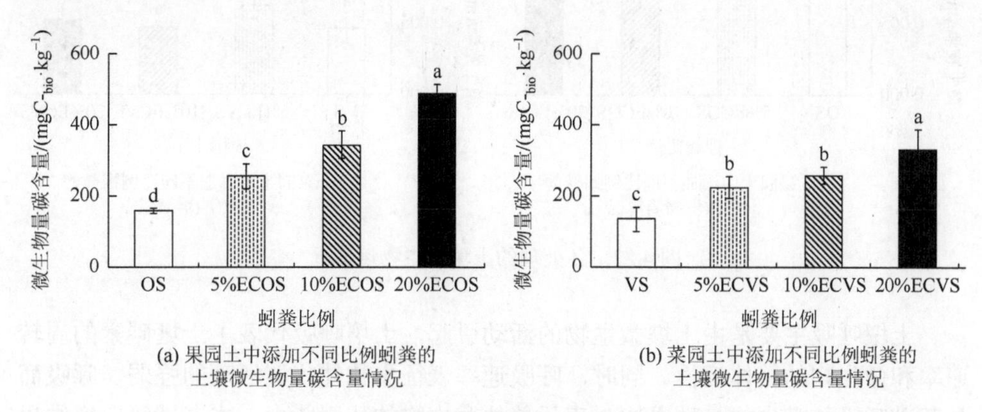

(a) 果园土中添加不同比例蚓粪的土壤微生物量碳含量情况　(b) 菜园土中添加不同比例蚓粪的土壤微生物量碳含量情况

图 4.24　各处理的土壤微生物量碳含量情况

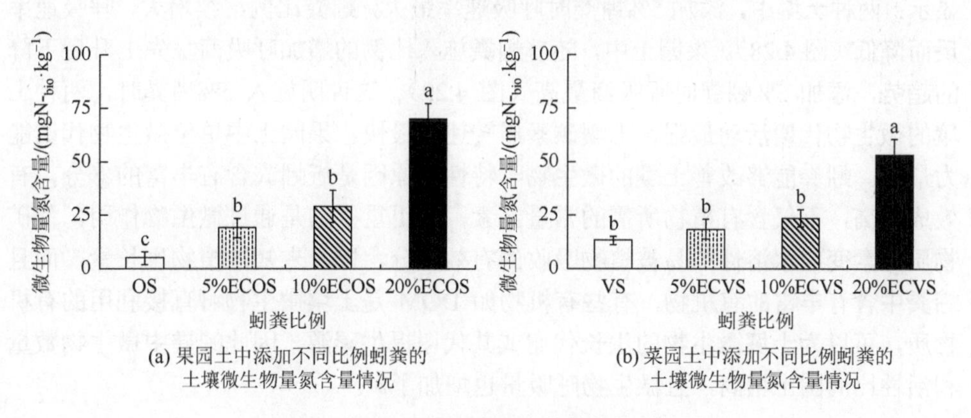

(a) 果园土中添加不同比例蚓粪的土壤微生物量氮含量情况　(b) 菜园土中添加不同比例蚓粪的土壤微生物量氮含量情况

图 4.25　各处理的土壤微生物量氮含量情况

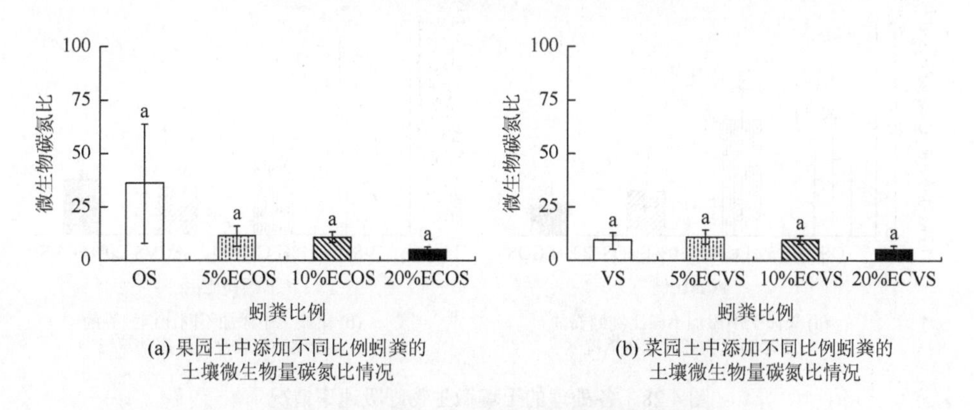

(a) 果园土中添加不同比例蚓粪的土壤微生物量碳氮比情况　(b) 菜园土中添加不同比例蚓粪的土壤微生物量碳氮比情况

图 4.26　各处理的土壤微生物量碳氮比情况

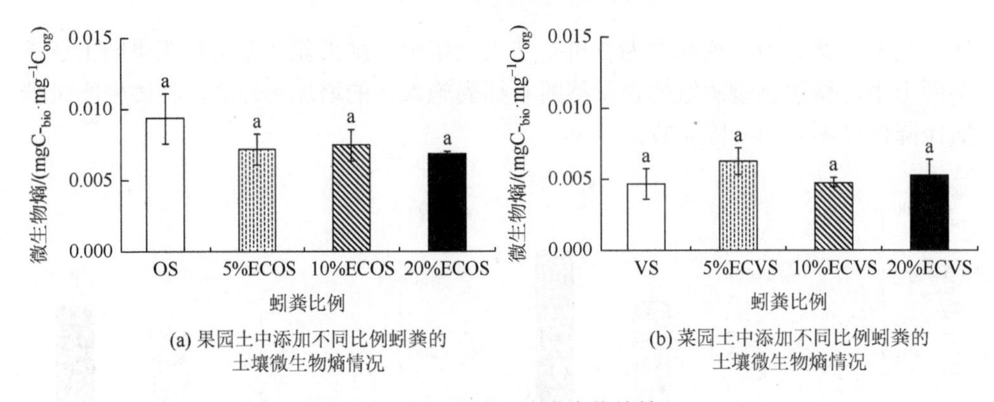

(a) 果园土中添加不同比例蚓粪的土壤微生物熵情况

(b) 菜园土中添加不同比例蚓粪的土壤微生物熵情况

图 4.27　各处理的土壤微生物熵情况

土壤呼吸主要是由土壤微生物的活动引起，土壤呼吸代表了土壤碳素的周转速率和微生物的整体活性。同时，呼吸速率表征生物体代谢活动的强弱，呼吸商是基础呼吸与微生物量碳之比，表示单位微生物的代谢能力。本书试验研究结果显示：两种土壤中，添加 5%蚓粪时呼吸速率最大，蚓粪比例继续增大，呼吸速率反而降低（图 4.28）。果园土中，随着蚓粪施入比例的增加呼吸商呈先上升后下降的趋势，添加 5%蚓粪时呼吸商最高（图 4.29）。这说明施入 5%蚓粪时，两种土壤的微生物代谢活动最强，土壤碳素周转速率最快，果园土中单位微生物代谢能力最强。蚓粪能够改善土壤的微生物学特性，原因是蚯蚓粪含有丰富的养分，有效成分高，不仅含有植物所需的常量元素，且更重要的是通过微生物作用，使矿物质元素变成水溶性的易被植物吸收的有效成分，以及未知的植物生长素，而且蚓粪中含有丰富的有机物，有些有机物如 DOM 是土壤微生物可直接利用的有机物质，可以为土壤微生物的生长代谢或共代谢提供碳源。因此蚓粪中微生物数量和活性比周围土壤高，且微生物呼吸量也增加了。

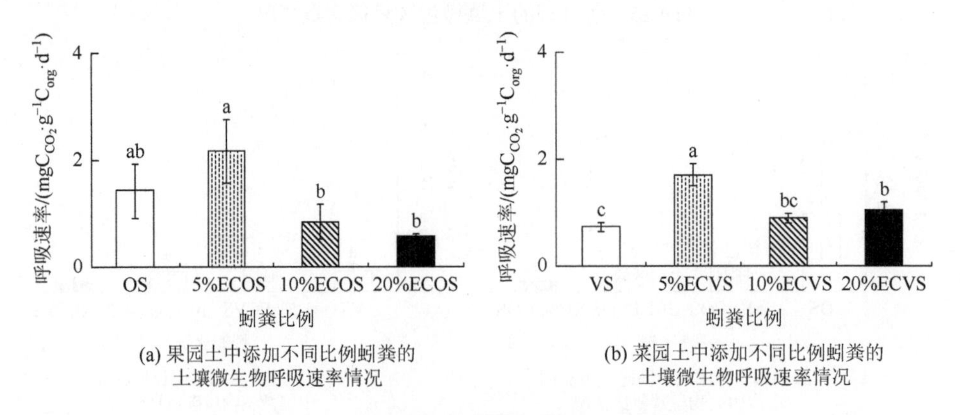

(a) 果园土中添加不同比例蚓粪的土壤微生物呼吸速率情况

(b) 菜园土中添加不同比例蚓粪的土壤微生物呼吸速率情况

图 4.28　各处理的土壤微生物呼吸速率情况

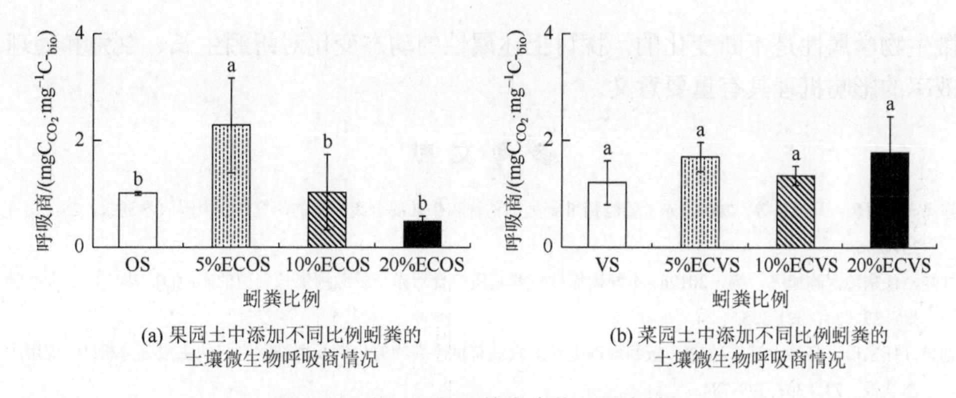

(a) 果园土中添加不同比例蚓粪的土壤微生物呼吸商情况

(b) 菜园土中添加不同比例蚓粪的土壤微生物呼吸商情况

图 4.29　各处理的土壤微生物呼吸商情况

四、土壤污染修复

蚯蚓的活动与土壤密不可分，是陆地生态系统的重要组成部分，对物质和能量的传递有重要作用（Bartz et al.，2013），与土壤中的各种有机和无机污染物都有密切接触，其对污染物的耐受程度有一个相对安全的阈值，因此，可为整个生态系统污染程度提供指示和预警。有研究者利用蚯蚓对污染物的耐受性，结合蚯蚓消化和分泌活动对污染物的影响，探索土壤污染的修复途径。Calisi 等（2011）利用陆正蚓（*Lumbricus terrestris*）作为指示生物，对杀虫剂对土壤的污染程度进行了研究与评价。蚯蚓作为指示生物，越来越多地被应用于土壤重金属污染的指示中。也有研究者利用蚯蚓进行了有机污染物的指示研究。Khwairakpam 和 Bhargava（2009）利用蚯蚓堆置结合植物修复技术进行了污泥重金属修复的探索研究，并取得较好的效果。蚯蚓在污染土壤指示与修复中的应用前景广阔，具有较高的经济效益和环境效益。

第四节　本 章 展 望

在大多数陆地生态系统中，蚯蚓是总生物量最大的土壤动物，可以影响土壤形成和营养循环，其存活和生长繁殖状况直接影响生态系统功能的发挥。此外，蚯蚓肠道内的消化过程有多种微生物参与，微生物本身也可能是蚯蚓食物来源之一，而不同有机物料中微生物种群数量和组成均存在较大差异，蚓粪具有优良的形态结构和理化生物学特征。大量农业有机废弃物和城市污泥的不合理处置在造成资源浪费的同时也带来了环境污染，蚯蚓在上述有机物料的资源化处置中都有广阔的应用前景。然而，在蚯蚓处理农业有机废弃物过程中，有机物料的理化和微生物学属性是不断变化的，探讨上述属性的动态变化对蚯蚓生长、繁殖和处理效率的影响机理具有重要意义。

参考文献

陈泽光，周颖，马雄，等，2009. 赤子爱胜蚓堆制处理秸秆和牛粪混合废弃物的研究[J]. 中国农学通报，25（16）：231-236.

刘婷，任宗玲，陈旭飞，等，2012a. 不同碳氮比培养基质组合对赤子爱胜蚓生长繁殖的影响[J]. 华南农业大学学报，33（3）：321-325.

刘婷，任宗玲，张池，等，2012b. 蚯蚓堆制处理对农业有机废弃物的化学及生物学影响的主成分分析[J]. 应用生态学报，23（3）：779-784.

张孟豪，吴玲，陈静，等，2022. 蚯蚓对废纸屑再利用及养分贫瘠土壤综合质量的影响[J]. 生态学报，42（12）：5034-5044.

赵海涛，许光辉，单玉华，等，2010. 蚓粪复合基质不同氮素用量对茄果类蔬菜幼苗生长的影响[J]. 扬州大学学报（农业与生命科学版），（3）：65-69.

周波，唐劲驰，张池，等，2017. 不同物料蚓粪对土壤酸度和 Cu、Pb 化学形态的影响[J]. 水土保持学报，31（4）：311-319.

朱维琴，贾秀英，李喜梅，等，2008. 猪粪及其蚓粪对 Pb Cd 吸附行为的比较研究[J]. 农业环境科学学报，（5）：1796-1802.

Aira M，Lazcano C，Gómez-Brandón M，et al.，2010. Ageing effects of casts of *Aporrectodea caliginosa* on soil microbial community structure and activity [J]. Applied Soil Ecology，46（1）：143-146.

Araujo Y，Luizão F J，Barros E，2004. Effect of earthworm addition on soil nitrogen availability，microbial biomass and litter decomposition in mesocosms[J]. Biology and Fertility of Soils，39（3）：146-152.

Bartz M L C，Pasini A，Brown G G，2013. Earthworms as soil quality indicators in brazilian no-Tillage systems[J]. Applied Soil Ecology，69（4）：39-48.

Bentsen N S，Felby C，Thorsen B J，2014. Agricultural residue production and potentials for energy and materials services[J]. Progress in Energy and Combustion Science，40：59-73.

Bossuyt H，Six J，Hendrix P F，2005. Protection of soil carbon by microaggregates within earthworm casts[J]. Soil Biology and Biochemistry，37（2）：251-258.

Butterly C R，Baldock J A，Tang C，2013. The contribution of crop residues to changes in soil pH under field conditions[J]. Plant and Soil，366（1-2）：185-198.

Calisi A，Lionetto M G，Schettino T，2011. Biomarker response in the earthworm *Lumbricus terrestris* exposed to chemical pollutants[J]. Science of the Total Environment，409（20）：4456-4464.

Canellas L P，Piccolo A，Dobbss L B，et al.，2010. Chemical composition and bioactivity properties of size-fractions separated from a vermicompost humic acid[J]. Chemosphere，78（4）：457-466.

Chand S，Pandey A，Patra D D，2012. Influence of vermicompost on dry matter yield and uptake of ni and cd by chamomile（*Matricaria chamomilla*）in ni-and Cd-Polluted soil[J]. Water Air and Soil Pollution，223（5）：2257-2262.

Chintala R，Wimberly M C，Djira G D，et al.，2013. Interannual variability of crop residue potential in the north central region of the United States[J]. Biomass and Bioenergy，49：231-238.

Curry J P，Schmidt O，2007.The feeding ecology of earthworms：A review[J]. Pedobiologia，50（6）：463-477.

Dahman Y，Ugwu C U，2014. Production of green biodegradable plastics of poly（3-hydroxybutyrate）from renewable resources of agricultural residues[J]. Bioprocess and Biosystems Engineering，37：1561-1568.

Dempsey M A，Fisk M C，Fahey T J，2011. Earthworms increase the ratio of bacteria to fungi in northern hardwood forest soils，primarily by eliminating the organic horizon [J]. Soil Biology and Biochemistry，43（10）：2135-2141.

Edwards C A，2004. Earthworm Ecology[M]. 2nd Edition. Boca Raton：CRC Press.

Edwards C A，Arancon N Q，2022. Biology and ecology of earthworms[M]. 4th Edition. New York：Springer Science + Business Media，LLC.

El-Bondkly A M A，El-Gendy M M A，2012. Cellulase production from agricultural residues by recombinant fusant strain of a fungal endophyte of the marine sponge *Latrunculia corticata* for production of ethanol[J]. Antonie van Leeuwenhoek，101（2）：331-346.

Erenstein O，2011. Cropping systems and crop residue management in the Trans-Gangetic Plains：Issues and challenges for conservation agriculture from village surveys[J]. Agricultural Systems，104（1）：54-62.

Gómez-Brandón M，Lazcano C，Lores M，et al.，2010. Detritivorous earthworms modify microbial community structure and accelerate plant residue decomposition [J]. Applied Soil Ecology，44（3）：237-244.

Gupta R，Yadav A，Garg V K，2014. Influence of vermicompost application in potting media on growth and flowering of marigold crop[J]. International Journal of Recycling of Organic Waste in Agriculture，3：47.

Herrmann L，Chotte J L，Thuita M，et al.，2014. Effects of cropping systems，maize residues application and N fertilization on promiscuous soybean yields and diversity of native rhizobia in Central Kenya[J]. Pedobiologia，57（2）：75-85.

Huang S，Zeng Y，Wu J，et al.，2013. Effect of crop residue retention on rice yield in China：A meta-analysis[J]. Field Crops Research，154：188-194.

Jordao C P，Fialho L L，Neves J C，et al.，2007. Reduction of heavy metal contents in liquid effluents by vermicomposts and the use of the metal-enriched vermicomposts in lettuce cultivation[J]. Bioresource Technology，98（15）：2800-2813.

Kaur R，Singh J，Khare R，et al.，2013. Batch sorption dynamics，kinetics and equilibrium studies of Cr（Ⅵ），Ni（Ⅱ）and Cu（Ⅱ）from aqueous phase using agricultural residues[J]. Applied Water Science，3（1）：207-218.

Khwairakpam M，Bhargava R，2009. Vermitechnology for sewage sludge recycling[J]. Journal of Hazardous Materials，161（2-3）：948-954.

Lönnqvist T，Silveira S，Sanches-Pereira A，2013. Swedish resource potential from residues and energy crops to enhance biogas generation[J]. Renewable and Sustainable Energy Reviews，21：298-314.

Madson D G P，Lourdes C D S N，Maurício P F F，et al.，2014. An overview of the environmental applicability of vermicompost：From wastewater treatment to the development of sensitive analytical methods[J]. Scientific World Journal，2014：917348.

Materechera S A，2002. Nutrient availability and maize growth in a soil amended with earthworm casts from a South African indigenous species[J]. Bioresource Technology，84（2）：197-201.

Monforti F，Bódis K，Scarlat N，et al.，2013. The possible contribution of agricultural crop residues to renewable energy targets in Europe a spatially explicit study[J]. Renewable and Sustainable Energy Reviews，19：666-677.

Nahmani J，Hodson M E，Black S，2007. A review of studies performed to assess metal uptake by earthworms[J]. Environmental Pollution，145（2）：402-424.

Nattudurai G，Vendan S E，Ramachandran P V，et al.，2014. Vermicomposting of coirpith with cowdung by Eudrilus eugeniae Kinberg and its efficacy on the growth of Cyamopsis tetragonaloba（L）Taub[J]. Journal of the Saudi Society of Agricultural Sciences，13（1）：23-27.

Ndegwa P M，Thompson S A，2000. Effects of C-to-N ratio on vermicomposting of biosolids[J]. Bioresource Technology，

75（1）：7-12.

Negi R，Suthar S，2013. Vermistabilization of paper mill wastewater sludge using *Eisenia fetida*[J]. Bioresource Technology，128：193-198.

Pereira M D，Neta L C，Fontes M P，et al.，2014. An overview of the environmental applicability of vermicompost：From wastewater treatment to the development of sensitive analytical methods[J].Scientific World Journal，2014：917348.

Ravindran B，Contreras-Ramos S M，Wong J W C，et al.，2014. Nutrient and enzymatic changes of hydrolysed tannery solid waste treated with epigeic earthworm *Eudrilus eugeniae* and phytotoxicity assessment on selected commercial crops[J]. Environmental Science and Pollution Research，21（1）：641-651.

Santana-Méridas O，González-Coloma A，Sánchez-Vioque R，2012. Agricultural residues as a source of bioactive natural products[J]. Phytochemistry Reviews，11（4）：447-466.

Sheehan C，Kirwan L，Connolly J，et al.，2006. The effects of earthworm functional group diversity on nitrogen dynamics in soils[J]. Soil Biology and Biochemistry，38（9）：2629-2636.

Singh J，Kalamdhad A S，2013. Effect of *Eisenia fetida* on speciation of heavy metals during vermicomposting of water hyacinth[J]. Ecological Engineering，60：214-223.

Suthar S，2012. Earthworm production in cattle dung vermicomposting system under different stocking density loads[J]. Environmental Science and Pollution Research，19（3）：748-755.

Wang K，Zhang J，Zhu Z，et al.，2012. Pig manure vermicompost（PMVC）can improve phytoremediation of Cd and PAHs co-contaminated soil by Sedum alfredii[J]. Journal of Soils and Sediments，12（7）：1089-1099.

Zhou B，Chen Y Y，Zhang C，et al.，2021. Earthworm biomass and population structure are negatively associated with changes in organic residue nitrogen concentration during vermicomposting[J]. Pedosphere，31（3）：433-439.

第五章　蚯蚓对土壤酸化的响应和铝形态的影响

土壤酸铝（Al）是不可忽视的全球性生态环境问题，其中矿区的土壤酸化铝毒的治理改良已引起广泛关注。蚯蚓对土壤生态系统具有十分重要的影响，然而，目前仍然缺少蚯蚓对土壤酸度的响应规律及其所能承受的精确阈值的相关研究。诸多研究表明，蚯蚓的生存活动对土壤金属的迁移转化有着重要影响，其相关机理尚不明确。本章从土壤酸化铝毒的发生、毒害、丰度及其在土壤生态环境中的行为入手，重点探讨蚯蚓的生长及其体内生态指标对土壤酸度的响应规律，再以华南优势蚓种为研究对象，分析蚯蚓作用前后土壤理化性质的变化，揭示蚯蚓活动对于改变土壤铝形态、减轻土壤酸化铝毒方面的重要意义。

第一节　土壤酸化和铝毒

一、土壤酸化的概况

我国南方红壤广泛分布在我国长江以南的热带和亚热带地区，遍及 15 个省（自治区），总面积约为 $2.04 \times 10^8 hm^2$，占全国土地总面积的 21%左右（全国土壤普查办公室，1998；赵其国，2002a）。受东南季风气候和高温多雨的影响，强烈的风化淋溶作用最终导致了这类土壤呈酸性或强酸性反应。红壤地区大部分土壤 pH 在 5.5 以下。资料显示，我国福建、湖南和浙江 pH 为 5.5～6.5 的土壤分别占各省土壤总面积的 37.5%、40%和 56.4%；pH 为 4.5～5.5 的强酸性土壤分别占各省土壤总面积的 49.4%、38%和 16.9%；江西 pH 在 5.5 以下的强酸性土壤占本省土壤总面积的比例则高达 71%（全国土壤普查办公室，1998）。截至 2010 年，广东省土壤的 pH 由平均 5.70 降低至 5.44，25.8%的赤红壤和 26.6%的红壤的 pH 均出现了显著的降低（Guo et al.，2010）。

二、土壤酸化的发生

土壤酸化是伴随着土壤形成和发育的自然过程（Krug and Frink，1983）。在多雨的自然条件下，当降雨量大大超过蒸发量时，土壤及其母质强烈的淋溶作用最终导致了土壤溶液中的盐基离子随渗滤水沿剖面向下迁移而淋失。土壤中碳酸和有机酸的离解作用是最初的 H^+ 的主要来源（Breemen et al.，1984），释放出来的 H^+ 性质非常活泼，可以替代土壤胶体上金属离子的位置而被土壤吸附，使土壤盐基饱和度下降。随着淋溶作用的持续进行，越来越多的 H^+ 被吸附，土壤的盐基饱和度逐渐降低，而 H^+ 的饱和度逐渐提高，最终土壤呈现酸性（徐仁扣，2015）。

通常情况下，红壤中铁铝氧化物的存在一定程度上对红壤的自然酸化有抑制作用，这在某种程度上减缓了红壤的自然酸化进程（Li et al.，2012）。因此，红壤的自然酸化过程进行得较为缓慢。然而，随着人类生产活动的不断增强，尤其是工业的发展导致的酸沉降、农田土壤的高强度利用（酸性肥料的过量施用）以及矿山开采等，导致了大量外源 H^+ 持续进入土壤，大大加剧了土壤酸化，这在热带和亚热带地区尤为严重，进而对土壤和生态环境造成了严重危害。目前，加速红壤酸化的人为因素主要有：

（1）大气酸沉降：我国是受酸雨危害最严重的国家之一，我国酸雨主要分布在长江以南的广大热带和亚热带地区，而我国的酸性土壤也主要分布在这一地区，因此，我国酸雨和酸性土壤的分布区正好重叠（徐仁扣，2015）。已有研究表明，酸沉降是加速我国南方红壤酸化的重要原因（吴甫成等，2005；徐仁扣，2012）；

（2）化学肥料的过量施用：农田土壤加速酸化的原因之一是化学肥料尤其是铵态氮肥的过量施用，其中主要是通过硝化和淋溶作用加速了土壤酸化。施用氮肥显著增加了土壤的交换性 H^+ 和交换性 Al 含量（Xu et al.，2002；Zhang et al.，2008）。也有报道显示，和酸沉降相比，化肥的施用对农田土壤酸化的加速作用更大（Guo et al.，2010）；

（3）酸性矿山废水（acid mine drainage，AMD）的大量排放：我国南方地区分布着大量的金属矿。在选矿洗矿的过程中大量的硫酸盐暴露在空气中，再加上南方降水量大，进而产生大量的酸性矿山废水，随河流排放的酸性矿山废水最终会导致周边及下游的土壤酸化。当用酸性矿山废水灌溉后，又会导致农田土壤酸化。调查显示，广东大宝山矿区拦泥坝下游受酸性矿山废水污染的灌溉用水的 pH 范围为 3.9～5.6，平均为 4.8（林初夏等，2005）。有研究表明，用酸性矿山废水污染的水灌溉 30 年后，土壤 pH 低至 2.2（李永涛等，2004）。酸性矿山废水含有大量的活性 Al。据报道，广东大宝山矿区酸性矿山废水中 Al 浓度为 $62～100mg·L^{-1}$（pH 2.4～2.57）（Lu et al.，2011）。有的矿区的酸性矿山废水中 Al 浓度甚至高达 $4884mg·L^{-1}$（pH 2.1，Alcolea et al.，2012）；

（4）植物的作用：有研究表明，豆科植物会加速土壤酸化（毛佳等，2010）。一方面，豆科植物根部释放的质子能酸化土壤；另一方面，豆科植物的生物固氮作用增加了土壤有机氮。有机氮的矿化作用产生的铵态氮，其硝化反应可进而加速土壤酸化。茶树是我国重要的经济作物，茶园土壤在农田土壤中占有一定的比例。目前有关茶树种植能加速土壤酸化的研究已有报道，马立锋等（2000）的研究发现茶园土壤的酸化程度随种植时间的延长而增强。一般认为，茶园土壤酸化的机制有两种：一是茶树生长过程中，根系分泌的有机酸的量比其他植物高很多（王晓萍，1994）；二是茶树的老叶中能积累大量的Al，随着茶树叶片的掉落，导致大量的活性铝在土壤表层中积累，进而加速了土壤酸化（丁瑞兴和黄骁，1991；石锦芹等，1999）。

此外，作物的收获和森林的砍伐也会间接导致土壤酸化。植物在生长过程中会从土壤吸收和积累一定量的盐基离子，植物体的收获，最终会导致土壤盐基离子（Ca^{2+}、Mg^{2+}和K^{+}等离子）的损失，这将在一定程度上导致土壤中盐基离子总量的降低。如果这些丢失的盐基离子得不到及时有效的补充，那么，土壤表面的交换位上就没有足够的阳离子来平衡表面负电荷，最终只能由H^{+}和Al^{3+}来代替盐基离子占据交换位。而随着交换性H^{+}和Al^{3+}的增加，则更加剧了土壤酸化（Guo et al.，2010；徐仁扣，2015）。

自20世纪70年代以来，我国工业化的快速发展，导致了大气酸沉降的增加。再加上农业生产中酸性肥料的过量施用（Xu et al.，2002）等因素，使得我国红壤酸化呈加速发展的趋势（徐仁扣，2012）。有资料显示，从20世纪80年代至今的20多年里，中国耕地土壤的pH出现了显著降低（Guo et al.，2010）。在我国亚热带地区，红、黄壤的pH由20世纪的5.37分别降至5.14（粮食作物）和5.07（经济作物），分别下降了0.23和0.30（徐仁扣，2012）；通过对海南岛土壤酸碱性变化的调查显示：20世纪90年代与50年代相比，全岛pH低于5.0的比例显著增加，而大于5.0的比例显著降低（Gong et al.，2003）。其中以红壤、赤红壤为主的华南地区土壤的酸性最强，土壤pH大多低于5.5（全国土壤普查办公室，1998），且酸性土壤呈现出面积加大、酸性加剧的趋势（Gong et al.，2003；Guo et al.，2010）。

三、土壤酸化的危害

我国土壤酸化的形势十分严峻，是严重威胁该地区农业可持续发展和生态环境的重要因素。土壤酸化带来的农作物减产（Delhaize and Ryan，1995；He et al.，2011；Kochian，1995；Zhang et al.，2016b）、森林面积衰减（Liu and Du，1991；Menz and Seip，2004；Rosseland et al.，1990）、土壤生物数量和多样性减少（Sorour and Larink，2001；Tejada et al.，2010；Zhang et al.，2013；Kunito et al.，2016）等现象逐年加剧。因此，如何减缓和控制土壤酸化成为了当前社会和学术界关注的重点和热点问题。

四、土壤中铝的丰度和活化

铝（Al）是土壤中含量最丰富的金属元素，其丰度为 82.3 $g \cdot kg^{-1}$（陈怀满，2002）。Al 亦是组成土壤无机矿物的主要元素，平均含量约占地壳的 7.45%，仅次于氧和硅。我国土壤表层（A 层）Al 背景值的算术平均值为 66.2$mg \cdot kg^{-1}$± 16.26$mg \cdot kg^{-1}$（陈怀满，2002；全国土壤普查办公室，1998；赵其国，2002b）。土壤中的 Al 来源于成土母质（陈怀满，2002）。通常情况下，铝在土壤中是以难溶态硅酸盐矿物或氧化铝的固定态存在于长石、云母、氯泥石、蒙脱石、高岭石和三水铝石等一系列含铝矿物中的晶格内，这种形态的 Al 对植物和环境无毒害作用（陈怀满，2002）。在土壤发生酸化的早期阶段，土壤活性铝的溶出是土壤酸化过程中缓解土壤质子胁迫的一个重要缓冲机制。随着土壤的持续酸化，土壤吸附的 H^+越来越多，当土壤矿物表面吸附的 H^+超过一定数量时，这些晶体的结构就会遭到破坏，被铝氧八面体束缚的 Al 就会活化成活性 Al 离子。尤其是在高雨量的酸性土壤中，随着土壤酸化进程的加剧，土壤活性铝的浓度不断增加，Al 在强烈的风化淋溶作用下可从土壤固相溶出后进入土壤溶液，进而影响土壤的结构和性质，或通过土壤输运至江河、湖泊等水体，进而危害水体生态系统（沈仁芳，2008）。

五、土壤中铝的形态和毒性

土壤中铝的形态包括可溶解铝和非溶解铝，可溶解铝可分为有机态铝和无机态铝，有机态铝又可分为稳定的配合铝和不稳定的配合铝等；无机态铝包括交换性铝、固溶体铝（如代换性针铁矿铝）、中间层铝（也称夹层铝，如固定或沉积在硅酸盐层中的羟基铝）和无机铝混合物（水溶性铝、铝氧化物和水合物、铝硅酸盐、硫酸铝盐及磷酸铝盐等）（Ritchie，1995；王维君，1995）。一直以来，不同研究者出于研究目的不同而将土壤中的 Al 进行了不同的形态划分（王维君和陈家坊，1992）。邵宗臣等（1998）通过连续分级浸提将土壤中各形态的 Al 可分为交换态铝（ExAl）、吸附态羟基铝（HyAl）、有机配合态铝（OrAl）、氧化铁结合态铝（DCBAl）、层间铝（InAl）和非晶态铝硅酸及三水铝石（NcAl）。Larssen 等（1999）将土壤中的 Al 划分为交换态（exchangeable，Al_{Ex}）、弱有机结合态（weakly organically bound，Al_{Orw}）、有机结合态（organically bound，Al_{Or}）、非晶态（amorphous，Al_{Amo}）、氧化铁结合态（occluded in crystalline iron oxides，Al_{Oxi}）、非晶态铝硅酸盐和三水铝石态（occluded in amorphous aluminosilicate and gibbsite，Al_{Aag}）。肖厚军等（2009）将黄壤中的铝划分为交换性铝、吸附态羟基铝、有机结合态铝和剩余铝。Wu 等（2020a）采用改进的连续分级的方法分别对土壤中 Al 的交换态、弱有机结合态、有机结合态、无定形态、氧化铁结合态、非晶态和矿物态进行了连续浸提。但目前土壤铝形态的浸提方法尚无统一的操作标准。

土壤中 Al 的毒性受多方面因素的影响，不仅取决于其在环境中的总量，也取决于其土壤酸度和形态等环境因素（Kubová et al.，2005；Ščančar and Milačič，2006）。一方面，土壤中 Al 的毒性的发挥和土壤的 pH 密切相关（徐仁扣，2012；Tam et al.，1989）。土壤溶液中 Al 的浓度和形态受土壤 pH 影响，随着土壤的酸化，引起了土壤盐基离子的淋失，进而促进了活性铝的释放（Brady，1984）。一般认为，当土壤 pH≤5.5 时，就会有活性铝释出。有研究发现，当土壤 pH＜5.0 时，土壤中固定态的 Al 会解离和释放 Al^{3+}，且在该 pH 条件下，土壤中添加的铝盐也主要以活性 Al^{3+}的形式存在（罗虹等，2005）。而当土壤酸化至 pH 4.3 时，才会导致活性铝的大量释放（傅柳松等，1993）。另一方面，土壤中 Al 的毒性的发挥也与 Al 在土壤中的存在形态有关。土壤中的 Al 通常可划分为交换态、有机结合态、无定形态、氧化铁结合态和非晶态铝硅酸盐和三水铝石态等。通常将中性盐（KCl 和 $BaCl_2$）溶液提取的铝作为土壤交换态铝（邵宗臣等，1998）。可交换性 Al 是酸性土壤中常见的交换性阳离子之一，其主要是靠静电引力吸附在土壤固相表面的交换性 Al 离子，易被中性盐置换和提取。后被证实，交换性 Al 不仅包括 Al^{3+}，还包括一些羟基 Al 离子。已有研究表明，当土壤 pH 低于 5.0 时，土壤中的交换性 Al 主要是以 Al^{3+}、$AlOH^{2+}$、$Al(OH)_2^+$、$Al(OH)_3$ 和 $Al(OH)_4$ 的形态存在，其中 Al^{3+}的毒性最强（Baquy et al.，2018）。土壤交换性 Al 含量与土壤酸度关系密切，是土壤交换性酸度和土壤 pH 的决定性因素（沈仁芳，2008）。

此外，土壤交换性 Al 最易受土壤酸化、施肥和土壤性质等环境因素的影响（肖厚军等，2009）。$0.5mol·L^{-1}$ $CuCl_2$ 提取的部分常作为土壤的弱有机结合态铝，被认为是低毒的（Álvarez et al.，2012）。$0.1mol·L^{-1}$ $Na_4P_2O_7$（pH 10）提取的那部分被认为是有机结合态。有机结合态 Al 是一种非晶态铝，有研究发现，土壤中的有机结合态 Al 的生成增加了 Al 的移动性，从而降低了其对生物的毒性（邵宗臣等，1998）。通常情况下，有机结合态 Al 与土壤有机质（soil organic matter，SOM）常呈正相关关系，因此它对土壤 Al 的迁移有着重要的意义（肖厚军等，2009）。而 $0.2mol·L^{-1}$ 酸性草酸铵（pH 3.0）溶液提取的那部分铝被认为是无定形态铝，主要是以无机胶膜吸附于矿物表面和边缘的羟基铝和氢氧化铝以及某些非晶态的铝硅酸盐。弱有机结合态、有机结合态和无定形态铝常被认为是酸性土壤中具有潜在活性的 Al 库（Jou and Kamprath，1979），且均与土壤有机质关系密切（Pierart et al.，2018；邵宗臣等，1998；王维君和陈家坊，1992）。而由二亚硫酸钠–柠檬酸钠–碳酸氢钠提取法（DCB 法）和 0.1mol·L^{-1} 的 NaOH 溶液提取的铝分别为氧化铁结合态铝、非晶态铝硅酸盐和三水铝石态铝（Larssen et al.，1999），这两种形态的铝相对比较稳定，对环境无毒害作用。在一定条件下，不同形态的 Al 可在水解、聚合、配合、沉淀或结晶等反应作用下相互转化，始终处于动态平衡之中。

大量研究表明，土壤中过量的 Al 可造成农作物减产（Delhaize and Ryan，1995；He et al.，2011；Kochian，1995；Zhang et al.，2016b）和森林大面积衰退（Liu and Du，1991；Menz and Seip，2004；Rosseland et al.，1990），对土壤动物有毒害作用，如蚯蚓（Sorour and Larink，2001；Tejada et al.，2010；Zhang et al.，2013）。此外，土壤中的 Al 还能通过水解、络合和吸附等反应，进而改变其在生态环境中的循环和转化，最终导致整个生态系统失衡（陈怀满，2002）。故而引起了人们对酸性土壤 Al 毒问题的极大关注（Chaffai et al.，2005；Illmer and Erlebach，2003；Ma，2007）。铝在土壤生态系统中的行为及影响关系见图 5.1。

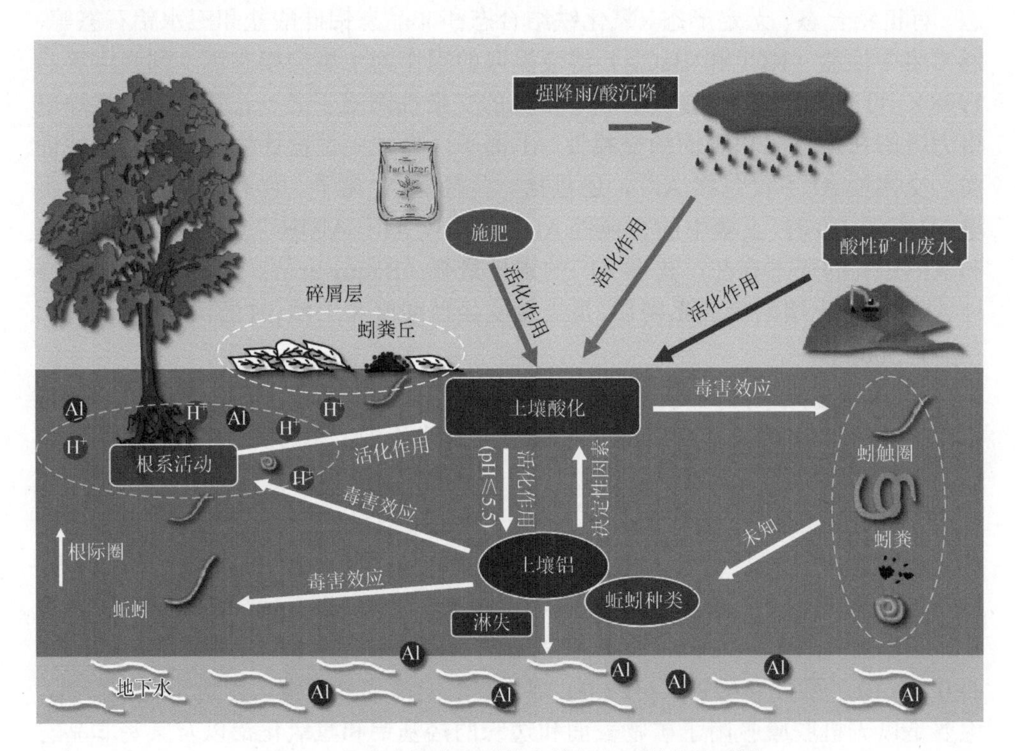

图 5.1　铝在土壤生态系统中的行为及影响关系图

Al 在土壤中通常以水溶态、交换态和有机结合态等多种形态存在，其中大部分被固定在固相铝硅酸盐矿物和氧化物中，相对较稳定，对植物和微生物无直接的毒害作用（Brady，1984）。土壤中各形态的 Al 对作物的毒害作用存在较大的差异，如有机配合铝、固溶体铝和中间层铝等对作物基本无毒（王维君和陈家坊，1992）；而无机铝单体[Al^{3+}、$Al(OH)^{2+}$和 $Al(OH)_2^+$ 的总称]，又称为活性铝，对作物毒害作用最大（Wright 和孟赐福，1992；田仁生和刘厚田，1990）。

第二节　蚯蚓对土壤酸化的响应

一、蚯蚓对 pH 的耐受阈值

pH 是影响土壤生物活动的重要因子。蚯蚓的生长和繁殖对环境酸碱度都有一定的要求（Auerswald et al.，1996；Sarwar et al.，2006），环境 pH 过高或过低，都会影响蚯蚓的活动能力（Klok et al.，2007）。土壤的酸化不利于蚯蚓的生存（Moore et al.，2013；Chan and Mead，2003；Rusek and Marshall，2000）。不同的蚯蚓对 pH 的耐受能力不同。有研究发现，陆正蚓（*Lumbricus terrestris*）和绿色异唇蚓（*Allolobophora chlorotica*）生存的 pH 临界值分别为 3.6～5.0（Homan et al.，2016）和 4.7～5.7（McCallum et al.，2016）。Butt 和 Lowe（2011）发现赤子爱胜蚓（*E. fetida*）最适生长的 pH 为 6.5，国内大部分研究结果也显示 *E. fetida* 适宜生长的物料 pH 范围为 6～9（周波等，2011；刘婷等，2012；李静娟等，2013）。而温带内栖型蚯蚓 *A. chlorotica*、*A. caliginosa* 和深栖型蚯蚓 *A. longa* 和 *A. terrestris* 最适生存 pH 为 6～7（Butt and Lowe，2011）。Huang 等（2015）和 Shao 等（2017）在 pH 为 3.8 的土壤中分别接种蚯蚓 *Amynthas* sp.和 *P. corethrurus* 进行了微宇宙盆钵试验或进行林地可控试验，发现蚯蚓均能够正常生长，数量甚至还有一定的增加。代金君等（2015）发现壮伟远盲蚓（*Amynthas robustus*）在 pH 4.5 和 7.9 的多金属污染土壤中的存活率分别为 50%和 45%，而 *E. fetida* 的存活率则分别为 97.3 和 73.3%。Wu 等（2020b）以赤子爱胜蚓为供试蚯蚓，以华南地区土壤 pH 的范围为参考，设置了土壤 pH 6.3、5.2、4.0、3.4 和 3.0 共 5 个梯度进行试验布置，培养时间为 28 天。分别于第 7、14、21 和 28 天观测蚯蚓 *E. fetida* 的存活率、生长率和蚓茧数（繁殖）。在培养周期内，pH 6.3、5.2、4.0 和 3.4 处理的蚯蚓存活率均在 90%以上；pH 3.0 处理的蚯蚓存活率从第 21 天起低于 60%（图 5.2a）。*E. fetida* 的生长率（$g·d^{-1}$）与土壤 pH 的变化和暴露时间有关（图 5.2b）。在第 7 天，各处理的蚯蚓生长率随着 pH 的降低而降低；在第 14 和 21 天，pH 5.2 处理的生长率最高。土壤 pH 对 *E. fetida* 的生长具有一定的抑制作用，且随着培养时间的延长，pH 4.0、3.4 和 3.0 处理的生长率均呈现了逐渐升高的趋势。pH 5.2、4.0、

3.4 和 3.0 的土壤环境均抑制了 *E. fetida* 的繁殖，尤其是 pH 3.4 和 3.0（无蚓茧）；但随着培养时间的延长，pH 6.3、5.2 和 4.0 处理的蚓茧数均呈现出了逐渐增加的趋势（图 5.2c）。土壤酸胁迫对蚯蚓 *E. fetida* 的存活、生长和繁殖起抑制作用的临界值分别为 pH 3.0、4.0 和 3.4，其中限制蚯蚓 *E. fetida* 生存的临界 pH 是 3.0，该临界值明显低于蚯蚓 *Lumbricus terrestris* 的 3.6～5.0（Homan et al.，2016）和 *Allolobophora chlorotica* 的 4.7～5.7（McCallum et al.，2016）。说明 *E. fetida* 对土壤低 pH 有更强的忍耐能力，也说明存活率这一指标对本研究中的土壤酸度变化可能还不够敏感。综上，不同蚯蚓对土壤 pH 的耐受范围不同，且 pH 范围较广（3.0～7.9）。

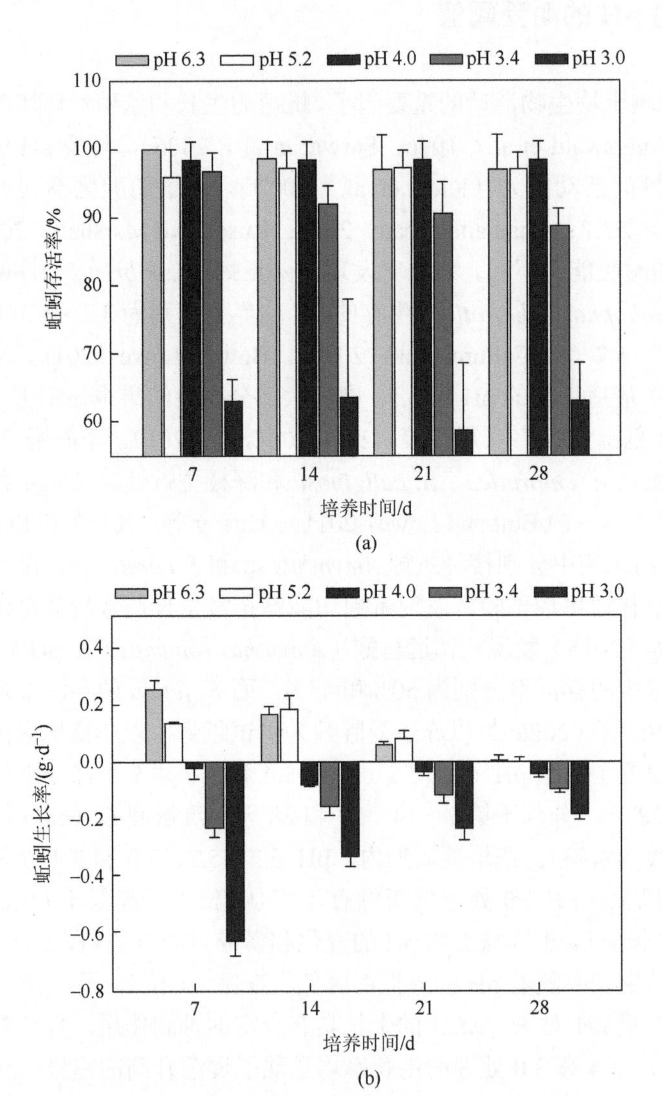

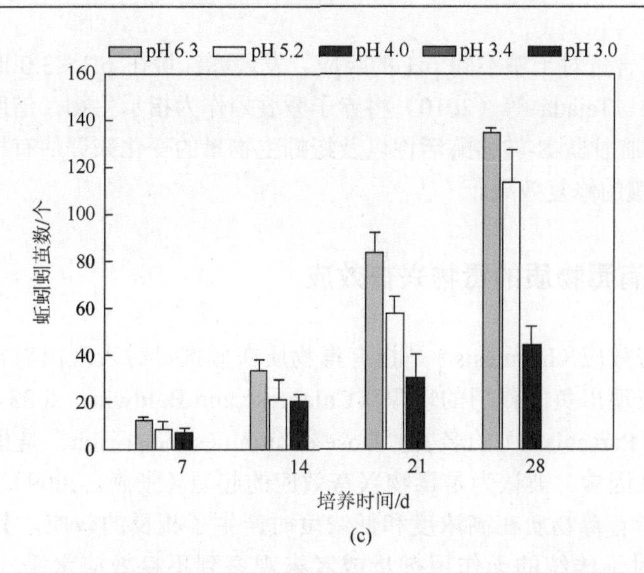

图 5.2　不同处理中赤子爱胜蚓的存活率、生长率和蚓茧数的变化

pH 6.3、pH 5.2、pH 4.0、pH 3.4 和 pH 3.0 分别表示：土壤 pH 为 6.3、5.2、4.0、3.4 和 3.0 的处理；平均值±标准差，$n=3$

二、蚯蚓对酸、铝的响应

蚯蚓对土壤中的污染物有一定的耐受能力，超过阈值蚯蚓便不能生存。因此，蚯蚓可以为生态系统的污染程度提供警示预警（Bouché et al.，1997；Muys and Granval，1997；Nahmani et al.，2007；Tejada et al.，2010；Bartz et al.，2013）。蚯蚓对酸化土壤中 Al 的含量和形态变化极其敏感（Sorour and Larink，2001；Tejada et al.，2010；Zhang et al.，2013）。通过人为添加外源 Al 的方法来研究 Al 对蚯蚓生长的影响已有报道。梁海燕等（2007）研究了人工土壤中添加 $AlCl_3$ 对赤子爱胜蚓体内过氧化氢酶（CAT）、超氧化物歧化酶（SOD）和谷胱甘肽过氧化物酶（GSH-Px）活性的影响，结果表明 Al 污染胁迫对蚯蚓 CAT 酶有一定的激活作用，酶活性随着时间的增加呈现先增后减的变化，而 Al 污染胁迫对蚯蚓体内的 SOD 和 GSH-Px 活性则具有抑制作用。孙静等（2008）通过向人工土壤中添加 $AlCl_3$ 研究了 Al 离子在赤子爱胜蚓体内的吸收以及对蚯蚓生长的影响，发现低浓度的 Al 对蚯蚓生长有一定的促进作用，生长率随着 Al 浓度的升高呈现先增后减的变化。Zhang 等（2013）研究了在赤红壤中添加 $AlCl_3$ 对赤子爱胜蚓体内过氧化氢酶（CAT）活性、超氧化物歧化酶（SOD）活性、全量蛋白质（TP）含量和蚯蚓生长的影响，结果表明，高浓度的 Al 对蚯蚓具有毒害作用。有研究利用蚯蚓来作为指示生物应用于 Al 污染土壤的修复评估。Zhang 等（2015）通过向不同 pH 梯度的赤红壤中接种赤子爱胜蚓体研究了蚯蚓生长率、体内抗氧化酶（CAT 和 SOD）活

性以及蛋白质含量对土壤不同 pH 的响应，发现赤红壤在 pH≤3.0 时会抑制赤子爱胜蚓的生长。Tejada 等（2010）将赤子爱胜蚓作为指示生物，借助蚯蚓体内的纤维素酶、谷胱甘肽-S-转移酶活性以及蚯蚓生物量的变化来评估有机物料的添加对 Al 污染土壤的修复效果。

三、低剂量有毒物质的毒物兴奋效应

毒物兴奋效应（hormesis）是指有毒物质在低剂量时表现出有益作用，但在高剂量时却表现出负面作用的现象（Calabrese and Baldwin，2003）。16 世纪帕拉塞尔苏斯（Paracelsus）的名言“Dose determines the poison”是指剂量是物质毒性的决定性因素，被认为是毒物兴奋效应的起源（张燕，2009）。广义的毒物兴奋效应是指有毒物质在高浓度和低浓度时产生了相反的效应，其中高剂量和低剂量是相对于传统的无作用剂量或者未观察到不良效应水平（no observed adverse effect level，NOAEL）而言的，一般将低于 NOAEL 的剂量作为低剂量水平（Calabrese，2001）。毒物兴奋效应表现为两种双相剂量-反应曲线类型：J 型和倒 U 型（J-shaped and inverted U-shaped dose-response curves）。目前的研究结果发现，J 型曲线主要表现为有毒物质在低剂量时对不利于生物体生长发育的指标有抑制作用，如生长和存活率等指标；而倒 U 型曲线则主要表现为有毒物质在低剂量时对不利于生物体生长发育的指标有促进作用，如发病率等（Calabrese and Baldwin，2003）。

建立精确的双相剂量-反应模型，是有效保护生态系统健康的重要步骤（Beckon et al.，2008；Ge et al.，2011；Zhang et al.，2009；Zhu et al.，2013）。研究毒物兴奋效应时，二次函数是常用的模型（Zhang et al.，2009）。Deng 等（2001）提出了采用兴奋作用区域面积（AUC_H）与全作用区域面积（AUC_{ZEP}）的比值（P）大小来检测和评价毒物兴奋效应的方法（图 5.3）。如图 5.3 所示，纵坐标是某指标的相对增长率，横坐标为剂量。$f(x)$ 为对观测数据进行拟合得到的一元二次方程，Y_{max} 为增长率最大值，为 Y_0 为零剂量时（空白对照）的增长率，ZEP 为零效应点（zero equivalent point），ZEP_1 和 ZEP_2 分别为两个零效应点。

P 的计算公式如下。一般认为，P 值越大，毒物兴奋效应越明显。

$$P=\frac{\mathrm{AUC_H}}{\mathrm{AUC_{ZEP}}}\times 100\%=\frac{\int_{\mathrm{ZEP_1}}^{\mathrm{ZEP_2}}E(x)\mathrm{d}x-E_0(\mathrm{ZEP_2}-\mathrm{ZEP_1})}{\int_{\mathrm{ZEP_1}}^{\mathrm{ZEP_2}}E(x)\mathrm{d}x}\times 100\%$$

毒物兴奋效应是广泛存在于自然界中的一种剂量-效应现象，具有低剂量促进和高剂量抑制的特征（Jia et al.，2015；Calabrese，2001；Calabrese and Baldwin，

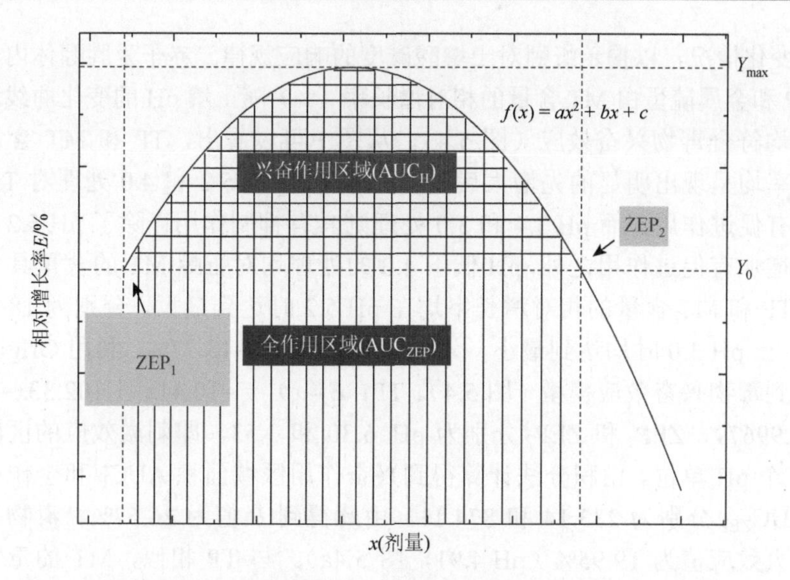

图 5.3　倒 U 型曲线的毒物兴奋效应作用区域（Zhang et al.，2009）

2003）。印杰等（2016）通过向滨海湿地土壤中分别添加铬 Cr、铅 Pb 和镉 Cd，研究了不同浓度的 Cr、Pb 和 Cd 对土壤硝酸还原酶活性的影响，结果发现 Cr^{3+}、Pb^{2+}和 Cd^{2+}对滨海湿地土壤的硝酸还原酶活性的影响规律均符合毒物兴奋效应。Zhang 等（2009）的研究结果表明，低浓度（$7.01ng·cm^{-2}$）和高浓度的 Cd（$10.53ng·cm^{-2}$）对赤子爱胜蚓体内的过氧化氢酶 CAT 活性分别产生了促进和抑制效应，剂量-反应曲线呈现倒 U 型，符合毒物兴奋效应。目前，关于环境污染物对蚯蚓生理生化参数的影响报道较多，但主要倾向于重金属和农药等（Hu et al.，2016；Hackenberger et al.，2008）。而关于酸化和铝毒对蚯蚓生理生化指标的影响的报道却又未涉及毒物兴奋效应（梁海燕等，2007；孙静等，2008；Zhang et al.，2013；Zhang et al.，2015；Tejada et al.，2010）。以往的大多数毒理学研究只关注了高浓度污染物对生物体的不良反应，却忽略了低剂量效应（Calabrese and Baldwin，2003）。环境有毒物质（如镉）对蚯蚓生理生化参数影响的毒物兴奋效应至今仍鲜有报道（Zhang et al.，2009）。土壤酸化过程中产生的 H^+，对环境生物尤其是蚯蚓而言也是一种毒害物质。那么，对于同一种土壤，不同的土壤 pH（或 H^+浓度）对蚯蚓的生理生化指标影响如何？相关指标随土壤 pH 的变化规律如何？是否具有毒物兴奋效应的特征？通过建立相关指标和不同土壤 pH 的剂量反应模型，能否得到蚯蚓对土壤酸碱度的阈值？Wu 等（2020b）以赤子爱胜蚓为供试蚯蚓，以华南地区土壤 pH 的范围为参考，设置了土壤 pH 6.3、5.2、4.0、3.4 和 3.0 共 5 个梯度进行试验布置，培养时间为 28 天。分别于第 7、14、21 和 28 天观测赤子爱胜蚓体内生理生化指标（SOD、POD、CAT、GSH-Px、TP、MT）活性（含量）的变化情况，以揭示蚯蚓对土壤酸碱度的响应规律。赤子爱胜蚓体内全量蛋白质 TP 和金属硫蛋白 MT 含量的相对增长率（%）随土壤 pH 的变化曲线均为倒 U 型，均符合毒物兴奋效应（图 5.4）。从图中可以看出，TP 和 MT 含量的相对增长率均呈现出明显的先增大后减小的趋势。pH 5.2 和 4.0 处理对 TP 含量的增加有促进作用，而 pH 3.4 和 3.0 处理则具有抑制作用；除了 pH 5.2 对 MT 含量的增加有促进作用之外，pH 低于 4.0 的处理均对蚯蚓 MT 的含量具有抑制作用。TP 和 MT 含量的相对增长率均在 pH 5.2 时达到最大，分别为 18.78%和 9.78%；在 pH 3.0 时均达到最小，分别为−18.85%和−13.77%。利用 Origin 软件拟合得到毒物兴奋效应模型（图 5.4）。TP：$E(x) = -10.41x^2 + 102.33x - 231.53$（$R^2 = 0.9967$），$ZEP_1$ 和 ZEP_2 分别为 pH 6.30 和 3.53，即刺激效应的区间宽度为 2.77 个 pH 单位。由积分法计算得到兴奋作用区域面积 AUC_H 和全作用区域面积 AUC_{ZEP} 分别为 233.14 和 874.11，由此得到 P 值为 26.67%。毒物兴奋效应的最大效应值为 19.95%（pH 4.91，图 5.4a）。与 TP 相似，MT 的毒物兴奋效应曲线为：$E(x) = -6.09x^2 + 62.07x - 149.12$（$R^2 = 0.9663$），$ZEP_1$ 和 ZEP_2 分别为 pH 6.31 和 3.88，刺激效应的区间宽度为 2.44 个 pH 单位。采用积分法计算出，兴奋作用区域面积 AUC_H 和全作用区域面积 AUC_{ZEP} 分别为 218.25 和 581.54，AUC_H/AUC_{ZEP} 值为 37.53%。MT 的最大毒物兴奋效应值为 9.04%（pH 5.10，图 5.4b）。

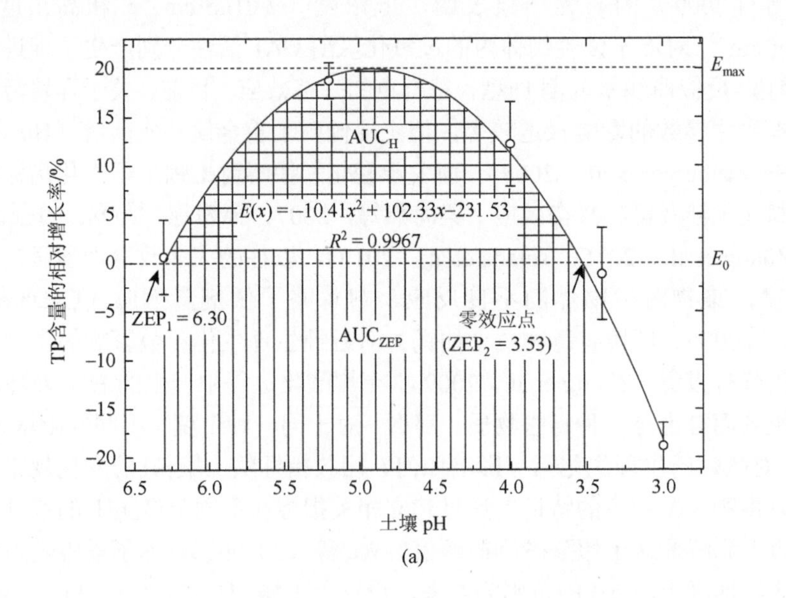

(a)

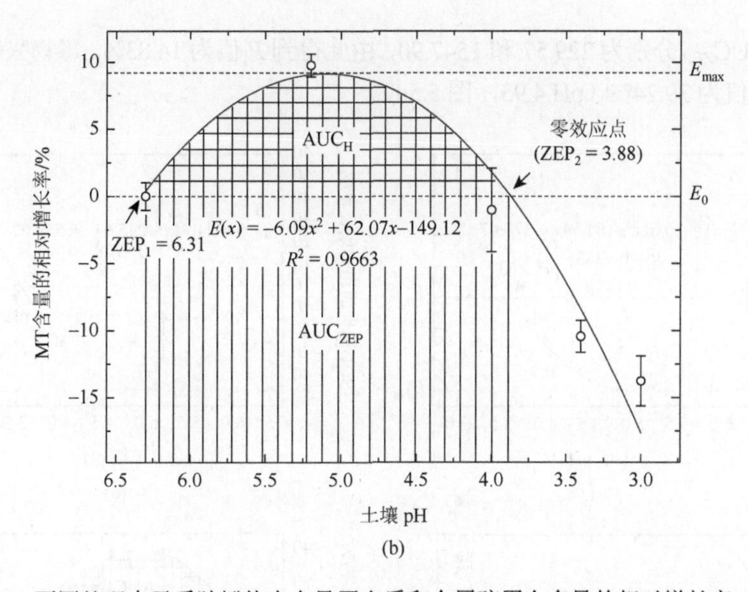

图 5.4　不同处理赤子爱胜蚓体内全量蛋白质和金属硫蛋白含量的相对增长率（%）

E_0表示剂量-反应的零效应值；E_{max}表示剂量-反应的最大效应值；$ZEP_{i(i=1,2)}$表示剂量-反应的零效应点；AUC_{ZEP}指 ZEP_1 和 ZEP_2 之间毒物兴奋效应曲线所覆盖的区域；AUC_H 指毒物兴奋效应的区域；○为实验数据；-为拟合曲线；平均值±标准差，$n = 3$，下同。

不同土壤 pH 条件下蚯蚓体内 GSH-Px、SOD 和 POD 活性的相对增长率（%）的变化曲线均为 J 型（J-shaped dose-response curves，图 5.5a～c）。GSH-PX、SOD 和 POD 活性的相对增长率总体上随 pH 的降低呈现出先降低后升高的趋势。GSH-Px、SOD 和 POD 活性的最低相对增长率分别为–28.92%、–25.60%和–31.14%，最低相对增长率时的对应的土壤 pH 为 5.2、4.0 和 5.2。pH 3.0 处理的酶活性相对增长率分别为 37.71%（GSH-PX）、46.32%（SOD）和 27.99%（POD）。利用 Origin 对不同处理 GSH-Px、SOD 和 POD 活性的相对增长率分别进行曲线拟合，结果如图 5.5a～c 所示。GSH-Px：$E(x) = 16.61x^2-164.54x + 377.47$（$R^2 = 0.9383$）；SOD：$E(x) = 24.91x^2-245.64x + 558.92$（$R^2 = 0.9728$）；POD：$E(x) = 18.96x^2-184.28x + 409.67$（$R^2 = 0.9906$）。GSH-Px、SOD 和 POD 曲线的零效应点分别为 pH 3.63、3.56 和 3.44。不同处理蚯蚓体内 CAT 活性的相对增长率（%）的变化曲线为倒 U 型（图 5.5d），符合毒物兴奋效应。pH 5.2 和 4.0 处理对 CAT 活性的增加有促进作用（相对增长率分别为 36.67%和 19.56%），pH 3.4 和 3.0 处理则具有抑制作用（相对抑制率分别为 3.62%和 42.96%）。利用 Origin 拟合得到 CAT 的毒物兴奋效应模型为 $E(x) = -21.58x^2 + 213.50x- 488.82$（$R^2 = 0.9963$），毒物兴奋效应等效点 ZEP_1 和 ZEP_2 分别为 pH 6.30 和 3.60，刺激效应的区间宽度为 2.70 个 pH 单位。由积分法计算得到毒物兴奋效应兴奋作用区域面积 AUC_H 和毒物兴奋效应全作用区

域面积 AUC_{ZEP} 分别为 229.57 和 1547.90，由此得到 P 值为 14.83%。毒物兴奋效应的最大效应值为 39.24%（pH 4.95，图 5.5d）。

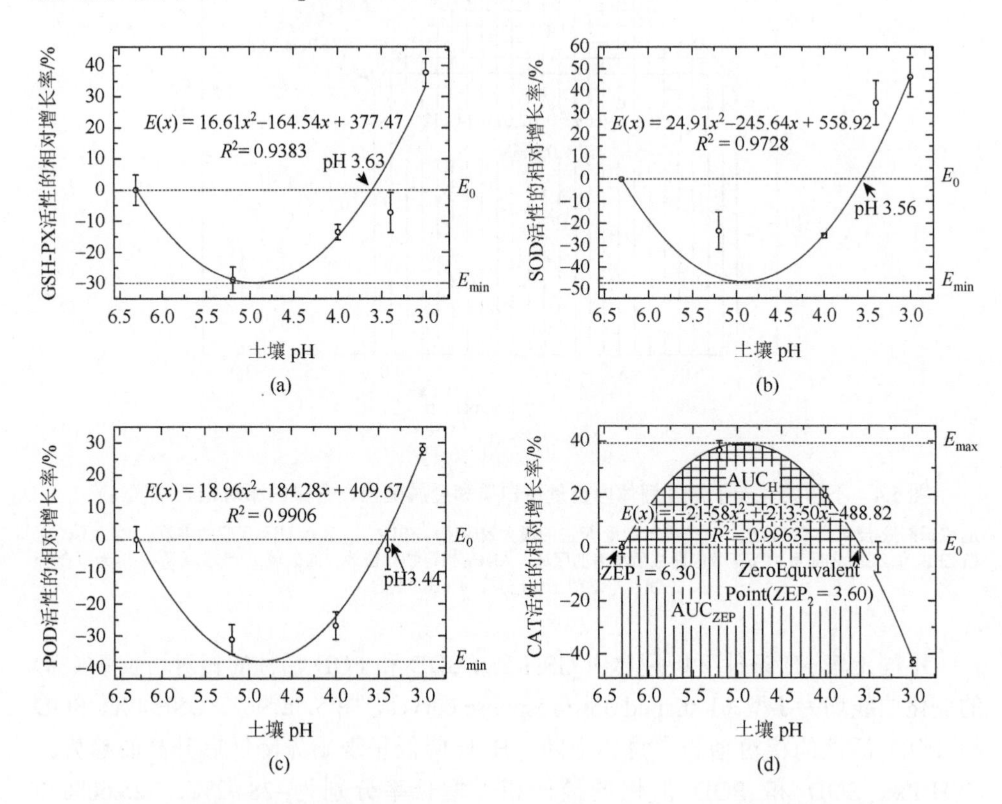

图 5.5　不同处理赤子爱胜蚓体内 GSH-Px、SOD、POD 和 CAT 活性的相对增长率

综上，由蚯蚓体内的抗氧化酶和蛋白质含量的双相反应模型得出，土壤酸胁迫对蚯蚓的平均临界值为 pH 3.60，赤子爱胜蚓体内的 CAT 活性、TP 和 MT 含量对土壤酸胁迫的响应符合毒物兴奋效应。

第三节　蚯蚓对土壤酸化的影响

一、蚯蚓对土壤 pH 的影响

蚯蚓活动能够显著影响土壤 pH 的研究已有大量报道（Basker et al.，1994；Kizilkaya，2004；Laverack，1963；Salmon，2001；Udovic and Lestan，2007；Wen et al.，2006；Yu et al.，2005；李静娟等，2013；刘德辉等，2003）。已有资料证实，蚯蚓对土壤 pH 的影响效果与接种蚯蚓的类型（Wen et al.，2004）和土壤本

身性质等因素有关（俞协治和成杰民，2003；Cheng and Ming，1990）。刘婷等（2012）发现接种赤子爱胜蚓后的有机物料 pH 降低了 0.07。张池等（2012）发现接种和培养壮伟远盲蚓和皮质远盲蚓后，水稻土的 pH 提高了 0.09 和 0.19。唐劲驰等（2008）发现将远盲蚓属的蚯蚓与有机物料联合应用修复酸化茶园土壤后，蚯蚓明显降低了土壤 pH 的下降速度。也有研究表明，经过蚯蚓消化过的土壤趋于呈中性（García-Montero et al.，2013；王斌等，2013）。目前，关于蚯蚓活动能够改变土壤 pH 的研究已有大量报道，但大多研究是在研究蚯蚓对重金属和废弃物处理等基础上得到的辅助性结论。

二、蚯蚓对土壤 pH 的影响途径

目前，关于蚯蚓活动能够改变土壤 pH 的研究机理尚未明确。蚯蚓能够耐受一定的酸性环境和改变环境的 pH，可能与蚓体钙腺（calcium gland）或其他肠道或体表分泌物有关。一方面，蚯蚓的排泄产物蚓粪含有较高的交换性 Ca^{2+}、Mg^{2+}和 K^{+}（Sizmur and Hodson，2009），在某些情况下，蚯蚓能吸收 Ca^{2+}并通过钙腺在体内合成和分泌直径小于 2mm 的方解石（文石、球霰石和无定形态 $CaCO_3$）（Gagoduport et al.，2008）。然后随蚓粪排出体外，使得蚓粪的 pH 高于蚯蚓生存环境中的土壤（Lee，1985；García-Montero et al.，2013），这可能是 pH 升高的原因之一。自 1820 年发现蚯蚓钙腺以来，几乎所有的正蚓科（Lumbricidae）（如，赤子爱胜蚓）（图 5.6）和舌文蚓科（Glossoscolecidae）（如，南美岸蚓）蚯蚓均被解剖试验或者报道证实具有钙腺（Briones et al.，2008；Karaca，2011；徐芹和肖能文，2011）。蚯蚓可以通过钙腺调节环境酸碱性，使得自身具有较强的 pH 耐受能力。而孙静（2013）和赵琦（2015）发现大部分远盲蚓属蚯蚓无钙腺，因此在华南红壤中远盲蚓属蚯蚓如何调控酸碱平衡，如何影响土壤 pH 目前尚无报道。有研究显示蚯蚓的表皮的腺细胞能分泌大量黏液，主要起保护体表和减少运动阻力的作用。肠道排泄产物中也含有甘氨酸、丙氨酸、苏氨酸等 18 种氨基酸，糖类（结合糖），较高的交换性 Ca^{2+}、Mg^{2+}和 K^{+}等可溶性无机盐，以及具有—COOH、$—NH_2$和—C═O 等活性基团的大分子量胶黏物质（冯凤玲等，2006；Sizmur and Hodson，2009），已证实这些胶黏物质可络合、螯合重金属，提高土壤重金属的活性（冯凤玲等，2006），也许这些组分也是蚯蚓活动调节土壤 pH 的原因之一。Schrader（1994）测定了蚯蚓的黏液 pH 分别为 7.9（背暗流蚓）、7.0（陆正蚓）和 6.1（红正蚓），并发现不同种类蚯蚓的黏液 pH 差异较大。目前关于蚯蚓黏液对土壤 pH 的研究报道较少，而且供试蚯蚓种类较少；也有报道指出，蚯蚓可以分泌相当数量的氨（Salmon，2001）；另外，蚯蚓的活动有利于改良剂的向下移动，显著提高土壤 pH（徐仁扣，2012）。然而目前国内外对蚯蚓影响土壤酸碱性机理性的尚无统一的认识。

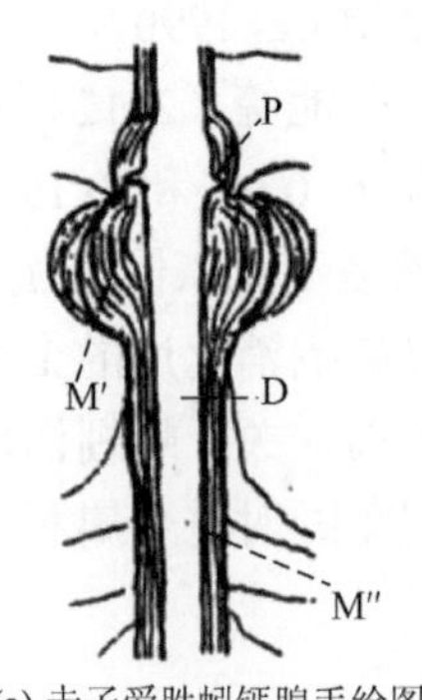

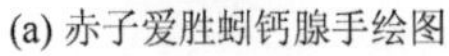
(a) 赤子爱胜蚓钙腺手绘图

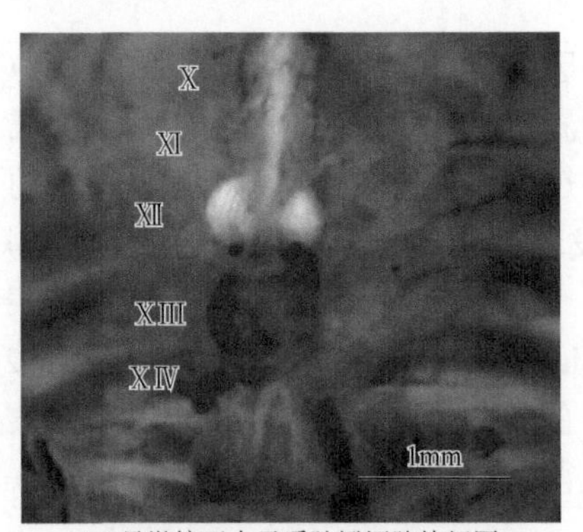

(b) 显微镜下赤子爱胜蚓钙腺特征图

图 5.6　赤子爱胜蚓的钙腺手绘图和显微镜下特征图（Karaca，2011）

蚓触圈（drilosphere）的概念最早由著名的蚯蚓分类学家 Marcel Bouché 于 1975 年提出。蚓触圈最初是指环绕蚓穴小于 2mm 厚的区域，而后又逐渐扩展到包括蚓穴、蚓粪和肠道内容物的所有区域（Brown et al.，2000）。总之，蚓触圈是指因蚯蚓吞食、掘穴等行为活动而受到影响的那部分土壤。蚓触圈将团聚体圈、孔隙圈、根系圈和枯枝落叶圈紧密联系，内部包含了土壤的物理、化学和生物学过程（Brown et al.，2000；Tian et al.，2000），相比于非蚓触圈，蚓触圈具有更好的养分条件和氧气，为土壤微生物提供了适宜生长的环境条件（Edwards，2004；Lavelle and Spain，2001），也被称为受蚯蚓影响的土壤活性圈（Lavelle，1997）。蚓粪是蚓触圈的重要组成部分。蚯蚓在生存过程中会形成大量的团聚体，一方面，其通过吞食和消化土壤，产生蚓粪；另一方面，蚯蚓在掘穴过程中又会形成穴壁土，穴壁土未经过蚯蚓吞食，主要受蚯蚓体表黏液影响较大。考虑蚯蚓肠道和体表黏液影响的差异，因此，蚓粪和未吞食的穴壁土（简称为未吞食土壤）的某些性质存在理论上的差异。

有研究发现蚯蚓对土壤 pH 的影响效果与接种蚯蚓的类型（Wen et al.，2004）有关。南美岸蚓（Huang et al.，2015）、壮伟远盲蚓（张池等，2012）和参状远盲蚓均是华南地区的优势种蚯蚓（图 5.7）。

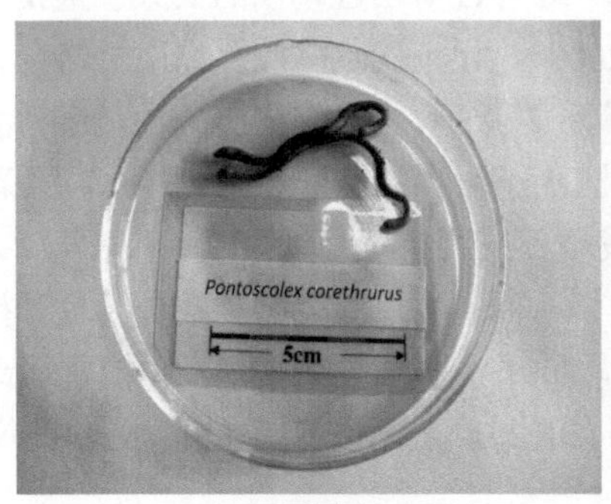

(a) 南美岸蚓

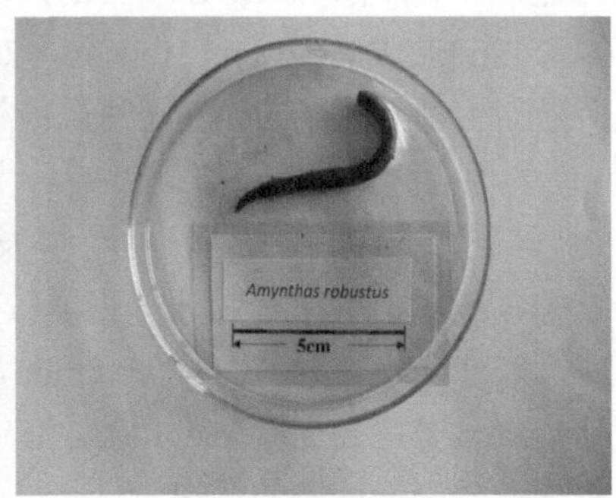

(b) 壮伟远盲蚓

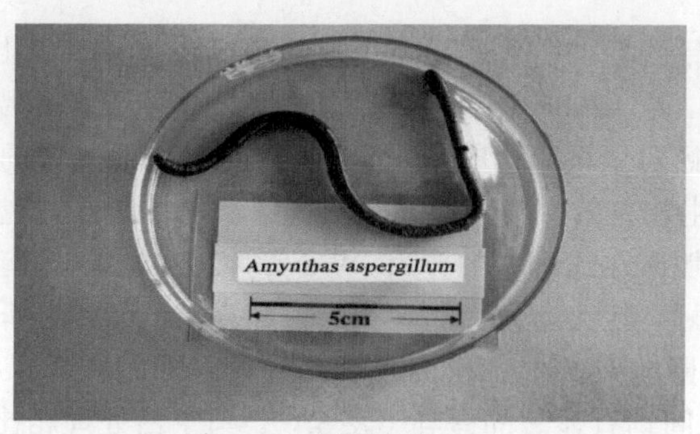

(c) 参状远盲蚓

图 5.7　华南优势种蚯蚓（吴家龙提供）

Wu 等（2020a）以华南地区常见的野生优势蚓种南美岸蚓、壮伟远盲蚓和参状远盲蚓为供试蚯蚓，以华南地区具有代表性的赤红壤为研究对象，采用室内培养试验，通过手工分离蚓粪和未吞食土壤，研究了不同蚯蚓对赤红壤 pH 的影响。结果发现，与空白处理相比，3 种蚯蚓的蚓粪和未吞食土壤 pH 均有显著的提高（$P<0.05$，图 5.8）。其中，南美岸蚓、壮伟远盲蚓和参状远盲蚓蚓粪的 pH 分别提高了 0.79、0.41 和 0.57；蚯蚓南美岸蚓、壮伟远盲蚓和参状远盲蚓未吞食土壤的 pH 分别则提高了 0.70、0.32 和 0.50。此外，3 种蚯蚓的蚓粪 pH 均分别显著高于其对应的未吞食土壤的 pH（南美岸蚓：$P<0.05$；壮伟远盲蚓：$P<0.05$；参状远盲蚓：$P<0.01$，图 5.8）。

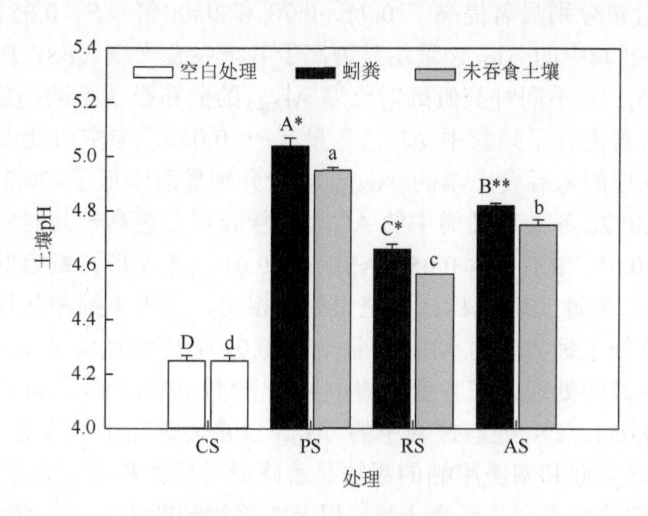

图 5.8　不同处理土壤的 pH

CS：空白处理；PS：土壤＋南美岸蚓；RS：土壤＋壮伟远盲蚓；AS：土壤＋参状远盲蚓。平均值±标准差，$n=5$。大写字母表示不同处理蚓粪与空白处理土壤 pH 的差异情况，含有相同字母的处理间差异不显著（$\alpha=5\%$）；小写字母表示不同处理未吞食土壤与空白处理土壤 pH 的差异情况，含有相同字母的处理间差异不显著（$\alpha=5\%$）；采用 t 检验比较相同处理的蚓粪和未吞食土壤 pH 的差异，用“*”表示：（***）$P<0.001$；（**）$P<0.01$；（*）$P<0.05$；（ns）$P>0.05$

土壤交换性铝含量的变化是土壤交换性酸度（占 97%以上）和土壤 pH 的决定性因素（沈仁芳，2008）。土壤 pH 的变化必然引起土壤铝形态和毒性的变化，因此研究蚯蚓对土壤酸化的影响若仅仅局限在土壤 pH 的变化上，则难以揭示土壤 Al 的生物有效性等环境行为与蚯蚓活动的影响，也不利于深入和全面揭示蚯蚓在土壤酸化过程中的作用。Wu 等（2020a）以华南地区常见的野生优势蚓种南美岸蚓、壮伟远盲蚓和参状远盲蚓为供试蚯蚓，研究了不同蚯蚓对赤红壤铝形态的影响及方式。研究表明，各处理间蚓粪和未吞食土壤中多种 Al 形态的含量之间均有显著的差异（表 5.1）。与空白处理相比，PS、RS 和 AS 处理蚓粪中的 Al_{Ex} 含量分别显著降低了 61.7%、30.7%和 36.1%；而 PS、RS 和 AS 处理的未吞食土壤的 Al_{Ex} 含量则分别显著降低了 68.5%、25.9%和 39.0%。此外，蚓粪和未吞食土壤中 Al_{Ex} 含量的差异与蚯蚓的种类有关，如未吞食土壤（RS）＞蚓粪（RS）；而对于南美岸蚓来说，其蚓粪中的 Al_{Ex} 含量则大于未吞食土壤，但未达到显著水平。在蚯蚓的作用下，蚓粪和未吞食土壤的 Al_{Orw} 含量均呈现了明显的差异。与空白处理相比，PS、RS 和 AS 处理未吞食土壤中的 Al_{Orw} 含量分别显著降低了 21.4%、7.64%和 6.18%；PS、RS 和 AS 处理蚓粪中的 Al_{Orw} 含量显著高于对应处理的未吞食土壤（南美岸蚓：$P<0.05$；壮伟远盲蚓：$P<0.01$；参状远盲蚓：$P<0.01$，表 5.1）；蚯蚓的添加显著提升了蚓粪和未吞食土壤中的 Al_{Or} 含量。其中，与空白处理相比，PS、RS 和 AS 处理蚓粪中的 Al_{Or} 含量分别显著提高了 0.74、0.78 和 0.48 倍（$P<0.05$）。此外，PS 和 RS 处理的蚓粪中的 Al_{Or} 含量均显著高于其未吞食土壤（PS：$P<0.01$；RS：$P<0.05$，表 5.1）。不同种类蚯蚓对土壤 Al_{Amo} 的分布影响不同：总体上，蚯蚓的消化作用显著提升了蚓粪中 Al_{Amo} 含量（$P<0.05$）。与空白处理相比，PS、RS 和 AS 处理的未吞食土壤的 Al_{Amo} 含量分别显著降低了 30.2%、15.2%和 20.6%（$P<0.05$）。各处理蚓粪中的 Al_{Amo} 含量分别显著高于其对应的未吞食土壤（PS：$P<0.01$；RS：$P<0.05$；AS：$P<0.01$，表 5.1）。蚯蚓的作用降低了土壤中的 Al_{Oxi} 含量（表 5.1）：与空白处理相比，南美岸蚓和壮伟远盲蚓的消化作用显著降低了蚓粪中的 Al_{Oxi} 含量（$P<0.05$）；而添加南美岸蚓、壮伟远盲蚓和参状远盲蚓的处理的未吞食土壤中 Al_{Oxi} 含量分别降低了 44.0%、7.46%和 20.0%（$P<0.05$）。PS 处理蚓粪中的 Al_{Oxi} 含量显著高于其未吞食土壤（$P<0.001$）。参状远盲蚓和南美岸蚓的添加显著降低了蚓粪和未吞食土壤中的 Al_{Aag} 含量。AS 处理的蚓粪和未吞食土壤，以及南美岸蚓的未吞食土壤中的 Al_{Min} 含量均显著高于空白处理（$P<0.05$）；PS、RS 和 AS 处理的蚓粪和未吞食土壤中的 Al_{Aag} 和 Al_{Min} 含量均无显著性差异（表 5.1）。

表 5.1 不同处理中蚓粪和未吞食土壤中各形态铝含量

处理		铝形态						
		Al_{Ex}	Al_{Orw}	Al_{Or}	Al_{Amo}	Al_{Oxi}	Al_{Aag}	Al_{Min}
		$Al/(mg \cdot kg^{-1})$			$Al/(g \cdot kg^{-1})$			
蚓粪	PS	$80.5 \pm 15.0^{C*}$	$271 \pm 35^{A*}$	$627 \pm 96^{A**}$	$1.32 \pm 0.15^{A**}$	$0.69 \pm 0.03^{AB***}$	$10.9 \pm 1.1^{B\ ns}$	$54.4 \pm 1.2^{AB\ ns}$
	RS	146 ± 8^{B}	$267 \pm 26^{A**}$	$634 \pm 144^{A*}$	$1.38 \pm 0.18^{A*}$	$0.67 \pm 0.03^{B\ ns}$	$11.2 \pm 3.2^{AB\ ns}$	$54.0 \pm 3.2^{AB\ ns}$
	AS	$134 \pm 16^{B\ ns}$	$290 \pm 5^{A**}$	567 ± 163^{A}	$1.47 \pm 0.08^{A**}$	$0.61 \pm 0.02^{C\ ns}$	$9.56 \pm 1.77^{B\ ns}$	$55.6 \pm 1.8^{A\ ns}$
未吞食土壤	PS	66.2 ± 7.0^{d}	198 ± 7^{c}	275 ± 49^{bc}	0.90 ± 0.0^{6c}	0.50 ± 0.03^{c}	10.2 ± 0.6^{b}	56.1 ± 0.6^{a}
	RS	$156 \pm 7^{b*}$	232 ± 18^{b}	350 ± 37^{b}	1.12 ± 0.07^{b}	0.67 ± 0.02^{a}	12.6 ± 1.4^{a}	53.2 ± 1.4^{b}
	AS	128 ± 30^{c}	236 ± 16^{b}	$785 \pm 148^{a\ ns}$	1.07 ± 0.08^{b}	0.60 ± 0.04^{b}	9.46 ± 0.93^{b}	56.0 ± 1.0^{a}
空白	CS	210 ± 4^{Aa}	251 ± 38^{Aa}	228 ± 35^{Bc}	1.29 ± 0.07^{Aa}	0.72 ± 0.05^{Aa}	14.0 ± 2.2^{Aa}	51.6 ± 2.2^{Bb}

注：CS：空白处理；PS：土壤 + 南美岸蚓；RS：土壤 + 壮伟远盲蚓；AS：土壤 + 参状远盲蚓。平均值±标准差，$n = 5$。同一列的大写字母表示不同处理蚓粪与空白处理中铝含量的差异情况，含有相同字母的处理间差异不显著（$\alpha = 5\%$）；同一列的小写字母表示不同处理未吞食土壤与空白处理中铝含量的差异情况，含有相同字母的处理间差异不显著（$\alpha = 5\%$）；采用 t 检验同一列中相同处理的蚓粪和未吞食土壤中铝含量的差异，用“*”表示：（***）$P < 0.001$；（**）$P < 0.01$；（*）$P < 0.05$；（ns）$P > 0.05$（以下同）

南美岸蚓、壮伟远盲蚓和参状远盲蚓作用后土壤有机碳、氮、碳氮比和交换性盐基离子含量的变化情况如表 5.2 所示。总体上，蚯蚓的添加提升了土壤的交换性盐基离子的含量。南美岸蚓和壮伟远盲蚓蚓粪中的交换性钾 K_{Ex}、交换性钙 Ca_{Ex} 和交换性镁 Mg_{Ex} 含量分别显著高于其未吞食土壤和空白处理（$P < 0.01$，表 5.2）。对于南美岸蚓来说，其蚓粪和未吞食土壤中的交换性钠 Na_{Ex} 含量显著高于空白处理（$P < 0.05$），且 Na_{Ex} 的含量呈现出未吞食土壤＞蚓粪＞空白处理的大小顺序（$P < 0.05$）。参状远盲蚓蚓粪中的 Ca_{Ex} 和 Mg_{Ex} 含量均分别显著高于其对应的未吞食土壤和空白处理（$P < 0.01$，表 5.2）。南美岸蚓和参状远盲蚓蚓粪中的阳离子交换量显著高于其对应的未吞食土壤和空白处理（$P < 0.05$）。各处理中 AS 的未吞食土壤中的阳离子交换量最高，PS 处理的未吞食土壤中的阳离子交换量最低。与空白处理和未吞食土壤相比，三种蚯蚓的消化作用均显著提升了其蚓粪的有机碳含量(表 5.2)。PS 处理蚓粪中的全氮含量显著高于 AS 和 RS 处理($P < 0.05$)。各处理的未吞食土壤中有机碳含量和全氮含量明显低于空白处理，尤其是添加南美岸蚓和参状远盲蚓的处理（$P < 0.05$，表 5.2）。与空白处理相比，蚯蚓的活动总体上提升了土壤的碳氮比，尤其是南美岸蚓和壮伟远盲蚓（$P < 0.05$）。

表 5.2　不同处理中蚓粪和未吞食土壤中交换性盐基离子、阳离子交换量、有机碳、全氮含量和碳氮比

处理		K_{Ex}	Na_{Ex}	Ca_{Ex}	Mg_{Ex}	阳离子交换量	有机碳含量	全氮含量	碳氮比
		mg·kg^{-1}				cmol·kg^{-1}	g·kg^{-1}	g·kg^{-1}	—
蚓粪	PS	65.5±9.1^{A**}	49.8±7.1^{A}	243±23^{A**}	16.7±1.1^{B**}	10.6±0.5^{B***}	28.4±2.2^{A***}	2.41±0.03^{A***}	11.8±0.9^{C}
	RS	52.0±4.0^{B**}	38.0±6.0^{BC}	188±16^{B*}	18.5±0.8^{A*}	11.6±0.3$^{A\ ns}$	28.2±1.8$^{A\ ns}$	1.91±0.13$^{BC\ ns}$	14.8±0.6$^{A\ ns}$
	AS	50.0±4.6$^{BC\ ns}$	44.3±10.3$^{AB\ ns}$	191±16^{B**}	18.8±1.1^{A**}	11.5±0.3^{A**}	27.6±2.4$^{A\ ns}$	2.04±0.15$^{B\ ns}$	13.5±0.5$^{B\ ns}$
未吞食土壤	PS	44.1±5.8^{a}	61.9±7.2^{a**}	192±16^{a}	14.0±0.7^{c}	7.01±0.42^{c}	21.0±1.9^{d}	1.60±0.15^{b}	13.2±1.0$^{b\ ns}$
	RS	38.8±4.7^{a}	43.0±10.5$^{b\ ns}$	148±12^{b}	16.0±0.9^{a}	11.6±0.32^{a}	25.6±1.6^{ab}	1.82±0.03^{a}	14.0±0.8^{b}
	AS	42.4±7.0^{a}	40.3±8.4^{b}	141±7^{b}	15.4±0.7^{ab}	10.4±0.57^{b}	24.1±2.5^{c}	1.79±0.13^{a}	13.4±0.5^{b}
空白	CS	42.8±2.8^{Ca}	32.4±3.6^{Cb}	136±15^{Cb}	14.9±0.8^{Cbc}	10.3±0.1B^{b}	27.0±1.6^{Aa}	1.85±0.11^{Ca}	14.6±0.5^{Aa}

为综合分析不同种类蚯蚓对蚓粪和未吞食土壤中有机碳、氮和交换性盐基离子的影响，本章对不同处理土壤中 SOC、全氮、碳氮比以及交换性盐基离子（K_{Ex}、Na_{Ex}、Ca_{Ex} 和 Mg_{Ex}）的变化进行了主成分分析（图 5.9）。结果显示不同处理的蚓

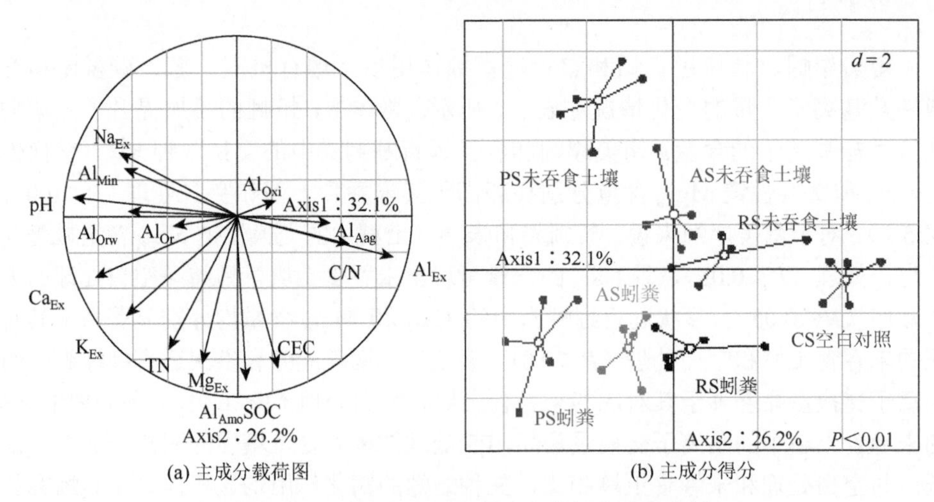

(a) 主成分载荷图　　(b) 主成分得分

图 5.9　不同蚯蚓处理土壤中各指标主成分分析

Axis1：第一主成分；Axis2：第二主成分；CS：空白处理；PS：土壤＋南美岸蚓；RS：土壤＋壮伟远盲蚓；AS：土壤＋参状远盲蚓。Al_{Ex}：交换态铝；Al_{Orw}：弱有机结合态铝；Al_{Or}：有机结合态铝；Al_{Amo}：非晶态铝；Al_{Oxi}：氧化铁结合态铝；Al_{Aag}：非晶态铝硅酸盐和三水铝石态铝；Al_{Min}：矿物态铝。K_{Ex}：土壤交换性钾；Na_{Ex}：土壤交换性钠；Ca_{Ex}：土壤交换性钙；Mg_{Ex}：土壤交换性镁；CEC：阳离子交换量；SOC：土壤有机碳；TN：土壤全氮；C/N：土壤碳氮比；$n = 5$

粪和未吞食土壤可被明显地分开。蚓粪组（PS、RS 和 AS）明显偏向于 Ca_{Ex}、K_{Ex}、Mg_{Ex}、CEC、TN 和 SOC 含量较高的方向，而且相关分析结果表明，蚓粪中的 Al_{Or} 含量和 SOC 含量呈显著的正相关关系（$r=0.693^{**}$），蚓粪中 pH 和 K_{Ex}、Ca_{Ex} 和 Mg_{Ex} 含量分别呈显著的相关关系（$r=0.711^{**}$、0.812^{**}和-0.537^{**}）；此外，未吞食土壤中的 Al_{Orw} 和 Al_{Amo} 均分别与 SOC 含量呈显著的正相关关系（$r=0.600^{**}$和 0.782^{**}）；未吞食土壤中 pH 和 K_{Ex}、Ca_{Ex} 和 Mg_{Ex} 含量也分别呈显著的相关关系（$r=0.618^{**}$、0.686^{**}和-0.822^{**}）。

第四节　本 章 展 望

在全球气候变化、粮食安全、碳达峰碳中和等时代背景下，土壤生态环境已成为关乎全球气候变化和粮食安全的重要环节。未来，应在弄清区域蚯蚓物种和资源禀赋的基础上，进一步探明蚯蚓生命活动对土壤重要元素运移的影响机制。深入研究以蚯蚓活动为主导作用的生物地球化学特性驱动的土壤 Al 形态的变异，有助于准确揭示区域土壤环境质量演化规律，也有利于探索和揭示蚯蚓自身的消化和分泌活动对土壤酸碱性和 Al 形态及其毒性的影响，对探索蚯蚓对土壤酸化修复研究具有重要现实意义。

参 考 文 献

陈怀满，2002. 土壤中化学物质的行为与环境质量[M]. 北京：科学出版社.

陈旭飞，张池，戴军，等，2014. 赤子爱胜蚓（*Eisenia foetida*）和毛利远盲蚓（*Amynthas morrisi*）对添加造纸污泥土壤的化学和生物学特征的影响[J]. 生态学报，34（5）：1114-1125.

陈义，1956. 中国蚯蚓[M]. 北京：科学出版社.

代金君，张池，周波，等，2015. 蚯蚓肠道对重金属污染土壤微生物群落结构的影响[J]. 中国农业大学学报，20（5）：95-102.

丁瑞兴，黄骁，1991. 茶园-土壤系统铝和氟的生物地球化学循环及其对土壤酸化的影响[J]. 土壤学报，28（3）：229-236.

冯凤玲，成杰民，王德霞，2006. 蚯蚓在植物修复重金属污染土壤中的应用前景[J]. 土壤通报，37（4）：809-814.

傅柳松，吴杰民，杨影，等，1993. 模拟酸雨对土壤活性铝释出影响研究[J]. 环境科学，（1）：20-24.

李静娟，周波，张池，等，2013. 中药渣蚓粪对玉米生长及土壤肥力特性的影响[J]. 应用生态学报，24(9)：2651-2657.

李永涛，Becquer Thierry，Quantin Cécile，等，2004. 酸性矿山废水污染的水稻田土壤中重金属的微生物学效应[J]. 生态学报，24（11）：2430-2436.

林初夏，卢文洲，吴永贵，等，2005. 大宝山矿水外排的环境影响：Ⅱ. 农业生态系统[J]. 生态环境，14(2)：165-168.

梁海燕，李银生，孙静，2007. 铝离子污染胁迫对蚯蚓重要抗氧化酶活性的影响[J]. 上海交通大学学报（农业科学版），25（6）：551-555，573.

廖崇惠，李健雄，2009. 华南热带和南亚热带地区森林土壤动物群落生态[M]. 广州：广东科技出版社.

刘德辉，胡锋，胡佩，2003. 蚯蚓活动对红壤磷素有效性的影响及其活化机理研究[J]. 生态学报，23(11)：2299-2306.

刘婷，任宗玲，陈旭飞，等，2012. 不同碳氮比培养基质组合对赤子爱胜蚓生长繁殖的影响[J]. 华南农业大学学报，33（3）：321-325.
罗虹，刘鹏，李淑，2005. 硅、钙对水土保持植物荞麦铝毒的缓解效应[J]. 水土保持学报，19（3）：101-104.
马立锋，石元值，阮建云，2000. 苏、浙、皖茶区茶园土壤 pH 状况及近十年来的变化[J]. 土壤通报，31（5）：205-207.
毛佳，徐仁扣，万青，等，2010. 不同水平硝态氮对蚕豆根系质子释放量的影响[J]. 中国生态农业学报，18（5）：950-953.
全国土壤普查办公室，1998. 中国土壤[M]. 北京：中国农业出版社.
邵宗臣，何群，王维君，1998. 红壤中铝的形态[J]. 土壤学报，35（1）：38-48.
沈仁芳，2008. 铝在土壤-植物中的行为及植物的适应机制[M]. 北京：科学出版社.
石锦芹，丁瑞兴，刘友兆，等，1999. 尿素和茶树落叶对土壤的酸化作用[J]. 茶叶科学，19（2）：125-130.
孙静，2013. 中国远盲属蚯蚓分类学及分子系统发育研究[D]. 上海：上海交通大学.
孙静，李银生，梁海燕，等，2008. 铝离子在蚯蚓体内吸收及对蚯蚓生长影响的研究[J]. 毒理学杂志，22（6）：452-454.
唐劲驰，张池，赵超艺，等，2008. 有机生物培肥体系在华南茶园土壤中的应用[J]. 茶叶科学，28（3）：201-206.
田仁生，刘厚田，1990. 酸化土壤中铝及其植物毒性[J]. 环境科学，11（6）：41-46.
王斌，李根，刘满强，等，2013. 不同生活型蚯蚓蚓粪化学组成及其性状的研究[J]. 土壤，45（2）：1313-1318.
王维君，1995. 我国南方一些酸性土壤铝存在形态的初步研究[J]. 热带亚热带土壤科学，4（1）：1-8.
王维君，陈家坊，1992. 土壤铝形态及其溶液化学的研究[J]. 土壤学进展，20（3）：10-18.
Wright R J，孟赐福，1992. 土壤铝毒与植物生长[J]. 土壤学进展，20（2）：29-33.
王晓萍，1994. 茶根分泌有机酸的分析研究初报[J]. 茶叶科学，14（1）：17-22.
吴甫成，彭世良，王晓燕，等，2005. 酸沉降影响下近 20 年来衡山土壤酸化研究[J]. 土壤学报，42（2）：219-224.
肖厚军，王正银，何桂芳，等，2009. 贵州黄壤铝形态及其影响因素研究[J]. 土壤通报，40（5）：1045-1048.
徐芹，肖能文，2011. 中国陆栖蚯蚓[M]. 北京：中国农业出版社.
徐仁扣，2012. 酸化红壤的修复原理与技术[M]. 北京：科学出版社：1-4.
徐仁扣，2015. 土壤酸化及其调控研究进展[J]. 土壤，47（2）：238-244.
印杰，范弟武，徐莎，等，2016. 崇明东滩湿地土壤中 Cr^{3+}、Pb^{2+}和 Cd^{2+}对硝酸还原酶的 Hormesis 效应[J]. 南京林业大学学报（自然科学版），40（2）：21-26.
俞协治，成杰民，2003. 蚯蚓对土壤中铜、镉生物有效性的影响[J]. 生态学报，21（5）：922-928.
张池，陈旭飞，周波，等，2012. 华南地区壮伟环毛蚓（*Amynthas robustus*）和皮质远盲蚓（*Amynthas corticis*）对土壤酶活性和微生物学特征的影响[J]. 中国农业科学，45（13）：2658-2667.
张卫信，陈迪马，赵灿灿，2007. 蚯蚓在生态系统中的作用[J]. 生物多样性，15（2）：142-153.
张燕，2009. 低剂量镉及其与菲复合污染 Hormesis 效应的氧化应激机制[D]. 上海：上海交通大学.
赵琦，2015. 中国海南岛环毛类蚯蚓分类学、系统发育学和古生物地理学研究[D]. 上海：上海交通大学.
赵其国，2002a. 中国东部红壤地区土壤退化的时空变化、机理及调控[M]. 北京：科学出版社.
赵其国，2002b. 红壤物质循环及其调控[M]. 北京：科学出版社.
周波，陈旭飞，任宗玲，等，2011. 基于蚯蚓消化作用的城市生活垃圾资源化利用研究进展[J]. 广东农业科学，38（12）：156-159.
Adejuyigbe C O，Tian G，Adeoye G O，2006. Microcosmic study of soil microarthropod and earthworm interaction in litter decomposition and nutrient turnover[J]. Nutrient Cycling in Agroecosystems，75（1-3）：47-55.
Alcolea A，Vázquez M，Caparrós A，et al.，2012. Heavy metal removal of intermittent acid mine drainage with an open limestone channel[J]. Minerals Engineering，26：86-98.
Álvarez E，Fernández-Sanjurjo M J，Núñez A，et al.，2012. Aluminium fractionation and speciation in bulk and

rhizosphere of a grass soil amended with mussel shells or lime[J]. Geoderma，173-174：322-329.

Auerswald K，Weigand S，Kainz M，et al.，1996. Influence of soil properties on the population and activity of geophagous earthworms after five years of bare fallow[J]. Biology and Fertility of Soils，23（4）：382-387.

Baquy A A，Li J Y，Jiang J，et al.，2018. Critical pH and exchangeable Al of four acidic soils derived from different parent materials for maize crops[J]. Journal of Soils and Sediments，18：1490-1499.

Bartz M L C，Pasini A，Brown G G，2013. Earthworms as soil quality indicators in Brazilian no-tillage systems[J]. Applied Soil Ecology，69（4）：39-48.

Basker A，Kirkman J H，Macgregor A N，1994. Changes in potassium availability and other soil properties due to soil ingestion by earthworms[J]. Biology and Fertility of Soils，17（2）：154-158.

Beckon W N，Parkins C，Maximovich A，et al.，2008. A general approach to modeling biphasic relationships[J]. Environmental Science and Technology，42（4）：1308-1314.

Blouin M，Hodson M E，Delgado E A，et al.，2013. A review of earthworm impact on soil function and ecosystem services[J]. European Journal of Soil Science，64（2）：161-182.

Brady N，1984. The natural and properties of soils [M]. 9th Edition. New York：Macmillan.

Breemen N V，Driscoll C T，Mulder J，1984. Acidic deposition and internal proton sources in acidification of soils and waters[J]. Nature，17（1）：241-249.

Briones M J I，Ostle N J，Piearce T G，2008. Stable isotopes reveal that the calciferous gland of earthworms is a CO_2-fixing organ[J]. Soil Biology and Biochemistry，40（2）：554-557.

Brown G G，Barois I，Lavelle P，2000. Regulation of soil organic matter dynamics and microbial activityin the drilosphere and the role of interactions with other edaphic functional domains[J]. European Journal of Soil Biology，36（3-4）：177-198.

Bouché M B，1972. Lombriciens de France：Écologie et Systématique[M]. Paris：INRA.

Bouché M B，Al-Addan F，Cortez J，et al.，1997. Role of earthworms in the N cycle：A falsifiable assessment[J]. Soil Biology and Biochemistry，29（3-4）：375-380.

Butt K R，Lowe C N，2011. Controlled and cultivation of endogeic and anecic earthworms，biology of earthworms[M]. Berlin：Springer.

Byers J E，Cuddington K，Jones C G，et al.，2006. Using ecosystem engineers to restore ecological systems[J]. Trends in Ecology and Evolution，21（9）：493-500.

Calabrese E J，2001. Overcompensation stimulation：A mechanism for hormetic effects[J]. Critical Reviews in Toxicology，31（4-5）：425-470.

Calabrese E J，Baldwin L A，2003. Toxicology rethinks its central belief[J]. Nature，421（6924）：691-692.

Carpenter D，Hodson M E，Eggleton P，et al.，2007. Earthworm induced mineral weathering：Preliminary results[J]. European Journal of Soil Biology，43（1）：S176-S183.

Chaffai R，Tekitek A，Ferjani E E，2005. Aluminum toxicity in maize seedlings（Zea mays L.）：effect on growth and lipid content[J]. Journal of Agronomy，4（1）：67-74.

Chan K Y，Mead J A，2003. Soil acidity limits colonisation by *Aporrectodea trapezoides*，an exotic earthworm[J]. Pedobiologia，47（3）：225-229.

Cheng J M，Ming H W，1990. Effects of earthworms on Zn fractionation in soils[J]. Biology and Fertility of Soils，28（8）：1739-1743.

Costello D M，Lamberti G A，2008. Non-native earthworms in riparian soils increase nitrogen flux into adjacent aquatic ecosystems[J]. Oecologia，158（3）：499-510.

Curry J P，Schmidt O，2007. The feeding ecology of earthworms：A review[J]. Pedobiologia，50（6）：463-477.

Decaëns T，Mariani L，Lavelle P，1999. Soil surface macrofaunal communities associated with earthworm casts in grasslands of the eastern plains of Colombia[J]. Applied Soil Ecology，13（1）：87-100.

Delhaize E，Ryan P R，1995. Aluminum toxicity and tolerance in plants[J]. Plant Physiology，107（2）：315-321.

Deng C Q，Graham R，Shukla R，2001. Detecting and estimating Hormesis using a model-based approach[J]. Human and Ecological Risk Assessment：An International Journal，7（4）：849-866.

Edwards C A，2004. The importance of earthworms as key representatives of the soil fauna[M]//Edwards C A. Earthworm Ecology. Boca Raton：CRC Press.

Fragoso C，Lavelle P，1992. Earthworm communities of tropical rain forests[J]. Soil Biology and Biochemistry，24（12）：1397-1408.

Frouz J，Pižl V，Tajovský K，2007. The effect of earthworms and other saprophagous macrofauna on soil microstructure in reclaimed and un-reclaimed post-mining sites in Central Europe[J]. European Journal of Soil Biology，43：S184-S189.

Gagoduport L，Briones M J，Rodríguez J B，et al.，2008. Amorphous calcium carbonate biomineralization in the earthworm's calciferous gland：pathways to the formation of crystalline phases[J]. Journal of Structural Biology，162（3）：422-428.

García-Montero L G，Valverde-Asenjo I，Grande-Ortíz M A，et al.，2013. Impact of earthworm casts on soil pH and calcium carbonate in black truffle burns[J]. Agroforestry Systems，87（4）：815-826.

Ge H L，Liu S S，Zhu X W，et al.，2011. Predicting hormetic effects of ionic liquid mixtures on luciferase activity using the concentration addition model[J]. Environmental Science and Technology，45（4）：1623-1629.

Gong Z T，Zhang G L，Zhao W J，et al.，2003. Land use-related changes in soils of Hainan island during the past half century[J]. Pedosphere，13（1）：11-22.

Griffith B，Türke M，Weisser W W，et al.，2013. Herbivore behavior in the anecic earthworm species *Lumbricus terrestris* L.？[J]. European Journal of Soil Biology，55（1）：62-65.

Guo J H，Liu X J，Zhang Y，et al.，2010. Significant acidification in major Chinese croplands[J]. Science，327（5968）：1008-1010.

Hackenberger B K，Jarić-Perkušić D，Stepić S，2008. Effect of temephos on cholinesterase activity in the earthworm *Eisenia fetida*（Oligochaeta，Lumbricidae）[J]. Ecotoxicology and Environmental Safety，71（2）：583-589.

He G H，Zhang J F，Hu X H，et al.，2011. Effect of aluminum toxicity and phosphorus deficiency on the growth and photosynthesis of oil tea（Camellia oleifera Abel.）seedlings in acidic red soils[J]. Acta Physiologiae Plantarum，33（4）：1285-1292.

Hendrix P F，Callaham M A，Drake J J，et al.，2008. Pandora's box contained bait：the gobal problem of introduced earthworms[J]. Annual Review of Ecology，Evolution，and Systematics，39（1）：593-613.

Homan C，Beier C，McCay T，et al.，2016. Application of lime（$CaCO_3$）to promote forest recovery from severe acidification increases potential for earthworm invasion[J]. Forest Ecology and Management，368：39-44.

Hu S Q，Zhang W，Li J，et al.，2016. Antioxidant and gene expression responses of *Eisenia fetida* following repeated exposure to BDE209 and Pb in a soil-earthworm system[J]. Science of the Total Environment，556：163-168.

Huang J H，Zhang W X，Liu M Y，et al.，2015. Different impacts of native and exotic earthworms on rhizodeposit carbon sequestration in a subtropical soil[J]. Soil Biology and Biochemistry，90：152-160.

Illmer P，Erlebach C，2003. Influence of Al on growth，cell size and content of intracellular water of Arthrobacter sp. PI/1-95[J]. Antonie van Leeuwenhoek，84（3）：239-246.

Jia L，Liu Z L，Chen W，et al.，2015.Hormesis effects induced by cadmium on growth and photosynthetic performance in a hyperaccumulator，*Lonicera japonica* Thunb[J]. Journal of Plant Growth Regulation，34（1）：13-21.

Jou A S R，Kamprath E J，1979. Copper chloride as an extractant for estimating the potentially reactive aluminum pool in acid soils[J]. Soil Science Society of America Journal，43（1）：35-38.

Karaca A，2011. Biology of Earthworms[M]. London：Chapman and Hall.

Kizilkaya R，2004. Cu and Zn accumulation in earthworm Lumbricus terrestris L. in sewage sludge amended soil and fractions of Cu and Zn in casts and surrounding soil[J]. Ecological Engineering，22（2）：141-151.

Klok C，Faber J，Heijmans G，et al.，2007. Influence of clay content and acidity of soil on development of the earthworm *Lumbricus rubellus* and its population level consequences[J]. Biology and Fertility of Soils，43（5）：549-556.

Kochian L V，1995. Cellular mechanisms of aluminum toxicity and resistance in plants[J]. Annual Review of Plant Physiology and Plant Molecular Biology，46：237-260.

Krug E C，Frink C R，1983. Acid rain on acid soil：A new perspective[J]. Science，221（4610）：520-525.

Kubová J，Matúš P，Bujdoš et al.，2005. Influence of acid mining activity on release of aluminum to the environment[J]. Analytica Chimica Acta，547（1）：119-125.

Kunito T，Isomura I，Sumi H，et al.，2016. Aluminum and acidity suppress microbial activity and biomass in acidic forest soils[J]. Soil Biology and Biochemistry，97：23-30.

Larssen T，Vogt R D，Seip H M，et al.，1999. Mechanisms for aluminum release in Chinese acid forest soils[J]. Geoderma，91（1-2）：65-86.

Lavelle P，1997. Soil function in a changing world：the role of invertebrate ecosystem engineers[J]. European Journal of Soil Science，33（4）：159-193.

Lavelle P，Spain A V，2001. Soil ecology[M]. London：Kluwer Academic Publishers.

Laverack M S，1963. The physiology of earthworms[M]. Oxford：Pergamon Press.

Lee K E，1985. Earthworms：Their ecology and relationships with soils and land use[M]. Sydney：Academic Press Inc.

Li J Y，Xu R K，Zhang H，2012. Iron oxides serve as natural anti-acidification agents in highly weathered soils[J]. Journal of Soils and Sediments，12（6）：876-887.

Liu H T，Du X M，1991. A preliminary study on the characteristics of fogwater in the masson pine forest in Chongqing，China[J]. Journal of Environmental Sciences，3（2）：11-16.

Lu W Z，Ma Y Q，Lin C X，2011. Status of aluminum in environmental compartments contaminated by acidic mine water[J]. Journal of Hazardous Materials，189（3）：700-709.

Ma J F，2007. Syndrome of aluminum toxicity and diversity of aluminum resistance in higher plants[J]. International Review Cytology，264：225-252.

McCallum H M，Wilson J D，Beaumont D，et al.，2016. A role for liming as a conservation intervention? Earthworm abundance is associated with higher soil pH and foraging activity of a threatened shorebird in upland grasslands[J]. Agriculture Ecosystems and Environment，223：182-189.

Menz F C，Seip H M，2004. Acid rain in Europe and the United States：An update[J]. Environmental Science and Policy，7（4）：253-265.

Moore J D，Ouimet R，Bohlen P J，2013. Effects of liming on survival and reproduction of two potentially invasive earthworm species in a northern forest Podzol[J]. Soil Biology and Biochemistry，64：174-180.

Muys B，Granval P，1997. Earthworms as bio-indicators of forest site quality[J]. Soil Biology and Biochemistry，29（3-4）：323-328.

Nahmani J，Hodson M E，Black S，2007. Effects of metals on life cycle parameters of the earthworm *Eisenia fetida* exposed to field-contaminated，metal-polluted soils[J]. Environmental Pollution，149（1）：44-58.

Pierart A，Dumat C，Maes A Q，et al.，2018. Opportunities and risks of biofertilization for leek production in urban areas：Influence on both fungal diversity and human bioaccessibility of inorganic pollutants[J]. Science of the Total Environment，624：1140-1151.

Ritchie G S P，1995. Soluble aluminium in acidic soils：Principles and practicalities[J]. Plant and Soil，171（1）：17-27.

Rosseland B O，Eldhuset T D，Staurnes M，1990. Environmental effects of aluminium[J]. Environmental Geochemistry and Health，12（1-2）：17-27.

Rusek J，Marshall V G，2000. Impacts of airborne pollutants on soil fauna[J]. Annual Review of Ecology and Systematics，31：395-423.

Salmon S，2001. Earthworm excreta（mucus and urine）affect the distribution of springtails in forest soils[J]. Biology and Fertility of Soils，34（5）：304-310.

Sarwar M，Nadeem A，Iqbal M K，et al.，2006. Biodiversity of earthworm species relative to different flora[J]. Punjab University Journal of Zoology，21（1-2）：1-6.

Ščančar J，Milačič R，2006. Aluminium speciation in environmental samples：A review[J]. Analytical and Bioanalytical Chemistry，386（4）：999-1012.

Schrader S，1994. Influence of earthworms on the pH conditions of their environment by cutaneous mucus secretion[J]. Zoologischer Anzeiger，233（5/6）：211-219.

Shao Y H，Zhang W X，Eisenhauer N，et al.，2017. Nitrogen deposition cancels out exotic earthworm effects on plant-feeding nematode communities[J]. Journal of Animal Ecology，86（4）：708-717.

Sizmur T，Hodson M E，2009. Do earthworms impact metal mobility and availability in soil？—A review[J]. Environmental Pollution，157（7）：1981-1989.

Sorour J，Larink O，2001. Toxic effects of benomyl on the ultrastructure during spermatogenesis of the earthworm *Eisenia fetida*[J]. Ecotoxicology and Environmental Safety，50（3）：180-188.

Suárez E R，Pelletier D M，Fahey T J，et al.，2004. Effects of exotic earthworms on soil phosphorus cycling in two broadleaf temperate forests[J]. Ecosystems，7（1）：28-44.

Tam N，Wong Y S，Wong M H，1989. Effects of acidity on acute toxicity of aluminum-waste and aluminum-contaminated soil[J]. Hydrobiologia，188-189（1）：385-395.

Tejada M，Gómez I，Hernández T，et al.，2010. Response of *Eisenia fetida* to the application of different organic wastes in an aluminium-contaminated soil[J]. Ecotoxicology and Environmental Safety，73（8）：1944-1949.

Tian G，Olimah J A，Adeoye G O，et al.，2000. Regeneration of earthworm populations in a degraded soil by natural and planted fallows under humid tropical conditions[J]. Soil Science Society of America Journal，64（1）：222-228.

Udovic M，Lestan D，2007. The effect of earthworms on the fractionation and bioavailability of heavy metals before and after soil remediation[J]. Environmental Pollution，148（2）：663-668.

Wen B，Hu X Y，Liu Y，et al.，2004. The role of earthworms（*Eisenia fetida*）in influencing bioavailability of heavy metals in soils[J]. Biology and Fertility of Soils，40（3）：181-187.

Wen B，Liu Y，Hu X Y，et al.，2006. Effect of earthworms（*Eisenia fetida*）on the fractionation and bioavailability of rare earth elements in nine Chinese soils[J]. Chemosphere，63（7）：1179-1186.

Wu J L，Ren Z L，Zhang C，et al.，2020b. Effects of soil acid stress on the survival，growth，reproduction，antioxidant enzymes activities and protein contents in earthworm（*Eisenia fetida*）[J]. Environmental Science and Pollution Research，27：33419-33428.

Wu J L，Zhang C，Xiao L，et al.，2020a. Impacts of earthworm species on soil acidification，Al fractions and base cation release in a subtropical soil from China[J]. Environmental Science and Pollution Research，27：33446-33457.

Wu S J，Wu E M，Qiu L Q，et al.，2011. Effects of phenanthrene on the mortality，growth and anti-oxidant system of earthworms（*Eisenia fetida*）under laboratory conditions[J]. Chemosphere，83（4）：429-434.

Xu R K，Coventry D R，Farhoodi A，et al.，2002. Soil acidification as influenced by crop rotations，stubble management，and application of nitrogenous fertiliser，Tarlee，South Australia[J]. Australian Journal of Soil Research，40（3）：483-496.

Yu X Z，Cheng J M，Wong M H，2005. Earthworm-mycorrhiza interaction on Cd uptake and growth of ryegrass[J]. Soil Biology and Biochemistry，37（2）：195-201.

Zhang C，Mora P，Dai J，et al.，2016a. Earthworm and organic amendment effects on microbial activities and metal availability in a contaminated soil from China[J]. Applied Soil Ecology，104：54-66.

Zhang H M，Wang B R，Xu M G，2008. Effects of inorganic fertilizer inputs on grain yields and soil properties in a long-term wheat-corn cropping system in south China[J]. Communications in Soil Science and Plant Analysis，39（11-12）：1583-1599.

Zhang J E，Yu J Y，Ouyang Y，2015. Activity of earthworm in latosol under simulated acid rain stress[J]. Bulletin of Environmental Contamination and Toxicology，94（1）：108-111.

Zhang J E，Yu J Y，Ouyang Y，et al.，2013. Responses of earthworm to aluminum toxicity in latosol[J]. Environmental Science and Pollution Research，20：1135-1141.

Zhang M J，Deng X P，Yin L N，et al.，2016b. Regulation of galactolipid biosynthesis by overexpression of the rice MGD gene contributes to enhanced aluminum tolerance in tobacco[J]. Frontiers in Plant Science，7：337-342.

Zhang Y，Shen G，Yu Y，et al.，2009. The hormetic effect of cadmium on the activity of antioxidant enzymes in the earthworm *Eisenia fetida*[J]. Environmental Pollution，157（11）：3064-3068.

Zhu X W，Liu S S，Qin L T，et al.，2013. Modeling non-monotonic dose-response relationships：Model evaluation and hormetic quantities exploration[J]. Ecotoxicology and Environmental Safety，89：130-136.

第六章　蚯蚓对重金属污染土壤的影响

快速的工业革命和城市化现象导致土壤污染问题愈发严重，其中重金属污染最为常见。重金属来源复杂多样，人们普遍认为采矿、冶炼、工业、污水灌溉、城市化发展和化肥的大量使用等是土壤污染的主要原因（Ali et al.，2013；Li et al.，2022）。2014 年发布的《全国土壤污染状况调查公报》显示，我国土壤总的污染超标率为 16.1%，以重金属为主要的污染类型，占全部超标点位的 82.8%。据估计，我国有近 20%的农田土壤被重金属污染（Zhao et al.，2015；Shen et al.，2017；Liu et al.，2017），这些污染地区往往与人口密集区域重叠，包括渤海经济区、长江经济区和珠江三角洲经济区等（Duan et al.，2016）。由于重金属具有隐匿性强、生物毒性大、富集难降解等特点（Khan et al.，2015；于旦洋等，2021），其在土壤中累积、迁移以及通过土壤生物群在食物链中转移等行为将会对土壤生态系统和人类健康安全构成持久威胁，因此土壤重金属污染已然成为迫切需要解决的环境问题。

成本、效果和清洁性是治理土壤污染的关键性问题。通常，重金属是不能被化学分解的，而只能转化为不同的形态或改变为不同价态（Rajendran et al.，2022；Kabata-Pendias and Mukherjee，2007）。重金属污染土壤的传统修复往往采用物理和化学的方式，如土壤清洗、蒸气萃取、电修复、氧化还原脱氯等（Scullion，2006）。尽管这些方法对土壤重金属污染修复效果明显，但费用高、技术性强以及二次污染出现等问题让修复工作变得困难（Dhaliwal et al.，2020；Gan et al.，2009；Xu et al.，2018）。重金属生物修复技术是利用植物、微生物、土壤动物的活动将重金属进行形态转化、降低毒性，或者利用超富集植物将金属转移到植物地上部、净化土壤，或者将金属转化挥发到空气中的技术；它包括生物固定、生物提取和生物挥发（段昌群等，2019）。利用蚯蚓治理重金属是一种高效、清洁、低成本的生物修复方式之一（Zhang et al.，2020）。由于摄食行为及皮肤密切接触土壤，蚯蚓容易从土壤中吸收并在体内积累重金属（Li et al.，2010；Nannoni et al.，2014）；同时，蚯蚓摄食、消化和排泄活动能够改变重金属在土壤中的地球化学行为，而不引入其他污染物（Rajendran et al.，2022）；另外蚯蚓进入污染土壤也能够改善土壤理化、生化性质，携带有益微生物，促进超富集植物对金属的吸收以及钝化剂对金属的吸附，因此在维护环境安全、恢复退化污染土壤生态系统方面更具优势。本章将讨论重金属污染土壤对蚯蚓的毒性效应，总结蚯蚓对重金属的生物富集和活化机理，同时阐明其在重金属污染土壤中的作用效果，以此评估蚯蚓的修复应用潜力。

第一节　蚯蚓在重金属污染土壤中的毒理效应

了解蚯蚓在重金属污染土壤中的耐受情况以及修复过程中存在的毒性效应对于全面评估土壤环境风险和蚯蚓修复应用潜力是十分必要的。化学分析和生物监测已被广泛应用于评估土壤污染物的潜在毒性（Lukkari et al.，2004；Panzarino et al.，2016），然而化学方法往往局限于分析土壤重金属的浓度，而忽略了重金属污染下土壤特性对生物的影响，难以提供一个较为完整而有价值的重金属毒害影响（Calisi et al.，2011；Cao et al.，2017）。蚯蚓是监测土壤生态系统健康和生态毒理学风险的关键生物指标（Chen et al.，2017），通过生态毒理学试验来观察污染物对蚯蚓在整个生命周期中的毒性效应，在具体的实验中可对蚯蚓的个体水平、生理生化指标、种群关系等进行测定，以此评价有害污染物对土壤环境的潜在危害程度（金亚波等，2009；Leveque et al.，2015）。本节将归纳重金属污染对蚯蚓的生物毒理学研究，并对重金属的蚯蚓急性毒性作用、蚯蚓受重金属污染的形态学以及生理生化等影响进行总结，以求为寻找重金属环境污染可靠的生物监测指标、建立更加可靠的生物环境监测模型提供思路。

一、重金属对蚯蚓的急性毒性

目前重金属对蚯蚓的急性毒性研究主要通过生物模拟实验判断滤纸接触实验和土壤染毒实验对人工培育的赤子爱胜蚓产生的危害。滤纸接触实验是指将蚯蚓投放到含有不同浓度梯度污染物滤纸的培养器皿中，观察特定时间内蚯蚓的死亡率，以此建立剂量效应关系，是一种快速便捷的实验手段，但是滤纸染毒的毒性效应只体现在皮肤接触，并未考虑蚯蚓吞食的作用效果，不能反映自然条件的真实情况。土壤染毒实验是指将蚯蚓暴露在含污染物的人工或自然土壤中，在培养一段时间后观察蚯蚓的毒理学特征，从而评价污染物在土壤环境中的生态毒理效应（王飞菲等，2014）。

土壤重金属对蚯蚓的毒性影响主要取决于其浓度大小。在一定浓度范围内，蚯蚓对重金属具有一定的忍耐和富集能力，并能维持正常的生命活动（Nahmani et al.，2007）；然而当土壤重金属含量超过蚯蚓的忍受范围，则直接影响蚯蚓的存活、生长和繁殖能力，甚至在高浓度的情况下会导致蚯蚓的死亡（Latifi et al.，2020；Leveque et al.，2015；Singh et al.，2020）。宋玉芳等（2002）的研究表明，蚯蚓对重金属的毒性阈值分别为 Cu 300mg·kg^{-1}，Zn 1300mg·kg^{-1}，Pb 1700mg·kg^{-1}，Cd 300mg·kg^{-1}。

同时，重金属对蚯蚓个体的毒害作用在一定范围内还会随着时间增长而加强。崔春燕等（2015）的研究发现铬（Ⅵ）对赤子爱胜蚓 7d 和 14d 的半数致死量（LC_{50}）分别为 259.98mg·kg^{-1} 和 241.13mg·kg^{-1}，LC_{50} 值随着暴露时间延长而降低。在另一项实验中也观察到相类似的结果（陈志伟等，2007）：Cu 和 Cd 对赤子爱胜蚓 48h 的 LC_{50} 要低于 24h 的 LC_{50}。然而，也有研究人员发现一些蚯蚓对高浓度的重金属具有良好的耐受性，Langdon 等（2001）从英国某矿场受砷和铜高度污染的土壤中采集到两种具有抗性的粉正蚓（*Lumbricus rubellus*）和红丛林蚓（*Dendrodrilus rubidus*），并将它们投放在浓度高达 300mg·kg^{-1} Cu 污染土壤中。观察到从高污染地区采集的蚯蚓对高浓度 Cu 污染土壤具有良好的适应性，而从无污染地区采集的蚯蚓投放于高浓度 Cu 污染土壤中 14d 后，死亡率达到了 100%。在长期污染条件下蚯蚓体内产生了特殊的抗性机制（生理适应或遗传），增强了对污染物的耐性，进而在种内获得了竞争优势。袁方曜等（2004）的实验也得到相似的结果：通过分析清洁农田土壤和邻近重金属污染区中的蚯蚓群落变化情况，发现污染农田土壤中的湖北远盲蚓（*Amynthas hupeiensis*）、灰暗异唇蚓（*Allolobophora caliginosa trapezoides*）和日本杜拉蚓（*Drawida joponica*）对污染物相对敏感，而威廉腔蚓（*Mataphire guillelmi*）的种群密度是普通农田的 5 倍，表明威廉腔蚓在污染土壤中更具耐性。

此外，金属差异和蚯蚓种类的不同也会导致蚯蚓的死亡率出现差异。一些研究发现 Pb 和 Zn 对莫氏炬蚓（*Lampito mauritii*）28d 的 LC_{50} 值分别为 5082.75～3227.09mg·kg^{-1} 和 3907.92～2474.99mg·kg^{-1}（Maity et al.，2008）；高超等（2015）研究了人工土壤中 Pb、Cd、Cr 对赤子爱胜蚓的 LC_{50} 值分别 2526.05mg·kg^{-1}、362.83mg·kg^{-1}、229mg·kg^{-1} 和 44mg·kg^{-1}。

重金属复合污染对蚯蚓个体毒害的影响较为复杂，复合污染物的组成及各污染物的不同浓度组合是决定混合物毒性的重要因素。贾秀英等（2005）研究 Cu、Cr（Ⅵ）复合污染对蚯蚓的毒害作用时发现，Cu 和 Cr（Ⅵ）对蚯蚓都具有毒性作用，当低浓度 Cu 与 Cr（Ⅵ）复合时，Cu 对 Cr（Ⅵ）毒性没有产生明显影响，而在中高浓度的 Cu 与 Cr（Ⅵ）复合时，Cu 的存在增加了 Cr（Ⅵ）的毒性，且毒性随 Cr（Ⅵ）浓度的升高而增强，二者表现出明显的协同作用。赵作媛等（2006）的研究表明，Cd 在各浓度下与有机污染物菲（Phe）复合时，对蚯蚓的毒性都产生拮抗作用，且随 Cd 浓度升高而 Phe 毒性的程度降低。而在另一项研究中，Cd 与环草隆在低浓度条件下对蚯蚓的毒性表现为协同作用，而在高浓度条件下则表现出拮抗效应（Uwizeyimana et al.，2017）。土壤环境的复杂性导致目前针对土壤重金属复合污染产生危害的作用机制还不明确，不同的研究人员得到的结论也有所差异。

二、重金属对蚯蚓个体的影响

（一）蚯蚓的趋避行为

趋避行为是蚯蚓向有利环境靠近，远离有害环境回避的一种行为。蚯蚓对重金属较为敏感，当土壤中重金属含量达到一定程度时，蚯蚓会表现出一定的趋避效应，且这种效应会随着重金属浓度的增加而加强。徐冬梅等（2015）通过滤纸法观察到当 Cu 污染浓度为 100mg·kg^{-1} 时，蚯蚓表现出趋避反应，当 Cu 污染浓度为 200mg·kg^{-1} 时，蚯蚓趋避率达到 100%。

不同种蚯蚓对不同性质、不同浓度重金属的趋避反应具有较大的差异。Demuynck 等（2016）将赤子爱胜蚓（*Eisenia fetida*）放入含 10mg、30mg Cd 或 Cu 的滤纸和水琼脂凝胶介质中，发现蚯蚓出现了高度显著的趋避反应，而对 Zn 的趋避反应较低，对此解释为蚯蚓体内有更强调节重金属 Zn 浓度的能力。Lukkari 和 Haimi（2005）的实验发现结节流蚓（*Aporrectodea tuberculata*）、粉正蚓（*Lumbricus rubellus*）和八毛枝蚓（*Dendrobaena octaedra*）三种蚯蚓都对 Cu/Zn 污染土壤有明显的回避反应，然而三种蚯蚓对不同浓度 Cu/Zn 污染土壤的敏感性表现出不同的情况，其中八毛枝蚓为最敏感品种，在 48/80mg·kg^{-1} Cu/Zn 浓度条件下出现了趋避反应；而粉正蚓只对高浓度 300/500mg·kg^{-1} Cu/Zn 做出趋避反应。

（二）重金属污染对蚯蚓体重、繁殖的影响

土壤重金属的存在对蚯蚓的生长有明显的抑制作用，除个体死亡外，体重和繁殖率的降低也是受重金属毒害作用的表现。Beaumelle 等（2014）采集 31 个不同程度重金属污染的土壤样本，对蚯蚓进行胁迫试验，发现仅有 2 个样本中的蚯蚓体重增重，其余均出现体重减轻的现象，减轻范围为 5.3%～13.4%。一些研究人员还发现，重金属污染土壤中蚯蚓的生长情况受二者接触时间及重金属浓度高低的影响，蚯蚓的体重随其与重金属接触时间的延长先增加后降低，这可能与食物供应量减少有关（Lapinski and Rosciszewska，2008）。李志强等（2009）研究了土壤铜浓度对蚯蚓体重的影响，发现蚯蚓体重与土壤铜污染浓度呈抛物线关系，低浓度的铜对蚯蚓生长有促进作用，Cu^{2+}浓度大于 60mg·kg^{-1} 时对蚯蚓生长有抑制作用，超过 100mg·kg^{-1} 后铜污染浓度提高与污染接触时间延长均会加大抑制程度，甚至出现负增长的现象。本书通过将两种华南野生蚯蚓皮质远

盲蚓和壮伟远盲蚓添加到重金属自然复合污染土壤中，结果表明重金属污染对表层种皮质远盲蚓生物量的影响更大，在中高两个污染浓度的土壤中培养 120d 后分别下降了 64.2%和 70.6%，而内层种皮质远盲蚓仅在中污染浓度时下降 32.1%（Xiao et al.，2020）。Zhang 等（2022）利用赤子爱胜蚓和三种野生蚓种进行比较也得到相似的结果（图 6.1）。

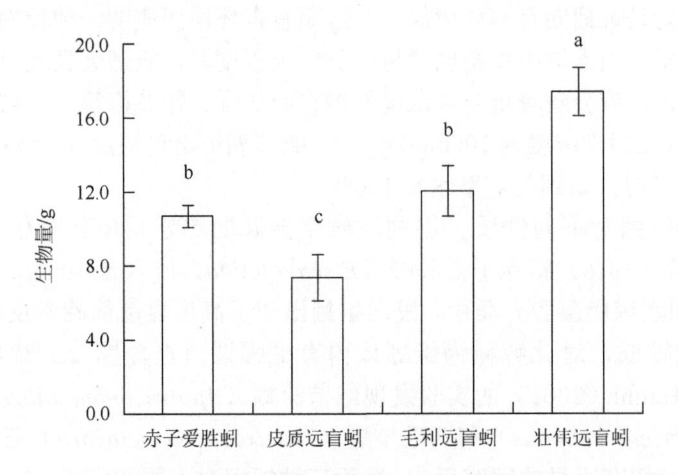

图 6.1　在 Zn、Cu、Cd、Pb 复合污染土壤中培养 60d 后赤子爱胜蚓、皮质远盲蚓、毛利远盲蚓和壮伟远盲蚓的生物量（Zhang et al.，2022）

此外，在长期重金属污染条件下，不同代际间蚯蚓的繁殖能力和生长状况随着土壤污染程度的不同而变化。有研究人员发现，暴露在 Cd 和 Pb 污染条件下的赤子爱胜蚓的产茧率显著下降，同时幼蚓的成活率趋于减少且成熟时间延长，尤其是在最高污染条件下的幼蚓出现无法成熟的现象（Zaltauskaite and Sodiene，2014）。Mirmonsef 等（2017）在研究 Cu 对蚯蚓的繁殖孵化时也发现了相似结果，土壤 Cu 污染（50～100mg·kg^{-1}）条件下的蚯蚓种群丰度和蚓茧的数量均显著减少，且在低污染条件下以内栖型蚯蚓为主要种类，而在高污染条件下表栖型蚯蚓占主要优势。重金属对蚯蚓繁殖能力的负面影响可能归因于其对蚯蚓精子结构和形态的破坏，包括细胞核膜和鞭毛膜的断裂和丢失、细胞膜的增厚、顶体畸形以及细胞核物质的丢失等（Reinecke S and Reinecke A J，1997）。一项对铬（8mg·kg^{-1}）和锌（350mg·kg^{-1}）胁迫后的尤金真蚓（*Eudrilus eugeniae*）生殖能力的研究发现，重金属铬和锌会引起精囊中度至重度空泡化，减少了蚓茧的形成；同时精子头部出现弯曲，且无尾率升高（铬为 52.6%；锌为 20.8%），导致精子的运动性降低（Basha and Latha，2016）。Huang 等（2023）通过采集不同浓度重金属复合污染土壤中加州腔蚓（*Metaphire californica*），发现随着重金属污染浓度的上升，蚯蚓精囊内的不规则生殖细胞和组织腔增加，而成熟精子的数量减少（如图 6.2）。

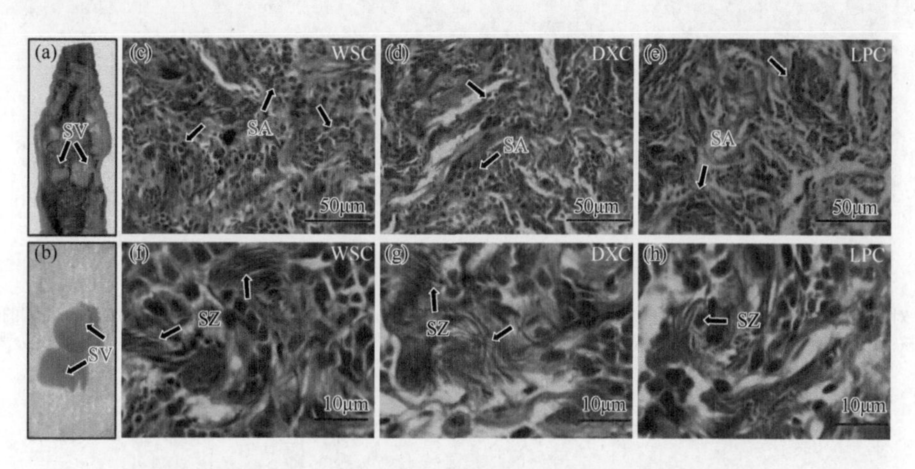

图 6.2　加州腔蚓精囊超微结构的变化（Huang et al.，2023）

（a、b）蚯蚓阴蒂附近的腹部解剖，SV（蓝色箭头）：精囊；（c～e）精囊中的精母细胞形态，SA（绿色箭头）：精母细胞；（f～h）精囊中精子发生过程中的成熟精子，SZ（红色箭头）：精子。苏木精-伊红染色显示，从 WSC 到 LPC 位点的蠕虫 SV 中，无序生殖细胞和组织腔增多，成熟精子减少

（三）重金属对蚯蚓细胞和组织的影响

除蚯蚓死亡与繁殖减少外，蚯蚓细胞和组织水平上的损伤表现也是评估重金属毒性的重要指标。重金属对蚯蚓机体组织的影响主要表现为对蚯蚓表皮和肠道上皮的危害。Babi 等（2016）发现在含重金属和有机污染物的污泥中生活的蚯蚓其体壁组织和上皮细胞受损严重；在用铅胁迫蚯蚓实验中，发现蚯蚓机体的表皮、肌肉、黄色组织和肠道上皮细胞等出现严重的损伤（Lemtiri et al.，2016）。Kwak 等（2014）也观察到安德爱胜蚓（*Eisenia andrei*）和掘穴环爪蚓（*Perionyx excavatus*）暴露于 100mg·kg^{-1} Cu 浓度的土壤时，其体腔细胞的活性显著降低。Fernando 等（2015）研究了铬对尤金真蚓（*Eudrilus eugeniae*）的慢性毒性，在 0.24～893mg·kg^{-1} 的浓度范围内，蚯蚓的体壁上皮的组织学发生改变，包括细胞融合、上皮层厚度减少、核固缩和上皮脱落等，同时肌肉中的肌间细胞间隙突出甚至崩解（图 6.3）。

然而，值得注意的是不同金属浓度对蚯蚓机体组织产生的影响有显著差异。张慧琦等（2017）发现低浓度的镉能够刺激蚯蚓上角质层加厚，这可归因于蚯蚓自身的适应机制，使得 Cd 进入蚯蚓体内的阻力增强，减少了对 Cd 的吸收；而当镉浓度超过了蚯蚓调节、抵抗阈值时，机体的适应系统遭受破坏，上角质层变薄（图 6.4）。

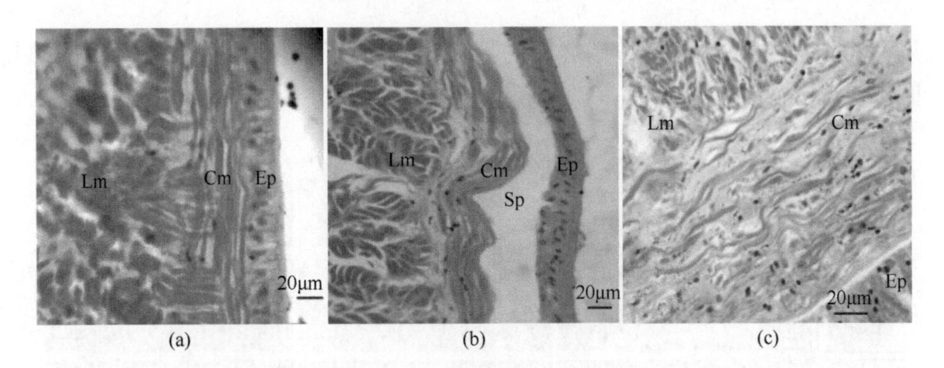

图 6.3　不同浓度铬对蚯蚓体壁上皮细胞的超微结构差异（Fernando et al.，2015）

a：对照蚯蚓的体壁在上皮（Ep）和完整的圆形（Cm）和纵向（Lm）肌肉层中具有紧凑和不同的细胞和正常的细胞核；b：在 146mg·kg^{-1} Cr 处理的蚯蚓体壁上皮细胞（Ep）出现解体和融合现象，与圆形肌肉层（Cm）的分离，出现空腔（Sp）；c：在 13.5mg·kg^{-1} 的圆形肌肉细胞（Cm）出现变薄和分散现象

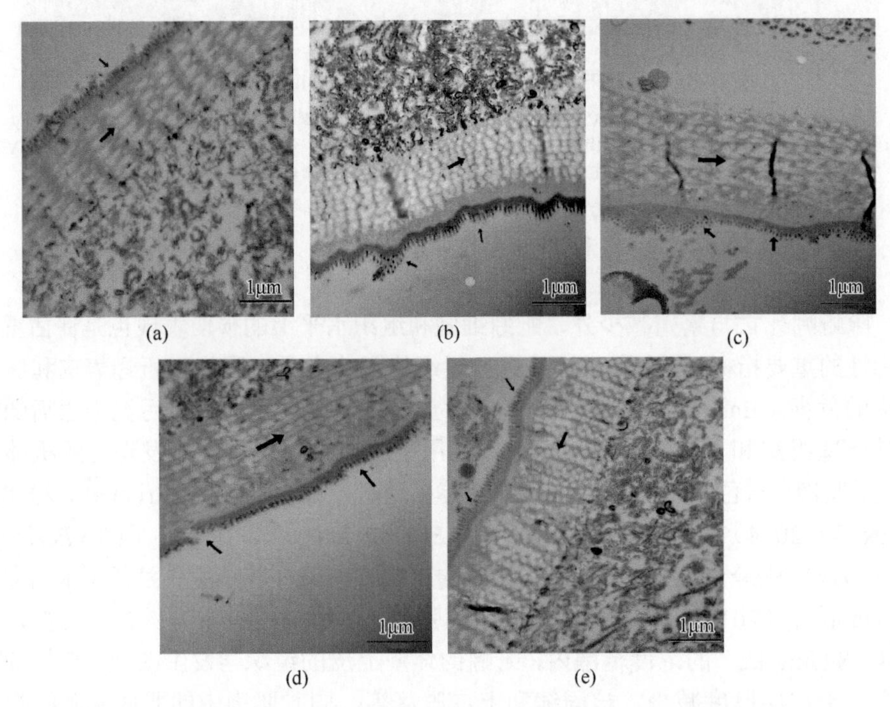

图 6.4　Cd 质量分数不同的土壤中加州腔蚓体表超微显微结构（张慧琦等，2017）

蚯蚓编号及对应土壤中 Cd 的质量分数分别为 a：0.84mg·kg^{-1}；b：2.17mg·kg^{-1}；c：5.16mg·kg^{-1}；d：6.38mg·kg^{-1}；e：9.83mg·kg^{-1}；a、b、c、d、e 中粗箭头为角质层，细箭头为上角质层突起（微绒毛）

近年来，研究发现在重金属污染的胁迫下，蚯蚓体细胞的溶酶体膜稳定性出现了不同程度的降低，细胞膜也遭到一定损害，同时，部分蚯蚓出现体腔细胞数量显著减少或是凋亡的情况（Fernando et al.，2015；Boughattas et al.，2016）。Rorat

等（2016）的研究发现，蚯蚓堆肥基质中的微量重金属可以使得蚯蚓的体腔细胞中核黄素含量在前6周逐渐下降，随后升高，在第9周恢复；在免疫细胞方面，Wang等（2016）通过滤纸接触实验发现，随着铬暴露剂量和时间的增加，蚯蚓细胞内如溶酶体、核和线粒体等细胞核和细胞器的生理状态显示出进一步的损伤，并且阿米巴细胞免疫功能受到不利影响，如吞噬活性的降低等。

（四）重金属对蚯蚓生化特性的影响

蚯蚓体内的抗氧化防御系统对正常生理代谢以及受不良环境胁迫下产生的自由基的消除有至关重要的作用。在抗氧化防御系统中，起主要作用的酶类包括超氧化物歧化酶（SOD）、过氧化氢酶（CAT）、过氧化物酶（POD）及谷胱甘肽硫转移酶（GST）等，当蚯蚓受到重金属胁迫时，体内的酶会立即做出反应，这些抗氧化酶的变化使得蚯蚓对重金属具有一定的耐受性（Zhou et al.，2016；朱淑贞等，2010），倘若抗氧化防御系统功能受到抑制或自由基含量过多，就会破坏体内氧化-抗氧化平衡，最终导致蚯蚓细胞组织的损伤，甚至出现死亡（Zhou et al.，2016）。

蚯蚓体内酶的活性受重金属浓度高低的影响而具有明显的变化。Zhang等（2009）发现随土壤Cd浓度的升高，蚯蚓体内CAT和SOD的活性表现出倒U型的特征，即低浓度的Cd能够刺激CAT和SOD活性，而高浓度Cd对这两种酶具有抑制作用。另一项研究也发现，在Cr^{6+}胁迫下，赤子爱胜蚓体内蛋白、CAT活性随Cr^{6+}浓度增加先升高后降低，SOD活力也在后期受到抑制，而丙二醛（MDA）含量持续升高（朱艳等，2020）。在同一种蚯蚓体内，不同重金属在不同条件下对各种酶的影响具有显著差异。在一项早期的土壤染毒实验中发现，蚯蚓在Cd、Pb中毒后体内过氧化物酶同工酶的活性增加，而脂酶同工酶的活性在Cd中毒后减弱，而在Pb中毒后增强（王振中等，1994）。林少琴和兰瑞芳（2001）研究了几种金属离子对蚯蚓CAT，GSH-Px及SOD酶活性的影响，结果表明Zn^{2+}、Fe^{3+}、Mn^{2+}在体外对蚯蚓CAT有抑制作用，Mg^{2+}、Hg^{2+}、Cd^{2+}则对其有激活作用，但在体内Zn^{2+}，Fe^{3+}则转变成激活作用；Zn^{2+}、Fe^{3+}、Mn^{2+}等在体外对蚯蚓GSH-Px呈抑制作用，在体内24h对其也呈抑制作用，但48h却表现为激活作用；Zn^{2+}、Fe^{3+}、Mn^{2+}、Hg^{2+}等在体外对蚯蚓SOD有强烈的抑制作用，抑制率达0%～30%，但在体内却表现为不同程度的激活作用。还有研究人员在研究猪粪中的重金属时还发现，猪粪中一定浓度的Cu、Cd、Cr均会使蚯蚓体内纤维素酶活力下降，并且不同重金属或同一重金属的不同浓度对蚯蚓纤维素酶活力的作用效应不同，在一定范围内随各污染物浓度增加而明显下降（吴国英和贾秀英，2006）。

金属硫蛋白（MT）是一类低分子量、高巯基含量的金属结合蛋白，可参与金属元素的代谢，保持机体金属离子含量相对稳定，对重金属有解毒作用（徐炳政等，2014）；同时还具有清除体内自由基，参与机体应激反应、调节机体生长发育及抗辐射的作用，是蚯蚓体内最重要的结合蛋白质之一（Sylvain et al.，2006）。徐冬梅等（2009）的研究表明，Cd暴露可使蚯蚓体内MT含量显著增加，MT可结合高达65%的进入蚯蚓体内组织的Cd。但在高浓度Cd的情况下，MT含量虽然显著增加，但是也不足以完全解毒，蚯蚓的毒害症状依然加剧，可见MT的解毒效应存在一定的限度（张高川等，2010）。李超民等（2015）在研究Cu^{2+}、Ag^{+}、Cr^{6+}对蚯蚓体内MT和谷胱甘肽过氧化物酶（GSH-Px）酶活性的影响时，发现Cr^{6+}浓度在50mg·kg^{-1}以内对蚯蚓MT相对含量及GSH-Px活力具有诱导效应，但浓度超过50mg·kg^{-1}后，对MT相对含量具有抑制作用；Ag^{+}浓度在5mg·kg^{-1}时MT相对含量显著上升且达到峰值；Cu^{2+}浓度超过50mg·kg^{-1}时对蚯蚓体内MT含量有抑制作用。

第二节　蚯蚓对重金属污染土壤的修复潜力及应用

蚯蚓在土壤中的各种生命活动都能够直接或间接改变土壤性质，对金属离子的形态与迁移造成影响。这主要包括蚯蚓自身的生物累积，改变金属离子在土壤中的存在形态，以及调控土壤中其他生物的生长繁殖从而转化或固定金属离子等。

一、重金属在蚯蚓体内的富集与分布

（一）蚯蚓对重金属的富集

蚯蚓对金属胁迫具有较高的耐性和极强的生物累积能力（Yu et al.，2005；Dai et al.，2004）。蚯蚓吸收金属离子的方法主要有两个：一是通过吞食矿物颗粒或土壤有机复合体的过程中附带的金属离子；二是通过皮肤吸收土壤溶液中溶解的金属离子（Hobbelen et al.，2006；Becquer et al.，2005）。目前更多的研究表明吞食作用是蚯蚓富集金属离子的主要作用，但是不同的金属离子的吸收途径也有所不同，如Becquer等（2005）的研究显示镉可通过皮肤的渗入蚓体，而铜、铅和锌等则主要通过蚯蚓吞食进入蚓体。另外，金属在蚯蚓体内的富集量与其有效态含量密切相关，大部分研究结果显示二者呈显著正相关关系（Dai et al.，2004；Becquer et al.，2005；瑟竞，2017）。值得注意的是，有些金属的潜在生物有效形态（如酸溶解态、铁锰氧化物结合态或者有机结合态）与蚯蚓体内金属含量的相关性，比

可交换态或者水溶态的金属离子强。不同蚯蚓对金属富集能力差异可以通过金属生物富集系数（BSAF）来表示（Dai et al.，2004）。

$$BSAF = \frac{M_{worm}}{M_{soil}}$$

式中，M_{worm}和M_{soil}分别表示金属离子在蚯蚓和土壤中的浓度。

不同蚯蚓的取食偏好、取食速率不同，对金属离子的富集也不同，内栖型蚯蚓往往比表栖型蚯蚓更容易富集镉、铜、铅等重金属（Morgan J E and Morgan A J，1999；Dai et al.，2004）。本书已有的研究结果表明，在华南地区不同污染水平土壤中添加皮质远盲蚓和壮伟远盲蚓培养 120d 后，蚯蚓体内的 Zn、Cd、Pb 和 Cu 分别提高了 1.99～2.98、1.34～2.82、27.0～87.0、13.4～15.8 倍和 0.79～0.81、1.75～1.88、124～233、4.23～6.53 倍。两种蚯蚓对镉的富集系数显著高于锌和铅，远大于铜；相对于内栖型壮伟远盲蚓，表栖型皮质远盲蚓具有更强的锌富集能力，在高污染土壤中具有较强的铜富集能力，在低污染土壤中则具有较高的镉富集能力（Xiao et al.，2020）。此外，Zhang 等（2022）通过在添加 10%有机物料的金属污染土壤中接种不同蚯蚓，发现了相似的结果。内栖型蚯蚓壮伟远盲蚓的镉、锌、铅和铜的生物富集能力均为最强，表栖型皮质远盲蚓和毛利远盲蚓的镉、锌和铜的生物富集能力次之，而表栖型赤子爱胜蚓的金属富集能力最弱；四种重金属离子在蚯蚓组织中含量大小为 Zn＞Pb、Cu＞Cd，而蚯蚓对重金属的生物富集系数大小排序为 Cd＞Zn＞Pb＞Cu，且 Zn、Cu、Pb 的生物富集系数都小于 1，不同的蚯蚓种类对重金属的富集能力有显著的差异，如表 6.1 所示。

表 6.1　在 Zn、Cu、Cd、Pb 复合污染土壤中培养 60d 后四种蚯蚓体内金属富集量及其富集系数（Zhang et al.，2022）

蚯蚓种类	金属富集量/(mg·kg^{-1})				富集系数			
	Zn	Cd	Cu	Pb	Zn	Cd	Cu	Pb
赤子爱胜蚓	95.8±4.80[b]	5.03±0.117[b]	30.9±1.67[b]	56.8±4.86[b]	0.308±0.043[a]	6.76±1.60[b]	0.084±0.006[b]	0.138±0.011[b]
皮质远盲蚓	184±28.3[a]	15.7±2.62[a]	72.5±8.74[a]	62.5±22.7[b]	0.666±0.099[a]	24.8±7.03[a]	0.194±0.022[a]	0.149±0.055[b]
毛利远盲蚓	138±22.3[b]	12.0±0.614[a]	59.9±8.39[a]	63.6±7.47[b]	0.508±0.270[a]	16.6±5.58[ab]	0.156±0.018[a]	0.150±0.017[b]
壮伟远盲蚓	150±9.89[ab]	12.2±4.31[a]	72.7±5.35[a]	97.4±13.7[a]	0.557±0.059[a]	24.0±7.92[a]	0.196±0.009[a]	0.235±0.034[a]

通过金属耐受程度、金属富集能力、金属活化能力以及对土壤质量的提升能力四个方面的综合表现（图 6.5），对华南地区常见的四种蚯蚓的重金属修复潜力进行比较，推荐毛利远盲蚓为最佳的蚯蚓重金属修复蚓种（Zhang et al.，2022）。

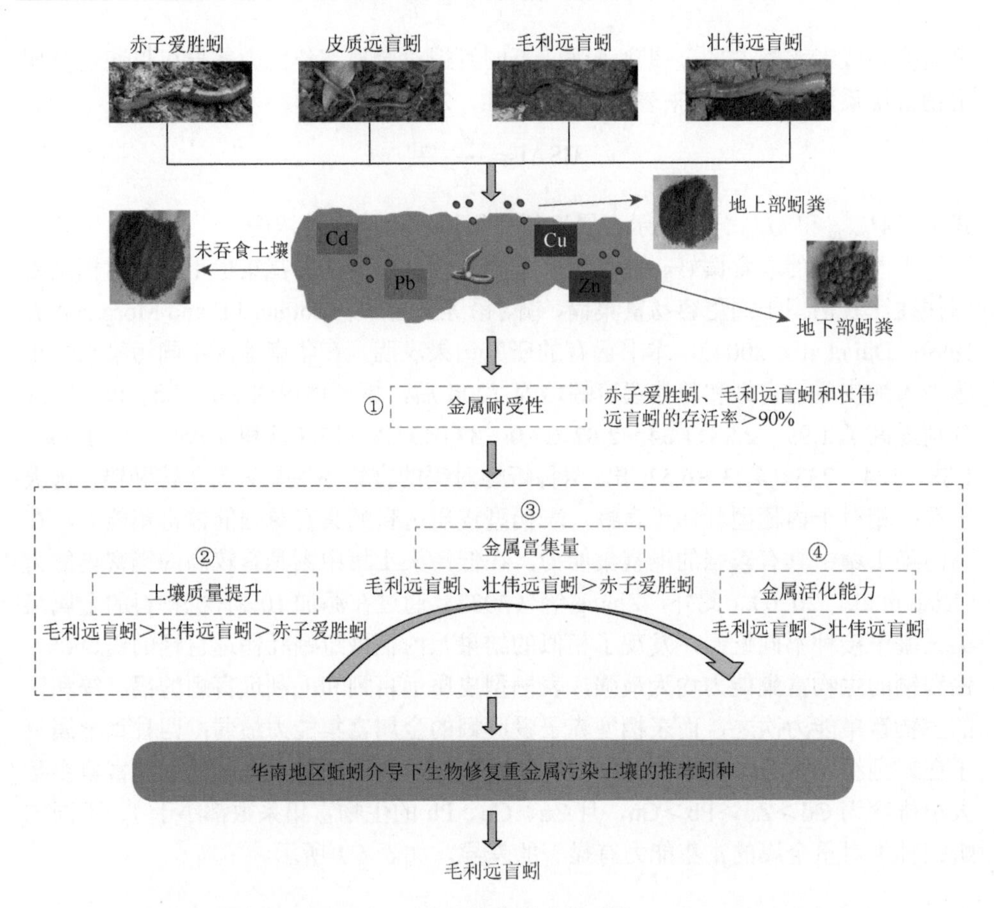

图6.5　华南本地蚯蚓对于重金属修复潜力的对比（Zhang et al.，2022）

（二）重金属在蚯蚓体内的分布

食物和土壤被蚯蚓进食后，通过口腔、咽、食道、砂囊、胃，最后进入肠道（Marichal et al.，2017）。在肠道中，食物中的金属离子随着食物的硝化通过溶解、络合等作用被释放出来，随后被绒毛吸收，通过毛细血管进入到血液中（Marichal et al.，2012）。被蚯蚓吸收同化后，金属离子分布在不同的亚细胞组分中，部分会以蚓粪、尿液和黏液的形式排出蚯蚓体内（Ardestani et al.，2014）。蚯蚓不同亚细胞组分中的金属离子对于蚯蚓的毒害影响也不同，有研究人员通过差速离心法将蚯蚓细胞分为细胞溶质（微粒体、细胞器、蛋白等）、细胞碎片（组织、细胞膜和碎片等）和固体颗粒（细胞残渣等），发现固体颗粒和细胞溶质中的金属离子的毒性相对较高，而细胞碎片中的金属离子的毒害影响较小（Wang et al.，2018a；Sinkakarimi et al.，2020）。肠道复杂的物质组成以及微生物群落等对金属离子在其体内的吸收和分布都有重要影响（Li et al.，2009b；Pass et al.，2015）。同时，金属在蚓体内的分布区域与蚯蚓种类和金属种类有关。目前研究显示，镉主要分布在 *A. caliginasa* 体内的后消化道（Morgan J E and Morgan A J，1998）、粉正蚓（*L. rubellus*）的黄色细胞区域组织（Vijver et al.，2005）、赤子爱胜蚓的细胞溶质（Li et al.，2009a）和表皮（段晓尘，2015）、安德爱胜蚓（*Eisenia andrei*）金属硫蛋白（Yu and Lanno，2010）中，而锌广泛分布于蚯蚓各器官及连接组织中（Vijver et al.，2005）。但目前不同金属在华南地区常见远盲蚓体内的富集位置和水平等相关研究仍十分缺乏。

二、蚯蚓对重金属有效性及形态的影响

（一）直接影响

不同蚯蚓通过取食、掘穴和排泄等生命活动可以直接改变土壤重金属的移动性和生物有效性（Yu et al.，2005；Zhang et al.，2016；Sizmur and Richardson，2020）。Sizmur 和 Richardson（2020）调查了 42 篇文献，汇总了 1185 对研究结果，通过整合分析比较蚯蚓存在与否对土壤重金属的生物地球化学循环的影响，结果显示内栖型和表栖型蚯蚓能够显著提高土壤的金属移动性，且这一过程与蚯蚓肠道作用密切相关；深栖型蚯蚓在地表形成的蚓粪具有较高的金属有效性，但是土体中和植物中金属并未增加，这可能与深栖型蚯蚓在土体中形成垂直孔道增加金属的淋溶有关（Sizmur et al.，2011）。Zhang 等（2022）的研究结果显示赤子爱胜蚓、皮质远盲蚓、毛利远盲蚓和壮伟远盲蚓对土壤重金属的有效性影响也差异明显，特别是表栖型和表-内栖型蚯蚓（图 6.1）。然而，Tibihenda 等（2022）将表栖型赤子爱胜蚓和深栖型参状远盲蚓接种至种植菜心的土壤进行盆栽实验后，菜心的 Pb 富集量或浓度显著提高。亚洲环毛蚓与欧洲正蚓在生理结构、取食习惯及行为的较大差异可能是上述不同结果的主要原因，深入的机制分析有待进一步进行。

（二）间接影响

蚯蚓还可以间接地使土壤的物理、化学和生物特性发生改变，从而影响重金属在土壤中的形态分布（Sizmur and Hodson，2009；Zhang et al.，2016）。Sizmur 等（2011）认为蚯蚓并没有活化重金属离子的特殊途径，而是通过加快土壤中的各种反应来促进金属的转移能力（图 6.6）。

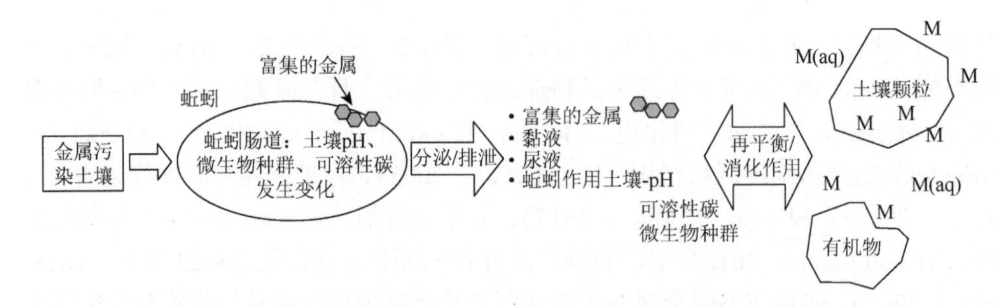

图 6.6　蚯蚓对金属生物有效性的影响（Sizmur and Hodson，2009）

M 代表金属离子；M（aq）代表被蚯蚓作用后的金属离子

（1）土壤 pH 是影响重金属在土壤中形态的重要因素，直接控制重金属氢氧化物、碳酸盐和磷酸盐的溶解度，重金属的水解，离子半径的形成，有机物质的溶解及土壤表面电荷的性质（陈怀满，2018）。前人的研究显示蚯蚓可以降低土壤的 pH，提高重金属的有效性（El-Gharmali，2002；Kizilkaya，2004；Yu et al.，2005）；然而更多的研究表明，蚯蚓能够提高土壤的 pH，这可能与其钙化腺体活性、皮肤黏液或碱性排泄物有关（Schrader，1994；Parkin and Berry，1999；Salmon，2001）。土壤 pH 升高有利于金属羟基化合物的生成，而羟基化合物在土壤吸附点位上亲和力明显高于离子态重金属，同时也会生成碳酸盐沉淀，导致重金属有效性的降低（陈怀满，2018）。

（2）土壤有机质是影响重金属在土壤中形态的另一个重要因素，是吸附重金属的最主要的土壤组分。蚯蚓在降解土壤有机质过程中能够提高土壤中腐殖质和有机酸含量，从而引起金属的移动性变化（陈旭飞等，2012）。其中土壤溶解性有机碳含量的提高在活化重金属方面起主要作用（Wen et al.，2006），它能够与土壤溶液和矿物表面的重金属产生配位反应，进而增加重金属的溶解作用（Sizmur and Hodson，2009）。

（3）土壤氧化还原电位 Eh 的改变影响金属的有效性。还原态铁（Fe^{2+}）、锰（Mn^{2+}）比氧化态 Fe^{3+}、Mn^{4+}的溶解度高。由于蚯蚓的作用，土壤中 Eh 变化，导致铁锰氧化物结合态金属含量增加，影响金属的生物有效性（Zhang et al.，2021）。

（4）蚯蚓对土壤金属离子有效性的影响与蚓触圈的微生物特征息息相关。蚯蚓体内微生物优势菌种特征变化与其取食的土壤和有机物料类型有关（Aira et al.，2016；龙建亮等，2018）。由于金属污染土壤有机质含量少、金属含量高（Li et al.，2009b），蚯蚓往往取食富含微生物的土壤颗粒以维持生存（Garvín et al.，2000）。这些携带重金属的菌种进入蚯蚓肠道后可能通过两种方式影响重金属的生物有效性（图 6.7）：一方面，一部分菌种（特征菌Ⅰ）可能由于蚯蚓肠道内纤维素酶、蛋白酶、磷酸酶等作用而被消化，菌体内各种有机无机复合体固定的金属因而能够被释放出来，在蚓体内络合成其他金属形态（碳酸盐结合态或铁锰结合态等）并最终随代谢物排出体外；另一方面，一部分菌种（特征菌Ⅱ）在蚓体肠道液的作用下可能被“激活”（Brown et al.，1995），其数量、生物量或活性大幅度提高，能够更大程度地改变蚯蚓肠道内与金属密切相关的理化特征，进而影响重金属形态和迁移转化进程。例如，被激活的微生物种群作用可能引起肠道内容物 pH 的上升或下降，间接影响金属的形态特征（Ma et al.，2002；Wen et al.，2004；Udovic et al.，2007；Maity et al.，2008）；其也可能会造成 Eh 的降低，提高 Fe 和 Mn 离子的有效性（Lin et al.，2007），最终增加铁锰结合态金属含量；微生物加速分解土壤有机质，释放更多低分子有机物，也能促进有机结合态金属的形成。代金君等（2015）发现，蚯蚓-金属污染土壤体系中蚯蚓肠道微生物种群变化显著，其中香味菌属（*Myroides* sp.）、芽孢杆菌属（*Bacillus* sp.）、鞘氨醇杆菌属（*Sphingobacterium* sp.）、金黄杆菌属（*Chryseobacterium* sp.）、假单胞杆菌属（*Pseudomonas* sp.）、丛毛单胞菌属（*Comamonas* sp.）、不动杆菌属（*Acinetobacter* sp.）为优势菌群，且它们与重金属的迁移转化紧密相连。Pass 等（2015）发现砷污染地区粉正蚓（*Lumbricus rubellus*）的肠道中以变形菌门、放线菌门、拟杆菌门和酸杆菌门为优势菌群，且丰度分别为总细菌群落的 50%、30%、6%和 3%。Wang 等（2019）和 Li 等（2022）的研究显示砷污染下蚯蚓 *Metaphire sieboldi* 肠道微生物多样性显著降低，厌氧氨氧化细菌群落作为关键菌群对肠道中砷氧化还原和解毒外排起到了主导作用，从而影响砷的转化过程。因此，探寻污染土壤中协同蚯蚓活化重金属的这些优势菌的功能及作用机制是近年来研究的热点。

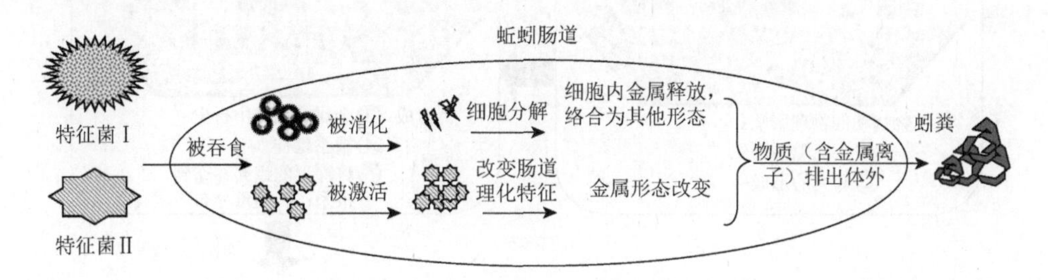

图 6.7 特征菌进入蚯蚓肠道的可能途径及其对金属活化和形态转化过程（张池等，2018）

（三）不同来源蚯蚓对重金属有效性的影响不同

蚯蚓的生活史不同对于金属有效性的影响也有所不同。Lukkari 等（2006）发现在污染区采集的蚯蚓比非污染区采集的蚯蚓对于金属的生物有效性的影响更小，这可能与污染区的蚯蚓产生的基因突变或生理抗性有关。

（四）蚯蚓在不同污染条件土壤中对重金属有效性的影响不同

蚯蚓对不同污染方式、污染元素和理化性质的土壤中金属的有效性影响不同。Sizmur 和 Richardson（2020）的调查显示蚯蚓对自然污染土壤中金属的移动比人工污染土影响范围更大；对有机质含量＜2%的土壤的金属的移动性影响更敏感。Sizmur 等（2011）和 Zhang 等（2022）发现同一种蚯蚓对不同的金属离子的移动和形态转化作用不一致。

（五）蚯蚓与植物的联合作用导致金属转化和生物有效性提高

Leveque 等（2014）发现在植物体系中，蚯蚓的生物扰动改变了土壤 pH，大孔隙度和土壤有机质是污染物植物有效性增加的主要原因（图 6.8）。Zhang 等（2023）的研究显示，在作物与超富集植物复合体系中，蚯蚓活动改变土壤碳氮组分，影响微生物种群特征，进而改变植物生长，这是植物金属生物有效性变化的重要原因（图 6.9）。蚓触圈和根际这一交互体系中，蚯蚓扰动对生态关系的重建和调整及其对金属的转化和移动的作用机制有待深入探讨。

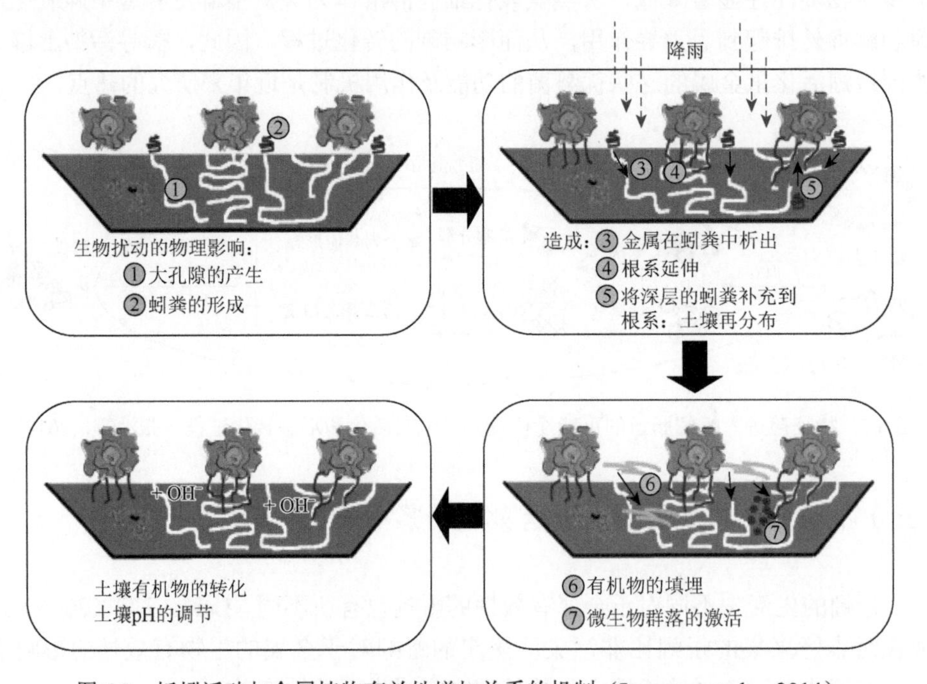

图 6.8　蚯蚓活动与金属植物有效性增加关系的机制（Leveque et.al.，2014）

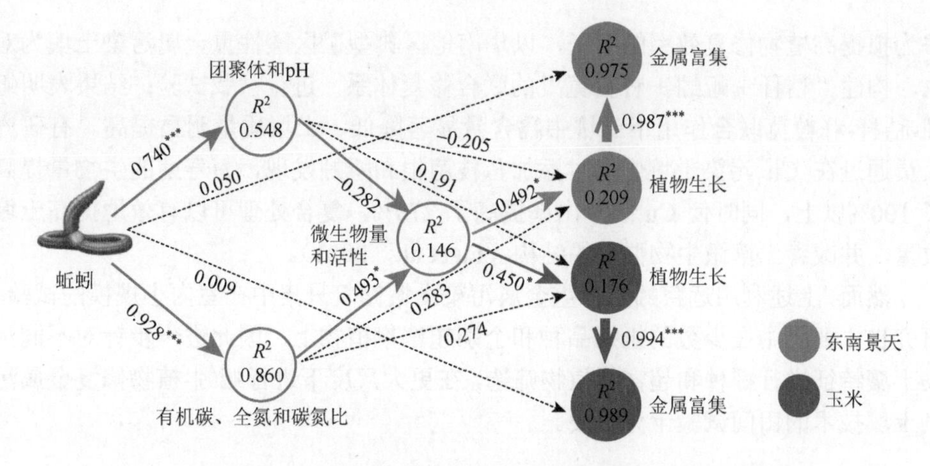

图 6.9　蚯蚓在作物-超富集植物体系中对金属植物生物富集量的影响
（Zhang et al.，2023）

三、蚯蚓在重金属污染土壤修复中的应用

目前，蚯蚓在重金属污染土壤修复中的应用主要包含两个方面：①蚯蚓可以和超富集植物构建联合修复体系。超富集植物在生物修复中受到生长缓慢、生物量低的限制。蚯蚓能够促进植物生长，提高其修复效率（Zhang et al.，2023）。②蚯蚓可以和生物炭及纳米羟基磷灰石等固化物构建联合修复体系。生物炭和纳米羟基磷灰石等稳定剂往往具有较强的重金属吸附能力，能减少金属进入农作物的量。但这些物质在土壤中无法移动，蚯蚓生物扰动能促进金属在这些稳定剂上的吸附，从而降低农作物的金属富集量（Wang et al.，2020）。

（一）蚯蚓与超富集植物联合修复重金属污染土壤

蚯蚓活动不仅能提高土壤金属有效性，而且能够促进超富集植物生长，进而增强超富集植物的金属能力，最终达到修复污染土壤的目的（Yu et al.，2005；Zhang et al.，2023；黄钰婷，2016）。Lemtiri 等（2016）发现赤子爱胜蚓的加入能够增加蚕豆和玉米的金属富集量，但是并没有改变金属离子在植物组织内的富集浓度，同时，植物的添加也在一定程度下降低了蚯蚓体内组织的金属富集量。Zhang 等（2023）在实验室条件下，使用超富集植物东南景天作为修复植物，通过投放毛利远盲蚓和添加有机物料，构建修复体系研究植物生长特征和金属迁移转化特征，结果显示蚯蚓处理显著促进东南景天组织器官的金属富集量和金属由地下部向地上部的转运能力。黄钰婷（2016）应用千穗谷（*Amaranthus hypochondriacus*）作为修复植物，选用秸秆和两种不同生态类型的蚯蚓（赤子爱胜蚓和壮伟远盲蚓）

作为拟提高植物修复效率的因子，以华南地区典型矿区酸性重金属污染土壤为对象，构建“秸秆＋蚯蚓＋籽粒苋”的联合修复体系，进行盆栽试验；结果表明蚯蚓-秸秆-籽粒苋联合作用下土壤中镉含量显著降低、土壤质量明显提高。有研究人员通过在 Cu 污染土壤中同时添加丛枝菌根和蚯蚓发现，万寿菊的生物量提高了 100%以上，同时使 Cu 的浸出率提高了 270%，复合处理可以有效地提高土壤质量，并改善土壤微生物群落的结构（Fu et al.，2021）。

然而，上述利用远盲蚓进行重金属污染土壤修复只集中在室内小规模的试验，研究也主要集中在少数的蚯蚓品种和个别超富集植物上，因此进一步针对不同污染土壤特征进行蚓种和超富集植物筛选，在更大尺度下进行蚯蚓-植物修复金属污染土壤技术的田间试验十分必要。

（二）蚯蚓与稳定剂联合修复污染土壤

随着新材料和新技术的使用，生物炭和纳米吸附材料对土壤金属的吸附能力以及二者与生物较好的相容性已被大家广泛认识。本书利用上述材料，在广东韶关进行了相关蚯蚓大田试验（图 6.10），是否能够利用这些先进材料与远盲蚓共同构建新的生物修复体系，更高效地修复重金属污染土壤将在研究中继续探讨。同时鉴于蚯蚓对金属活化的作用，在进行蚯蚓主导的生物修复技术体系构建时，我们也同时应对蚯蚓活化金属的速率、植被生长速率和金属吸收效率进行定量评估，防止被蚯蚓活化的金属离子过早过快地进入水体和其他动植物体，从而带来环境风险和危害（Zhang et al.，2016）。

图 6.10　蚯蚓与稳定剂联合作用对镉污染土壤修复田间试验

第三节　本章展望

由于现代工业的发展，各种土壤重金属污染问题必然长期存在，其对自然界生物以及人类的潜在威胁也不容忽视，如何应用蚯蚓等土壤生物加快土壤的自我净化功能，修复并稳定土壤的生态功能和生产功能，成为未来防治土壤重金属污染的研究热点。目前的研究还处于初步阶段，在未来的研究应该重点关注以下几个方面：蚯蚓影响不同金属离子迁移转化的具体机制是什么；如何选择合适的蚯蚓品种实现真正的田间重金属修复；如何应用蚯蚓修复污染土壤的机制开发新的修复途径；蚯蚓在重金属污染与其他污染物共存的条件下的修复潜力如何；如何提高蚯蚓修复重金属的修复效率与速率；如何处理应用在重金属修复后的剩余蚯蚓；如何评估蚯蚓修复后的污染土壤的粮食生产能力。

参考文献

陈怀满，2018. 环境土壤学[M]，北京：科学出版社.

陈旭飞，张池，戴军，等，2014. 赤子爱胜蚓和毛利远盲蚓对添加造纸污泥土壤的化学和生物学特征的影响[J]. 生态学报，34（5）：1114-1125.

陈旭飞，张池，高云华，等，2012. 蚯蚓在重金属污染土壤生物修复中的应用潜力[J]. 生态学杂志，31(11)：2050-2057.

陈志伟，李兴华，周华松，2007. 铜、镉单一及复合污染对蚯蚓的急性毒性效应[J].浙江农业学报，（1）：20-24.

崔春燕，沈根祥，胡双庆，等. 2015. 铬（Ⅵ）和菲单一及复合暴露对赤子爱胜蚓的急性毒性效应研究[J]. 农业环境科学学报，34（11）：2070-2075.

代金君，张池，周波，等，2015. 蚯蚓肠道对重金属污染土壤微生物群落结构的影响[J]. 中国农业大学学报，20（5）：95-102.

段昌群，和树桩，严重玲，等，2019. 环境生物学[M]. 2版. 北京，科学出版社.

段晓尘，2015. 重金属和有机污染物对赤子爱胜蚓（*Eisenia fetida*）的生态毒理效应及机制差异[D]. 南京：南京农业大学.

高超，李霁，刘征涛，等，2015.　土壤铅镉铬暴露下赤子爱胜蚓的回避行为和急性毒性[J]. 环境科学研究，28（10）：1596-1601.

环境保护部，国土资源部，2014. 全国土壤污染状况调查公报[J].中国环保产业（5）：10-11.

黄钰婷，2016. 有机质-蚯蚓联合使用对籽粒苋累积重金属的影响[D]. 广州：华南农业大学.

贾秀英，李喜梅，杨亚琴，等，2005. Cu Cr（Ⅵ）复合污染对蚯蚓急性毒性效应的研究[J]. 农业环境科学学报（1）：31-34.

金亚波，韦建玉，屈冉，2009. 蚯蚓与微生物、土壤重金属及植物的关系[J].土壤通报，40（2）：439-445.

李超民，胡吉林，赵丽，等，2015.　重金属对蚯蚓体内金属硫蛋白和谷胱甘肽过氧化物酶的影响[J]. 浙江农业学报，27（4）：544-548.

李志强，王彬彬，聂俊华，2009. 铜污染对蚯蚓体重的影响与其铜富集特征[J].生态学报，（3）：1408-1414.

林少琴，兰瑞芳，2001.金属离子对蚯蚓 CAT、GSH-Px 及 SOD 酶活性的影响[J].海峡药学，（2）：23-25.

龙建亮，2017. 赤子爱胜蚓（*Eisenia fetida*）对土壤化学，生物学性状及细菌群落结构的影响[D]. 广州：华南农业大学.

龙建亮，张池，杨远秀，等，2018. 赤子爱胜蚓对两种土壤中细菌群落结构组成及多样性的影响[J]. 动物学杂志，53（6）：963-977.

瑟竞，2017. 赤子爱胜蚓（*Eisenia fetida*）抗氧化系统对土壤有效态镉响应的研究[D]. 广州：华南农业大学.

宋玉芳，周启星，宋雪英，等，2002. 土壤环境污染的生态毒理学诊断方法研究进展[J].生态科学，21（2）：182-186.

王飞菲，郑梦梦，刘树海，等，2014. 两种除草剂对蚯蚓的急性毒性及氧化胁迫效应[J].生态毒理学报，9（6）：1210-1218.

王振中，张友梅，胡觉莲，等，1994.土壤重金属污染对蚯蚓（Opisthopora）影响的研究[J]. 环境科学学报，（2）：236-243.

吴国英，贾秀英，2006.猪粪重金属对蚯蚓体重及纤维素酶活性的影响[J].农业环境科学学报，（S1）：219-221.

邢益钊，2020. 浅谈蚯蚓对土壤环境的指示作用及其功能的影响[J].热带农业科学，40（12）：87-90.

徐炳政，张东杰，王颖，等，2014. 金属硫蛋白及其重金属解毒功能研究进展[J]. 中国食品添加剂，（5）：171-175.

徐冬梅，刘文丽，刘维屏，2009. 外源污染物对蚯蚓毒理作用研究进展[J].生态毒理学报，4（1）：21-27.

徐冬梅，王彦华，王楠，等，2015. 铜、毒死蜱单一与复合暴露对蚯蚓的毒性作用[J]. 环境科学，36（1）：280-285.

于旦洋，王颜红，丁茯，等，2021. 近十年来我国土壤重金属污染源解析方法比较[J]. 土壤通报，52（4）：1000-1008.

袁方曜，王玢，牛振荣，等，2004. 华北代表性农田的蚯蚓群落与重金属污染指示研究[J]. 环境科学研究，17（6）：70-72.

张池，周波，吴家龙，等，2018. 蚯蚓在我国南方土壤修复中的应用[J].生物多样性，26（10）：1091-1102.

张高川，张春华，葛滢，2010. 镉胁迫下蚯蚓金属硫蛋白氧化修饰的研究[J]. 生态毒理学报，5（4）：558-562.

张慧琦，王坤，岳士忠，等，2017. 土壤镉污染对赤子爱胜蚓（*Eisenia fetida*）和加州腔蚓（*Metaphire californica*）体表角质层的影响[J]. 生态环境学报，26（10）：1807-1813.

赵作媛，朱江，陆贻通，等，2006. 镉-菲复合污染对蚯蚓急性毒性效应的研究[J]. 上海交通大学学报（农业科学版），（6）：553-557.

朱淑贞，祝凌燕，刘慢 等，2010. 五溴联苯醚-镉胁迫下蚯蚓抗氧化防御反应[J]. 环境科学与技术，33（11）：10-16.

朱艳，高晨昕，孟雨婷，等，2020. 杀螟丹和 Cr^{6+} 复合污染对赤子爱胜蚓的毒性研究[J]. 农业环境科学学报，4（2）：300-309.

Aira M，Olcina J，Pérez-Losada M，et al.，2016. Characterization of the bacterial communities of casts from *Eisenia andrei* fed with different substrates[J]. Applied Soil Ecology，98：103-111.

Ali H，Khan E，Sajad M A，2013. Phytoremediation of heavy metals：Concepts and applications[J]. Chemosphere（Oxford），91（7）：869-881.

Ardestani M M，van Straalen N M，van Gestel C A M，2014. Uptake and elimination kinetics of metals in soil invertebrates：A review[J]. Environmental Pollution，193：277-295.

Babi S，Bari I J，Malev O，et al.，2016. Sewage sludge toxicity assessment using earthworm *Eisenia fetida*：Can biochemical and histopathological analysis provide fast and accurate insight？[J]. Environmental Science and Pollution Research International，23（12）：150-163.

Basha P M，Latha V，2016. Evaluation of sublethal toxicity of zinc and chromium in *Eudrilus eugeniae* using biochemical and reproductive parameters[J]. Ecotoxicology，25（4）：802-813.

Beaumelle L，Lamy I，Cheviron N，et al.，2014. Is there a relationship between earthworm energy reserves and metal availability after exposure to field-contaminated soils？[J]. Environmental Pollution，191：182-189.

Becquer T，Dai J，Quantin C，et al.，2005. Sources of bioavailable trace metals for earthworms from a Zn-，Pb-and Cd-contaminated soil[J]. Soil Biology and Biochemistry，37（8）：1564-1568.

Boughattas I，Hattab S，Boussetta H，et al.，2016. Biomarker responses of *Eisenia andrei* to a polymetallic gradient near a lead mining site in North Tunisia[J]. Environmental Pollution，218：530-541.

Brown G G，1995. How do earthworms affect microfloral and faunal community diversity？[J]. Plant and Soil，170（1）：209-231.

Calisi A，Lionetto M G，Schettino T. 2011. Biomarker response in the earthworm *Lumbricus terrestris* exposed to chemical pollutants[J]. Science of the Total Environment，409（20）：4456-4464.

Cao X，Bi R，Song Y. 2017. Toxic responses of cytochrome P450 sub-enzyme activities to heavy metals exposure in soil and correlation with their bioaccumulation in *Eisenia fetida*[J]. Ecotoxicology and Environmental Safety，144：158-165.

Capowiez Y，Rault M，Mazzia C，et al.，2003. Earthworm behaviour as a biomarker—A case study using imidacloprid[J]. Pedobiologia，47（5）：542-547.

Chen W Y，Li W H，Ju Y R et al.，2017. Life cycle toxicity assessment of earthworms exposed to cadmium-contaminated soils[J]. Ecotoxicology，26（3）：360-369.

Dai J，Becquer T，Rouiller J H，et al.，2004.Influence of heavy metals（zinc，cadmium，lead and copper）to some micro-biological characteristics of soils[J]. Applied Soil Ecology，25：99-109.

Demuynck S，Lebel A，Grumiaux F et al.，2016. Comparative avoidance behaviour of the earthworm *Eisenia fetida* towards chloride，nitrate and sulphate salts of Cd，Cu and Zn using filter paper and extruded water agar gels as exposure media[J]. Ecotoxicology and Environmental Safety，129：66-74.

Dhaliwal S S，Singh J，Taneja P K，et al.，2020. Remediation techniques for removal of heavy metals from the soil contaminated through different sources：A review[J]. Environment Science and Pollution Research，27（2）：1319-1333.

Duan Q N，Lee J C，Liu Y S et al.，2016. Distribution of heavy metal pollution in surface soil samples in China：A graphical review[J]. Bulletin of Environmental Contamination and Toxicology，97（3）：303-309.

El-Gharmali A，2002. Study of the effect of earthworm *Lumbricus terrestris* on the speciation of heavy metals in soils[J]. Environmental Technology，23：775-780.

Fernando V K，Perera I C，Dangalle C D，et al.，2015.Histological alterations in the body wall of the tropical earthworm eudrilus eugeniae exposed to hexavalent chromium[J]. Bull Environ Contam Toxicol，94（6）：744-748.

Fu L，Zhang L，Dong P C，et al.，2021. Remediation of copper-contaminated soils using *Tagetes patula* L.，earthworms and arbuscular mycorrhizal fungi[J]. International Journal of Phytoremediation，24（10）：1107-1119.

Gan S，Lau E V，Ng H K，2009. Remediation of soils contaminated with polycyclic aromatic hydrocarbons（PAHs）[J]. Journal of Hazardous Materials，172（2-3）：532-549.

Garvín M H，Lattaud C，Trigo D，et al.，2000. Activity of glycolytic enzymes in the gut of *Hormogaster elisae*（Oligochaeta，Hormogastridae）[J]. Soil Biology and Biochemistry，32（7）：929-934.

Hobbelen P H F，Koolhaas J E，Van Gestel C A M，2006. Bioaccumulation of heavy metals in the earthworms *Lumbricus rubellus* and *Aporrectodea caliginosa* in relation to total and available metal concentrations in field soils[J]. Environmental Pollution，144（2）：639-646.

Huang C，Shen Z，Li L，et al.，2023. Reproductive damage and compensation of wild earthworm *Metaphire californica* from contaminated fields with long-term heavy metal exposure[J]. Chemosphere，311：137027.

Kabata-Pendias A，Mukherjee A B，2007. Trace elements from soil to human[M]. Berlin：Springer.

Khan A，Khan S，Khan M A，et al.，2015. The uptake and bioaccumulation of heavy metals by food plants，their effects on plants nutrients，and associated health risk：A review[J]. Environmental Science and Pollution Research，22（18）：13772-13799.

Kizilkaya R，2004. Cu and Zn accumulation in earthworm *Lumbricus terrestris* L. in sewage sludge amended soil and fractions of Cu and Zn in casts and surrounding soil[J]. Ecological Engineering，22：141-151.

Kwak J I，Kim S W，An Y J，2014. A new and sensitive method for measuring in vivo and in vitro cytotoxicity in earthworm coelomocytes by flow cytometry[J]. Environmental Research，134：118-126.

Langdon C J，Piearce，T G，Meharg A A，et al.，2001. Resistance to copper toxicity in populations of the earthworms *Lumbricus rubellus* and *Dendrodrilus rubidus* from contaminated mine wastes[J]. Environmental Toxicology and Chemistry，20（10）：2336-2341.

Lapinski S，Rosciszewska M，2008. The impact of cadmium and mercury contamination on reproduction and body mass of earthworms[J]. Plant，Soil and Environment，64：61-65.

Latifi F，Musa F，Musa A，2020. Heavy metal content in soil and their bioaccumulation in earthworms（*Lumbricus terrestris* L.）[J]. Agriculture and Forestry，66（1）：57-67.

Lavelle P，Spain A V，2001. Soil ecology[M]. London：Kluwer academic publishers.

Lemtiri A，Liénard A，Alabi T，et al.，2016. Earthworms *Eisenia fetida* affect the uptake of heavy metals by plants Vicia faba and Zea mays in metal-contaminated soils[J]. Applied Soil Ecology，104：67-78.

Leveque T，Capowiez Y，Schreck E，et al.，2014. Earthworm bioturbation influences the phytoavailability of metals released by particles in cultivated soils[J]. Environmental Pollution，191：199-206.

Leveque T，Capowiez Y，Schreck E，et al.，2015. Effects of historic metal（loid）pollution on earthworm communities[J]. Science of the Total Enviroment，511：738-746.

Li H，Yang X R，Wang J，et al.，2022. Earthworm gut：An overlooked niche for anaerobic ammonium oxidation in agricultural soil[J]. Science of the Total Environment，752：141874.

Li L X Y，Xu Z L，Wu J Y，et al.，2010. Bioaccumulation of heavy metals in the earthworm *Eisenia fetida* in relation to bioavailable metal concentrations in pig manure[J]. Bioresource Technology，101（10）：3430-3436.

Li L Z，Zhou D M，Wang P，et al.，2009a. Kinetics of cadmium uptake and subcellular partitioning in the earthworm *Eisenia fetida* exposed to cadmium-contaminated soil[J]. Archives of Environmental Contamination and Toxicology，57（4）：718-724.

Li X Y，2022. A review on the sources of soil heavy metals[J]. International Core Journal of Engineering，8（2）：317-320.

Li Y T，Becquer T，Dai J，et al.，2009b. Ion activity and distribution of heavy metals in acid mine drainage polluted subtropical soils[J]. Environmental Pollution，157（4）：1249-1257.

Li Y S，Sun J，Robin P，et al.，2014. Responses of the earthworm *Eisenia andrei* exposed to sublethal aluminium levels in an artificial soil substrate[J]. Chemistry & Ecology，30（7）：611-621.

Li Y S，Tang H，Hu Y X，et al.，2016. Enrofloxacin at environmentally relevant concentrations enhances uptake and toxicity of cadmium in the earthworm *Eisenia fetida* in farm soils[J]. Journal of Hazardous Materials，308：312-320.

Lin C，Wu Y，Lu W，et al.，2007. Water chemistry and ecotoxicity of an acid mine drainage-affected stream in subtropical China during a major flood event[J]. Journal of Hazardous Materials，142（1-2）：199-207.

Liu C，Duan C Q，Meng X H，et al.，2020. Cadmium pollution alters earthworm activity and thus leaf-litter decomposition and soil properties[J]. Environmental Pollution，267：115410.

Liu Y Q，Du Q Y，Wang Q，et al.，2017. Causal inference between bioavailability of heavy metals and environmental factors in a large-scale region[J]. Environmental Pollution，226：370-378.

Lukkari T，Haimi J，2005. Avoidance of Cu-and Zn-contaminated soil by three ecologically different earthworm species[J]. Ecotoxicology and Environmental Safety，62（1）：35-41.

Lukkari T，Taavitsainen M，Soimasuo M，et al.，2004. Biomarker responses of the earthworm *Aporrectodea tuberculata* to copper and zinc exposure：Differences between populations with and without earlier metal exposure[J]. Environmental Pollution，129（3）：377-386.

Lukkari T，Teno S，Väisänen A，et al.，2006. Effects of earthworms on decomposition and metal availability in contaminated soil：Microcosm studies of populations with different exposure histories[J]. Soil Biology and

Biochemistry，38（2）：359-370.

Ma Y，Dickinson N，Wong M，2002 . Toxicity of Pb/Zn mine tailings to the earthworm Pheretima and the effects of burrowing on metal availability[J]. Biology & Fertility of Soils，36（1）：79-86.

Maity S，Padhy P K，Chaudhury S，2008. The role of earthworm *Lampito mauritii*（Kinberg）in amending lead and zinc treated soil[J]. Bioresource Technology，99（15）：7291-7298.

Marichal R，Grimaldi M，Mathieu J，et al.，2012. Is invasion of deforested Amazonia by the earthworm *Pontoscolex corethrurus* driven by soil texture and chemical properties？[J]. Pedobiologia，55（5）：233-240.

Marichal R，Praxedes C，Decaëns T，et al.，2017. Earthworm functional traits，landscape degradation and ecosystem services in the Brazilian Amazon deforestation arc[J]. European Journal of Soil Biology，83：43-51.

Mirmonsef H，Hornum H D，Jensen J，et al.，2017. Effects of an aged copper contamination on distribution of earthworms，reproduction and cocoon hatchability[J]. Ecotoxicology and Environmental Safety，135：267-275.

Morgan J E，Morgan A J，1998. The distribution and intracellular compartmentation of metals in the endogeic earthworm *Aporrectodea caliginosa* sampled from an unpolluted and a metal-contaminated site[J]. Environmental Pollution，99（2）：167-175.

Morgan J E，Morgan A J，1999. The accumulation of metals（Cd，Cu，Pb，Zn and Ca）by two ecologically contrasting earthworm species（*Lumbricus rubellus* and *Aporrectodea caliginosa*）：Implications for ecotoxicological testing[J]. Applied Soil Ecology，13（1）：9-20.

Nahmani J，Hodson M E，Black S，2007. A review of studies performed to assess metal uptake by earthworms[J]. Environmental Pollution，145（2）：402-424.

Nannoni F，Rossi S，Protano G，2014. Soil properties and metal accumulation by earthworms in the Siena urban area（Italy）[J]. Applied Soil Ecology，77：9-17.

Panzarino O，Hyršl P，Dobeš P，et al.，2016. Rank-based biomarker index to assess cadmium ecotoxicity on the earthworm *Eisenia andrei*[J]. Chemosphere，145：480-486.

Parkin T B，Berry E C，1999. Microbial nitrogen transformations in earthworm burrows[J]. Soil Biology and Biochemistry，31（13）：1765-1771.

Pass D A，Morgan A J，Read D S，et al.，2015. The effect of anthropogenic arsenic contamination on the earthworm microbiome[J]. Environmental Microbiology，17（6）：1884-1896.

Rajendran S，Priya T A K，Khoo K S，et al.，2022. A critical review on various remediation approaches for heavy metal contaminants removal from contaminated soils[J]. Chemosphere，287：132369.

Reinecke S，Reinecke A J，1997. The influence of lead and manganese on spermatozoa of *Eisenia fetida*（Oligochaeta）[J]. Soil Biology and Biochemistry，29（3）：737-742.

Rorat A，Suleiman H，Grobelak A，et al.，2016. Interactions between sewage sludge-amended soil and earthworms：Comparison between *Eisenia fetida* and *Eisenia andrei* composting species[J]. Environmental Science and Pollution Research International，23（4）：3026-3035.

Salmon S，2001. Earthworm excreta（mucus and urine）affect the distribution of springtails in forest soils[J]. Biology and Fertility of Soils，34：304-310.

Schrader S，1994. Influence of earthworms on the pH conditions of their environment by cutaneous mucus secretion[J]. Zoologischer Anzeiger，233（5）：211-219.

Scullion J，2006. Remediating polluted soils[J]. Naturwissenschaften，93（2）：51-65.

Shen F，Liao R M，Ali A，et al.，2017. Spatial distribution and risk assessment of heavy metals in soil near a Pb/Zn smelter in Feng County，China[J]. Ecotoxicology and Environmental Safety，139：254-262.

Singh S，Singh J，Vig A P，2020. Diversity and abundance of earthworms in different landuse patterns：Relation with soil properties[J]. Asian Journal of Biological and Life Sciences，9（2）：111-118.

Sinkakarimi M H，Solgi E，Colagar A H，2020. Interspecific differences in toxicological response and subcellular partitioning of cadmium and lead in three earthworm species[J]. Chemosphere，238：124595.

Sizmur T，Hodson M E，2009. Do earthworms impact metal mobility and availability in soil? —A review[J]. Environmental Pollution，157（7）：1981-1989.

Sizmur T，Richardson J，2020. Earthworms accelerate the biogeochemical cycling of potentially toxic elements：Results of a meta-analysis[J]. Soil Biology and Biochemistry，148：107865.

Sizmur T，Tilston E L，Charnock J，et al.，2011. Impacts of epigeic，anecic and endogeic earthworms on metal and metalloid mobility and availability[J]. Journal of Environmental Monitoring，13（2）：266-273.

Sylvain D，Fabien G，Violaine M，et al.，2006. Metallothionein response following cadmium exposure in the oligochaete *Eisenia fetida*[J]. Comparative Biochemistry and Physiology，Part C，144（1）：34-46.

Tang H，Yan Q R，Wang X H，et al.，2016. Earthworm（*Eisenia fetida*）behavioral and respiration responses to sublethal mercury concentrations in an artificial soil substrate[J]. Applied Soil Ecology，104：48-53.

Tibihenda C，Zhang M，Zhong H，et al.，2022. Growth and Pb uptake of *Brassica campestris* enhanced by two ecological earthworm species in relation to soil physicochemical properties[J]. Frontiers in Environmental Science，460.

Udovic M，Plavc Z，Lestan D，2007. The effect of earthworms on the fractionation，mobility and bioavailability of Pb，Zn and Cd before and after soil leaching with EDTA[J]. Chemosphere，70（1）：126-134.

Uwizeyimana H，Wang M，Chen W，2017.Evaluation of combined noxious effects of siduron and cadmium on the earthworm *Eisenia fetida*[J]. Environmental Science and Pollution Research，24（6）：5349-5359.

Vijver M G，Wolterbeek H T，Vink J P M，et al.，2005. Surface adsorption of metals onto the earthworm *Lumbricus rubellus* and the isopod Porcellio scaber is negligible compared to absorption in the body[J]. Science of the Total Environment，340（1-3）：271-280.

Wang H T，Ding J，Chi Q Q，et al.，2020. The effect of biochar on soil-plant-bacteria system in metal（loid）contaminated soil[J]. Environmental Pollution，263：114610.

Wang H T，Zhu D，Li G，et al.，2019. Effects of arsenic on gut microbiota and its biotransformation genes in earthworm *Metaphire sieboldi*[J]. Environmental Science & Technology，53（7）：3841-3849.

Wang K，Qiao Y H，Zhang H Q，et al.，2018a. Bioaccumulation of heavy metals in earthworms from field contaminated soil in a subtropical area of China[J]. Ecotoxicology and Environmental Safety，148：876-883.

Wang Y L，Wu Y Z，Cavanagh J A，et al.，2018b. Toxicity of arsenite to earthworms and subsequent effects on soil properties[J]. Soil Biology and Biochemistry，117：36-47.

Wang Z F，Cui Z J，2016. Accumulation，biotransformation，and multi-biomarker responses after exposure to arsenic species in the earthworm *Eisenia fetida*[J]. Toxicology Research，5（2）：500-510.

Wen B，Hu X Y，Liu Y，et al.，2004. The role of earthworms（*Eisenia fetida*）in influencing bioavailability of heavy metals in soils[J]. Biology and Fertility of Soils，40（3）：181-187.

Wen B，Liu Y，Hu X Y，et al.，2006. Effect of earthworms（*Eisenia fetida*）on the fractionation and bioavailability of rare earth elements in nine Chinese soils[J]. Chemosphere，63：1179-1183.

Xiao L，Li M H，Dai J，et al.，2020. Assessment of earthworm activity on Cu，Cd，Pb and Zn bioavailability in contaminated soils using biota to soil accumulation factor and DTPA extraction[J]. Ecotoxicology and Environmental Safety，195：110513.

Xu J，Chen X，Zhong W，2018. Present situation and evaluation of contaminated soil disposal technique[J]. IOP

Conference Series：Earth and Environmental Science，178：012029.

Yu S，Lanno R P，2010. Uptake kinetics and subcellular compartmentalization of cadmium in acclimated and unacclimated earthworms（*Eisenia andrei*）[J]. Environmental Toxicology and Chemistry，29（7）：1568-1574.

Yu X，Cheng J，Ming H W，2005. Earthworm–mycorrhiza interaction on Cd uptake and growth of ryegrass[J]. Soil Biology and Biochemistry，37（2）：195-201.

Žaltauskaitė J，Sodienė I，2014. Effects of cadmium and lead on the life-cycle parameters of juvenile earthworm *Eisenia fetida*[J]. Ecotoxicology and Environmental Safety，103：9-16.

Zhang C，Dai J，Chen X，et al.，2020. Effects of a native earthworm species（*Amynthas morrisi*）and *Eisenia fetida* on metal fractions in a multi-metal polluted soil from South China[J]. Acta Oecologica，102：103503.

Zhang C，Mora P，Dai J，et al.，2016. Earthworm and organic amendment effects on microbial activities and metal availability in a contaminated soil from China[J]. Applied Soil Ecology，104：54-66.

Zhang C，Zhong H，Mathieu J，et al.，2023. Growing maize while depolluting a multiple metal-contaminated soil：A promising solution with the hyperaccumulator plant Sedum alfredii and the earthworm *Amynthas morrisi*[J]. Plant and Soil，501：1-2.

Zhang J A，Yu J Y，Ouyang Y，et al.，2012. Responses of earthworm to aluminum toxicity in latosol[J]. Environmental Science and Pollution Research，20（2）：1135-1141.

Zhang M，Jouquet P，Dai J，et al.，2022. Assessment of bioremediation potential of metal contaminated soils（Cu，Cd，Pb and Zn）by earthworms from their tolerance，accumulation and impact on metal activation and soil quality：A case study in South China[J]. Science of the Total Environment，820：152834.

Zhang X L，Cheng X M，Lei B L，et al.，2021. A review of the transplacental transfer of persistent halogenated organic pollutants：Transfer characteristics，influential factors，and mechanisms[J]. Environment International，146：106224.

Zhang Y，Shen G Q，Yu Y S，et al.，2009. The hormetic effect of cadmium on the activity of antioxidant enzymes in the earthworm *Eisenia fetida*[J]. Environmental Pollution，157（11）：3064-3068.

Zhao F J，Ma Y，Zhu Y G，et al.，2015. Soil contamination in China：Current status and mitigation strategies[J]. Environmental Science & Technology，49（2）：750-759.

Zhou D X，Ning Y C，Wang G D，et al.，2016. Study on the influential factors of Cd^{2+} on the earthworm *Eisenia fetida* in oxidative stress based on factor analysis approach[J]. Chemosphere：Environmental Toxicology and Risk Assessment，157：181-189.

第七章　蚯蚓对土壤有机污染物的影响

自农业和工业发展进程加快以来，农药的滥用及工业“三废”不合规范的排放等行为不断出现，导致土壤污染问题频频发生。其中有机污染物，尤其是难降解有机污染物因能够远距离扩散、在环境中具有持久性（Zhang et al.，2021）且对动物和人类存在毒性（González-Mille et al.，2010），严重威胁着生态系统与人类健康安全（Sharma et al.，2014）。有机污染物的常规修复包括化学处理和物理去除（Shi et al.，2020），如土壤冲洗、蒸汽提取、电动修复、氧化、还原和脱氯等（Scullion，2006）。但这些技术大多费用高昂，还存在二次污染的风险（Dhaliwal et al.，2020）。因此，迫切需要找到清洁有效的方法来替代。近几年研究者们致力于发展和完善土壤生物修复技术：利用植物、土壤微生物及动物对土壤中的污染物进行吸附和降解，从而达到减缓土壤中污染物扩散的目的，以期通过生态循环将其从土壤中最终消除。相较于传统的物理和化学土壤修复技术，生物修复污染土壤不受时间、地点限制，成本较低（Juwarkar et al.，2010）且不会对环境造成危害（Vidali，2001），早在 20 世纪 90 年代就已有学者成功地将生物修复技术应用于有机污染土壤治理（Wilson and Jones，1993）。

蚯蚓能够借助自身生命活动为土壤“通经络骨”，其破碎、吞食、消化土壤的行为及其排泄物，对土壤生态环境有良好的改善效果。许多学者在研究蚯蚓对化学污染物的作用机理时发现，蚯蚓不仅能利用自身生命活动如吞食、体壁接触直接吸收污染物（Sinha et al.，2010；Shi et al.，2014），还能通过提高微生物活性间接降解污染（Haimi，2000；Cao et al.，2015）。利用蚯蚓修复土壤中的污染物是一种经济而又清洁有效的方法（Rodriguez-Campos et al.，2019），近几年来，有更多的人选择将蚯蚓实际应用在受化学污染的土壤中。根据近些年的研究成果（Singer et al.，2001；Dendooven et al.，2011；Hao et al.，2018），蚯蚓在修复有机污染土壤中，对多环芳香烃、多氯联苯、农药等有机污染物的吸附和降解起到了非常积极的作用，然而蚯蚓在修复有机污染物中的作用机理，我们还尚缺少足够的了解。本章力求总结学者们在蚯蚓修复土壤方面的研究成果，以期为后继研究者了解此方面的研究现状并对其后续研究提供一定的参考和借鉴。

第一节　蚯蚓修复土壤有机污染的作用机理

在地下生态系统中，蚯蚓伴随土壤中的各种微生物一道通过其自身的消化和排泄对土壤产生一系列的生物、化学、物理作用（Brown et al.，2000；Brown and Doube，2004）。由于蚯蚓在土壤中会自主选择对其有利的生长和繁殖环境，所以理论上合理利用蚯蚓的自身特点我们可以对土壤的物理性质和生态系统进行修复。这也为蚯蚓修复土壤有机污染提供了理论基础（Hickman and Reid，2008）。

一、蚯蚓对有机污染物的生物富集

蚯蚓是土壤中生物量最大的无脊椎动物，其一生需要摄入并消耗大量的土壤、土壤微生物及有机物质（Sinha et al.，2008）。蚯蚓对有机污染物的生物富集作用，主要是通过被动扩散及摄食两种方式将土壤中的有机污染物转移到体内（郜红建等，2006）。有机物进入蚯蚓体内的方式主要与其疏水性有关，疏水性较弱的有机污染物主要通过被动扩散的方式从蚯蚓皮肤进入体内，而疏水性较强的有机污染物则主要通过吞食作用进入蚯蚓体内（Lu et al.，2004；李冰等，2016）。

一方面，蚯蚓不但能够从土壤气体中吸收一些挥发性污染物（Qi and Chen，2010）；而且对于一些溶于水的有机物，蚯蚓利用皮肤而非吞食作用对有机物进行有效的吸收也已经被学者们证实（Belfroid et al.，1995）。

另一方面，蚯蚓对于土壤中有机污染物的影响主要通过其吞食和消化作用。蚯蚓在吞食土壤后，其肠道内的消化液能够促进土壤颗粒与有机污染物的解吸，肠壁的褶皱则为有机污染物提供了较多的吸附位点（Qi and Chen，2010）。蚯蚓对土壤有机污染物的富集效率与污染物在土壤中的老化时间有关：即随着污染物与土壤接触时间的延长，土壤中有机污染物的生物有效性会迅速降低（Manilal and Alexander，1991；李冰等，2016）。这种趋势被解释为：有机污染物与黏土等物质形成了胶体，进而这种比较强的吸附作用影响了有机污染物在土壤中的生物降解效果（Weber and Coble，1968；Inoue et al.，1978）。此后，不断有学者在这个研究方向上做出努力。例如，Tang 等（1998）的研究表明，与未老化的有机污染物相比，赤子爱胜蚓对老化后菲、蒽、氟蒽和芘的吸收显著减少。这个观点也进而被 Manilal 和 Alexander（1991）及 White 等（1997）关于 PAH 污染物菲在土壤中生物降解的实验结论所证实：土壤中的有机物质对菲的吸附作用显著降低了菲在土壤中的生物降解率。另外，Kelsey 等（1997）选择用赤子爱胜蚓的摄食率来对杀虫剂阿特拉津的生物有效性进行研究，结果表明，蚯蚓对该污染物在土壤中停留 124d 后摄食率有非常明显的降低（仅为 0d 时的 39.1%）。

二、蚯蚓对土壤结构和性质的影响

土壤中有机污染物的生物降解常受各种土壤条件的制约（Hamdi et al.，2007；潘政等，2020），而蚯蚓在土壤环境条件优化方面起着重要作用，它能够通过对土壤颗粒和有机质的消化和转移直接影响土壤的理化性质，与此同时形成的特殊生物结构包括蚓穴、蚓粪等也能间接地改善土壤环境（Lavelle et al.，1997）。

首先，蚯蚓的翻动、挖掘行为能够破碎压实或富含黏土的土壤，使土壤变得疏松透气，而蚯蚓摄食土壤的过程又能加固松散的土壤。Barré 等（2009）的试验证明了蚯蚓能将最初为松散和压实状态的土壤的物理结构改善到一个中间机械状态，这种状态更有利于土壤的结构稳定性和其中的植物根系生长。另外，蚯蚓的挖掘行为增加了土壤的孔隙度（Pagenkemper et al.，2015），提高了土壤的含氧量，加快了好氧微生物的碳循环和呼吸速率，有利于土壤好氧微生物对有机污染物的降解（Don et al.，2008）。这种生物扰动行为一方面增加了污染物与降解微生物的接触面积，另一方面提高了土壤颗粒对污染物的吸附（Hickman and Reid，2008）。

其次，蚓穴是蚯蚓活动过程中形成的重要结构，其穴壁均匀紧密排列，具有特殊的土壤密度和微结构（Brown et al.，2000；潘政等，2020）。蚯蚓通过进食和挖穴，将大量有机物质以洞穴衬层的形式掺入矿物层中，这为土壤微生物创造了独特的生存环境（Tiunov and Scheu，1999）。穴壁内往往含有蚯蚓的排泄物和代谢物，这其中富含有机碳源和营养物（潘政等，2020）。因此，与周围土壤相比，穴壁中的碳、氮含量以及 pH 均较高（Michael et al.，1997；Tiunov and Scheu，1999）。在蚯蚓孔道微生态中，其良好的通气性、比较高的含水量及相对高浓度的有机物质能够强烈刺激穴壁内微生物的活性（Brown et al.，2000；Brown and Doube，2004）。Mary 等（2011）的研究支持了这一观点，与一般的土壤相比，穴壁土中的全碳量高出其他土壤 23%，微生物量高出 58%。Tran 等（2013）的研究显示，NH_4^+-N 和 NO_3^--N 等有效态氮与有机污染物的代谢有着密切的关系，特定降解菌的生长需要有效态氮，而蚓穴为降解菌提供了良好的生长环境，间接促进了有机污染物的降解。

土壤经过蚯蚓的吞食和消化后，形成特殊的团聚结构，相较于消化前的土壤，其物理和化学性质发生了很大的改变。一些学者研究表明，消化后的土壤富含氮、磷、钾、微量元素和土壤益生菌（Chaoui et al.，2003；张广柱等，2009）；且与原土相比，经蚯蚓作用后的土壤具有较高的表面负电荷和 pH（Bolan and Baskaran，1996）。这些现象在近些年的研究中也得到了证明：Vos 等（2019）在关于不同物种蚯蚓对土壤 P 有效性的研究中发现，蚯蚓及其肠道菌群可通过提高土壤 pH 和促进有机磷的矿化来增加土壤磷的含量。后者的增加被证实优化了土壤中植物的生长；Lin 等（2018）和 Wu 等（2021）的试验证明了蚯蚓的存在提高了生物质碳、溶解性有机碳和无机碳含量，进而使土壤养分情况得到了改善。蚓粪中有机碳及细颗粒含量较高，这使其对有机污染物的吸附作用要大于周围土壤，有助于减少污染物的浸出（Bolan and Baskaran，1996；Don et al.，2008；Al-Maliki and Scullion，2013），因此，我们也可将蚓粪直接用于修复土壤有机污染。

三、蚯蚓对微生物群落结构及活性的影响

微生物是土壤污染物降解过程中的主要动力源。但由于微生物降解污染物的过程易受环境条件、营养条件、污染物浓度及形态等因素的影响，降解较为缓慢且不彻底。蚯蚓扰动、消化和排泄土壤颗粒及有机组分的过程对土壤环境结构具有积极影响（Hickman and Reid，2008）：通过增加土壤孔隙度，提高土壤的通气透水性，促进土壤有机质分解，改善养分供应情况，为土壤微生物提供适宜的生存环境（Brown and Doube，2004；Shipitalo and Bayon，2004）；其分泌的黏液和蚓粪沉积在穴壁中，通过转移其他有机碳源来促进微生物数量的增长（Hickman and Reid，2008）。土著微生物虽然有能力降解土壤中的污染物，但它们的流动性有限，因此与污染物接触的机会较少，降解效率较低（Dendooven et al.，2011）。Contreras-Ramos 等（2006）研究了蚯蚓对去除多环芳香烃（polycyclic aromatic hydrocarbons，PAHs）的影响，实验结果显示土著微生物对蒽、菲和苯并芘的平均去除率分别为 23%、77%和 13%，而在添加蚯蚓后污染物的去除率上升至 51%、100%和 47%。对比上一小节所述，此项研究结果也进一步证实了蚯蚓在土壤中的生命活动对于有机污染物在土壤中降解的促进作用：即蚯蚓在摄食过程中能将土壤、土壤微生物及污染物充分扰动，增加了污染物与土壤微生物间的接触面积，从而提高了污染物的降解效率。

蚯蚓肠道中含丰富的可溶性有机碳，具有较高的湿度、稳定的 pH 以及较低的 C/N，为微生物提供了合适的栖息场所（Thakuria et al.，2010；曹佳等，2015）。蚯蚓肠道处于厌氧状态，所以其内生存的菌群通常为厌氧菌。例如，Drake 和 Horn（2007）利用免培养和分子生物学方法发现蚯蚓肠道中主要存在酸杆菌门、纤维杆菌门、厚壁菌门、柔膜菌门、拟杆菌、放线菌和变形菌。但肠道菌群组成并不是一成不变的，蚯蚓种类、土壤环境及肠道固有微生物类群等因素都能够影响蚯蚓肠道菌群的结构组成（Thakuria et al.，2010）。目前已有研究发现蚯蚓肠道微生物能够有效降解有机污染物：例如 Contreras-Ramos 等（2008）研究发现蚯蚓肠道中的微生物有助于去除多环芳香烃。根据 Contreras-Ramos 等（2008）研究成果显示，在添加赤子爱胜蚓后，土壤中菲的去除率达 100%，蒽和苯并芘的去除率分别为 63%和 58%；另外，Verma 等（2011）从印度蚯蚓

(*Metaphire posthuma*)中分离出的红球菌表现出较强的硫丹(endosulfan)降解能力，其降解率可高达 97.23%。

土壤酶作为反映土壤微生物活性和土壤环境质量的指标之一，具有促进土壤有机质分解和转化、降解有害物质的作用(Dick，1997)。土壤酶可以来源于微生物、植物和动物，但微生物被认为是其主要的来源，后者被证实受到蚯蚓生命活动的强烈影响(Alkorta et al.，2003)。这是因为蚯蚓喜食富含真菌、细菌等多种微生物的土壤颗粒，所以除自身能够分泌土壤酶外，由于蚯蚓活动产生的蚓穴微生态为微生物提供了适宜的生长环境和营养条件，同时微生物和土壤酶活性得到有效提高(Brown et al.，2000；Parthasarathi and Ranganathan，2000；龙建亮等，2018)。已有许多研究学者证明蚯蚓的加入能够显著提高土壤酶的活性，包括水解酶类如土壤磷酸酶、纤维素酶、淀粉酶(Zhang et al.，2000；Adetunji et al.，2017)、蔗糖酶、脲酶(Adetunji et al.，2017)等和氧化还原酶类如过氧化氢酶、脱氢酶等(Alkorta et al.，2003；罗舒文等，2020)，这些土壤酶往往有助于有机物污染物的降解。

第二节　蚯蚓修复有机污染的研究现状

目前，蚯蚓修复技术，以其经济高效且不产生二次污染等特点，被证实为解决土壤有机污染的有效解决方案。一些蚯蚓品种如赤子爱胜蚓(*Eisenia fetida*)、陆正蚓(*Lumbricus terrestris*)、粉正蚓(*Lumbricus rubellus*)以及绿色异唇蚓(*Allolobophora Chlorotica*)等已被证明能够去除土壤有机污染物(其中包括多环芳香烃、多氯联苯、农药以及其他有机污染物)(Ma et al.，1995；Schaefer et al.，2005；Binet et al.，2006；Ceccanti et al.，2006)(表 7.1)。

表 7.1　不同蚯蚓品种对不同有机污染物的去除效率

污染物	污染物浓度/($mg\cdot kg^{-1}$)	蚯蚓品种	试验时长/d	去除率	参考文献
多环芳烃[polycyclic aromatic hydrocarbons (PAHs)]	9.55	*Lubricidae*，*Oligochaeta*	14	25.10%	(Ma et al.，1995)
菲(phenanthrene) 苯并(a)芘(benzo[a]pyrene)	50.7 25.9	*Ilyodrilus templetoni*	7	50% 80%	(Lu et al.，2004)
菲(phenanthrene)	0；20.05；40.88；81.05；161.44；322.06	*Pheretima* sp.	72	80.92%	(潘声旺等，2010)
菲(phenanthrene) 芘(pyrene)	0；20.1；40.9；81.1；161.4；322.1	*Pheretima* sp.	70	77% 70.60%	(潘声旺等，2011)
多环芳烃[polycyclic aromatic hydrocarbons (PAHs)]	620	*Eisenia fetida*	120	36.60%	(Lu Y F and Lu M，2015)

续表

污染物	污染物浓度/(mg·kg^{-1})	蚯蚓品种	试验时长/d	去除率	参考文献
多环芳烃[polycyclic aromatic hydrocarbons（PAHs）]	—	*Eisenia fetida*	30	84.70%	（Poluszyńska et al.，2017）
总石油烃（total petroleum hydrocarbons） 烷烃（alkanes） 多环芳烃[polycyclic aromatic hydrocarbons（PAHs）]	- 184 125	*Pontoscolex corethrurus*	112	22% 78.5%～94.5% 54.5%～77.2%	（Rodriguez-Campos et al.，2019）
总石油烃（total petroleum hydrocarbons）	10000	*Eisenia fetida* *Allolobophora chlorotica* *Lumbricus terrestris*	28	31%～37% 17%～18% 30%～42%	（Schaefer et al.，2005）
多氯联苯[polychlorinated biphenyls（PCBs）]	100	*Pheretima hawayana*	126	48%	（Singer et al.，2001）
多氯联苯[polychlorinated biphenyls（PCBs）]	100	*Pheretima hawayana*	63	50%	（Luepromchai et al.，2002）
毒死蜱（chlorpyrifos-ethyl） 氯氟氰菊酯（cyhalothrin） 甲霜灵（metalaxyl） 腈菌唑（myclobutanil）	0.168 0.021 0.195 5.292	*Aporrectodea caliginosa*	34	81% 85% 81% 39%	（Schreck et al.，2008）
五氯苯酚[pentachlorophenol（PCP）]	10	*Mucor ramosissimus*	10	88.10%	（Szewczyk and Długoński，2009）
五氯苯酚[pentachlorophenol（PCP）]	40	*Amynthas robustus* *Eisenia fetida*	42	83.40% 49.20%	（Lin et al.，2016）
滴滴涕[dichlorodiphenyltrichl-oroethane（DDT）]	2 4 2 4	*Amynthas robustus* *Eisenia fetida*	360	67.30% 55.20% 58.50% 57.10%	（Lin et al.，2012）
滴滴涕[dichlorodiphenyltrichl-oroethane（DDT）]	4	*Amynthas robustus*	42	32.2%～52.6%（无菌土壤） 58.8%～73.6%（有菌土壤）	（Xu et al.，2018）
阿特拉津（atrazine）	10	*Amynthas robustus* *Eisenia fetida*	28	52.30% 60.30%	（Lin et al.，2018）
异丙甲草胺（metolachlor）	5 20	*Eisenia fetida*	15	30% 63%	（Sun et al.，2019）
环丙沙星（ciprofloxacin）	10	*Metaphire vulgaris*	28	43%	（Pu et al.，2020）

本章将重点探讨蚯蚓对土壤中的多环芳烃（PAHs）、多氯联苯（PCBs）和几种常见的有机农药等有机污染物的降解及研究现状，希望能为学者们在此方向上的后续研究提供一些参考和借鉴。

一、多环芳烃

多环芳烃（PAHs）是一类普遍存在于土壤环境中的难降解有机污染物。迄今为止已发现 200 多种 PAHs，其中有 16 种被欧洲食品科学委员会、欧盟、美国环境保护署等机构列为“优先监控污染物”（Lerda，2011），包括萘、蒽、菲、芘、荧蒽、苊、苯并（a）蒽等（表 7.2）。

表 7.2　16 种多环芳烃的结构式

中文名称	英文名称	缩写	结构式
萘	naphthalene	Naph	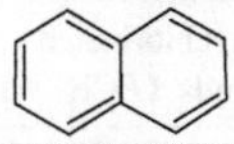
苊	acenaphthylene	Acy	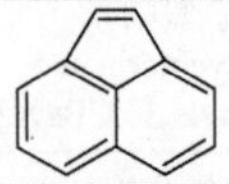
苊烯	acenaphthene	Ace	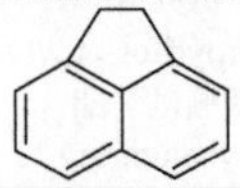
芴	fluorene	Flu	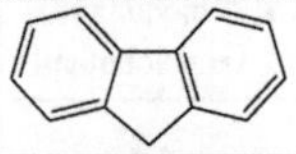
菲	phenanthrene	Phe	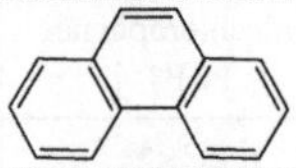
蒽	anthracene	Ant	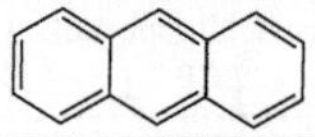
荧蒽	fluoranthene	Fla	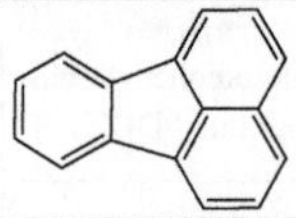
芘	pyrene	Pyr	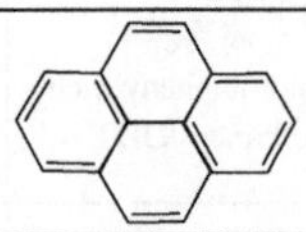
苯并（a）蒽	benzo[a]anthracene	BaA	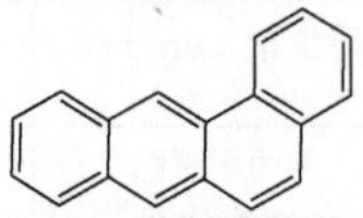
屈	chrysene	Chry	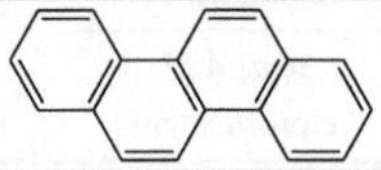

续表

中文名称	英文名称	缩写	结构式
苯并（b）荧蒽	benzo[b]fluoranthene	BbF	
苯并（k）荧蒽	benzo[k]fluoranthene	BkF	
苯并（a）芘	benzo[a]pyrene	BaP	
二苯并（a, h）蒽	dibenzo[a, h]anthracene	DahA	
茚并（1, 2, 3-cd）芘	indeno[1, 2, 3-cd]pyrene	lcdP	
苯并（g, h, i）苝	benzo[g, h, i]perylene	BghlP	

蚯蚓移除土壤中 PAHs 的方式主要有两种：生物富集和刺激土壤微生物降解污染物。

在探讨利用蚯蚓修复技术降解土壤中的 PAHs 之前，一定浓度的 PAHs 土壤环境是否对蚯蚓的生存和繁殖有影响成为了学者们最先关注的问题。早在 20 世纪 80 年代就有学者对此进行了研究：Simmers 等（1986）观察到赤子爱胜蚓可以在一定浓度的重金属和 PAHs 混合污染的土壤中存活。随后，Hund 和 Traunsperger（1994）在研究中指出：赤子爱胜蚓在 PAHs（naphthalene，acenaphthene，phenanthrene，chrysene 和 perylene）污染的土壤样本中表现出极高的存活率（尽管蚯蚓的体重在 7～11 个月的土壤修复实验中有所轻微的降低，但蚯蚓的存活率达到 100%）。另外，Eijsckers 等（2001）通过泥炭沉积物中 PAHs 的生物降解研究中发现，赤子爱胜蚓暴露于含 $2401\mu g\cdot kg^{-1}$ PAHs 的新鲜沉积物 112d 时，其存活率为 97.5%，在暴露期间污染物浓度持续降低，虽然蚯蚓体重较投放前有所下降，但沉积物的生物测定结果显示体重减少极可能是蚯蚓的繁殖活动造成的，而并非是污染物 PAHs。Zheng 等（2008）的实验也证明了蚯蚓对 PAHs 有一定的耐性：蚯蚓在含 10mg·kg^{-1} 荧蒽（fluoranthene）、芘（pyrene）、菲（phenanthrene）的土壤中培养 4 周后无个体死亡，存活率达 100%。基于蚯蚓对 PAHs 污染物拥有一定的耐受力这一特点，利用蚯蚓对有机污染物的生物富集作用被广泛应用为一种移除土壤中 PAHs 的方法。蚯蚓对有机污染物较强的摄取能力得益于污染物在肠液中强大的扩散性能，Mayer 等（2007）指出萘（naphthalene）和苯并（a）芘（benzo[a]pyrene）在蚯蚓肠液中的扩散传导能力比在水中分别高出 1.3 倍和 74 倍，疏水性有机物主要通过被动扩散被肠壁摄取，或保留在肠道消化液中而后被重新吸收。此外，有学者发现粉正蚓在饥饿的条件下能够刺激胃和肠道吸收更多的 PAHs，增加对 PAHs 的生物积累（Ma et al.，1995）。

与蚯蚓生物富集法处理 PAH 污染土壤相比，另外一种相对比较有效的方法是利用蚯蚓对土壤物理化学性质的改善以及其生命活动所促进的微生物群落对有机污染物进行有效降解（Edwards and Bohlen，1996；Inger et al.，2001；Luepromchai et al.，2002）。蚯蚓的生物扰动及土壤团聚体构建等行为能够改善土壤环境，进而刺激微生物的生长，增加 PAHs 的降解效率（Binet et al.，1998）。Contreras-Ramos 等（2006）研究了蚯蚓对土壤亲脂性有机污染物去除的影响，结果显示，蚯蚓处理土壤中蒽（anthracene）、苯并（a）芘（benzo[a]pyrene）和菲（phenanthrene）的去除率分别为 91%、16%和 99%，与未添加蚯蚓处理的对比样品相比去除率提高了 49%、13%和 4%。潘声旺等（2010）采用盆栽试验法，研究了蚯蚓（*Pheretima tschiliensis*）对植物修复菲、芘污染土壤的强化作用，在添加蚯蚓 72d 后，土壤中菲的平均去除率由 71.57%上升至 80.92%，平均强化程度高达 9.35%，其中，28.52%的强化部分源于微生物降解，64.98%的强化部分源于植物-微生物交互作用。近几年，Rorat 的研究团队也对利用蚯蚓降解 PAHs 的研究方向进行了进一步探索：他们将蚯蚓放入含不同组分的污水污泥（园林废弃物、城市固体废物和市场废弃物）中，5 周后测定土壤 PAHs 浓度变化，分别比试验前降低了 61.65%、57.89%、85.75%（Rorat et al.，2017）。此外，蚓粪中所含的养分如 C、N 等也能够改善微生物在土壤中的生存环境进而加快微生物去除土壤有机污染物（Marinari et al.，2000）。在随后的研究中，Coutiño-González 等（2010）进一步认为蚓粪中所含有的容易生物降解的碳源也可以刺激微生物的生长并增加其对有机物降解的活性，进而将 93%的蒽从土壤中去除。

蚯蚓对 PAHs 的耐受性是其在有机物污染的土壤中存活并繁殖的基础条件。受到蚯蚓生命活动的影响，土壤的物理、化学及生物特性都随之发生改变，一定程度上改变了微生物群落结构和组成，进而间接促进了 PAHs 的降解和去除。尽管有研究学者提出，蚯蚓对 PAHs 的生物积累和降解不受土壤类型的影响，而主要受不同蚯蚓种类的影响，例如，一些蚯蚓如赤子爱胜蚓、腹枝蚓（*Dendrobaena veneta*）、尤金真蚓和掘穴环爪蚓对 PAHs 污染物表现出较强的降解效果（Parrish et al.，2006；Rodriguez-Campos et al.，2014；Rorat et al.，2017）；需要承认的是，在不同种类的蚯蚓对 PAHs 污染的土壤的生物降解机理方面，我们需要做的工作还有很多，例如对远盲蚓属降解有机污染物的研究。

二、多氯联苯

多氯联苯（polychlorinated biphenyls，PCBs）是一系列联苯（biphenyl）的有机氯化芳香类衍生化合物，与其他碳氢化合物相比，氯化碳氢化合物表现出较高的热力学稳定性，降解过程通常需要较高的热或催化作用（Hickman and Reid，2008）。大多数 PCBs 进入土壤后容易吸附在土壤孔隙或各种无机颗粒表面并被微生物所降解，但随着存在时间的推移，污染物的可及性会逐渐降低，不易被降解微生物所利用（Semple et al.，2003；Wong and Bidleman，2011），因此，其在自然条件下的降解速率相当缓慢。近几十年，有诸多学者在关于 PCBs 在土壤中的降解的研究方面作出了一系列努力，并探索出了多种物理，化学及生物修复土壤的方法，如：物理方法包括生物炭吸附法（Denyes et al.，2012；Wang et al.，2013）、活性炭吸附法（Cho et al.，2007，2009）、热降解修复法（Abramovitch et al.，1998，1999；Di et al.，2002；Huang et al.，2011）、热解析修复法（Norris et al.，1999；Sato et al.，2010）；化学方法包括碱催化降解法（Taniguchi et al.，1996，1998；Hu et al.，2011）、还原脱氯法（Wang and Zhang，1997；Korte et al.，2002；Varanasi et al.，2007；Agarwal et al.，2009；He et al.，2010；Comba et al.，2011；Wang et al.，2012）、光催化脱氯法（Hawarl et al.，1992；Izadifard et al.，2010；Poster et al.，2003）、氧化降解法（Hong et al.，2008；Ahmad et al.，2011；Yukselen-Aksoy and Reddy，2012）、溶剂萃取移除修复法（Nam et al.，2001；Majid et al.，2002；Takigami et al.，2008；Oshita et al.，2010）；以及生物修复方法（Meagher，2000；Furukawa and Fujihara，2008；Gerhardt et al.，2009；van Aken et al.，2010；Sylvestre，2012）

生物修复方法以它独特的简单性、清洁性、不构成二次污染等特点，近 30 年众多学者在此研究方向上作出了努力（Brown et al.，1987；Abramowicz，1995；Ye et al.，1995；Natarajan et al.，1997；Furukawa and Fujihara，2008）。

作为生物修复方法的一种，蚯蚓不仅可以通过自身的生物富集作用来移除土壤中的 PCBs，它们还可以协同其他微生物来有效降解 PCBs（Singer et al.，2001；Luepromchai et al.，2002；Lu Y F and Lu M，2015；Smídová and Hofman，2014）。

蚯蚓修复 PCBs 污染土壤主要有以下三种方式：①蚯蚓的生物扰动行为改善

了土壤通气性，促进了有机物质的分解并释放养分，土壤降解菌在洞穴中得到刺激，加速了对 PCBs 的降解（Hoeffner et al.，2018）；②蚓粪及其分泌物可以提高土壤的肥力，为降解微生物和植物提供了良好的生长环境，从而促进了 PCBs 的降解（Hickman and Reid，2008）；③蚯蚓可通过表皮进行跨膜运输，也可通过吞食而后在肠道内吸收和富集 PCBs（Schaefer and Juliane，2007）。

一方面，蚯蚓与微生物的联合作用效果在一些学者的研究成果中得到了很好的证实：Lu 等（2015）利用黑麦草、丛枝菌根真菌和赤子爱胜蚓组合修复受多氯联苯污染的土壤，土壤中 PCBs 含量较修复前降低了 79.5%，而在只种植黑麦草的处理中，土壤中 PCBs 只减少了 58.4%；Luepromchai 等（2002）在受 PCBs 污染、20cm 长的土壤柱中加入蚯蚓（*Pheretima hawayana*）和 PCBs 降解细菌，处理 9 周后，在蚯蚓与生物联合处理的土壤柱上方 9cm 处，约 50%PCBs 已被去除，而在单独添加降解细菌的处理中，仅对土壤柱上方 3cm 处 PCBs 的去除有效，同时实验还发现添加蚯蚓后土壤中 PCBs 降解细菌的数量增加了 8 倍。有学者认为降解菌数量的增加除与环境、营养条件的改善有关外，还可能受蚯蚓活动产生的尿素、尿酸和尿裹素等刺激（Singer et al.，2001）。

另一方面，PCBs 在土壤中的转化主要是通过蚯蚓与土壤、土壤微生物相互作用实现的（Hickman and Reid，2008），然而有学者提出了不同的意见：认为被移除的 PCBs 的大部分是得益于蚯蚓的积累作用。Tharakan 等（2006）将含不同浓度 PCBs 的污泥放置在已经接种了赤子爱胜蚓的生物反应器中，180d 后发现蚯蚓是通过浓缩大部分的 PCBs 来减少污染介质中 PCBs 的浓度，其体内积累浓度可高达 313mg·kg^{-1}，且体内浓度与污泥 PCBs 浓度呈正相关。

显然，这两种意见都是可信的，受实验材料、装置和蚯蚓物种等影响，各类 PCBs 污染土壤修复的实验条件参数可能会使蚯蚓在修复机制的侧重选择方面产生差异。例如，在 Lehtinen 等（2014）的研究实例中，赤子爱胜蚓在 12.5mg·kg^{-1} 和 25mg·kg^{-1} PCBs 两种浓度土壤中，对总 PCBs 的生物富集系数分别为 0.89 和 0.82，从已知的试验数据来看，低氯代 PCB 的生物累积因子要高于高氯代 PCB，也就是说前者比后者更容易被蚯蚓所利用。另外，Smídová 和 Hofman（2014）研究了蚯蚓在六种不同物化性质的土壤中对有机物降解的动力学模型，同时也指出了土壤的 pH、阳离子交换能力（cation-exchange capacity，CEC）、霉菌、温度等条件参数对蚯蚓降解有机污染物的效率有重要影响。因此，关于蚯蚓修复 PCBs 污染土壤的修复机理仍需要学者们的更多努力。

三、农药

农药已成为现代农业的重要组成部分，尤其是在害虫防治方面（Lin et al.，

2018)。然而，农业生产中存在的农药残留问题已严重威胁到土壤健康及农产品安全，为更好解决农业污染问题，学者们不断在农药的蚯蚓修复方面进行探索，下面以几种常见的农用化学用品为例。

莠去津（atrazine）是世界广泛使用的除草剂，常出现在受农药污染的陆地和淡水系统中（Zeb et al.，2020）。与其他化学污染物相类似，蚯蚓影响莠去津的生物利用性主要还是依靠其生命活动过程对土壤结构、组分和微生物活性的改变。从前人的研究成果看，蚯蚓对土壤中莠去津矿化的影响呈现两种不同的效果，即矿化增加或减少。蚯蚓与土壤微生物的协同作用将会增加土壤莠去津的矿化程度，Meharg（1996）在土壤中添加陆正蚓（*Lumbricus terrestrius*）4 周后，莠去津的矿化率增至对照处理的两倍，认为是蚯蚓的存在导致土壤交换位点上莠去津的生物利用性增加；Gevao 等（2001）进而在关于不可提取（结合）农药残留物在土壤中的残留及生物利用性的问题上进行了探究，他们将含有 10000dpmg$\cdot kg^{-1}$ ^{14}C 标记的是三种农药添加到土壤 100d 后，测得土壤中 18%的莠去津、70%的异丙隆（isoproturon）和 67%的麦草畏（dicamba）以不可提取残留物的形式存在，而在投入长流蚓（*Aporrectodea longa*）28d 后，不可提取残留物中的 3%、23%和 24%可被溶剂萃取，这些残留物被代谢为 CO_2 并被蚯蚓吸收利用。此项实验结果表明蚯蚓的加入能够抑制不可提取（结合）残留物的形成，同时还促进了残留物的释放和矿化。

然而，有学者认为蚯蚓的存在会促进莠去津在有机物质上的吸附和残留，并降低农药的矿化率（Farenhorst et al.，2000）。Farenhorst 等（2000）观察到，在除草剂施入土壤后，陆正蚓虽能够有效转移莠去津，但却增加了莠去津在土壤的吸附，特别是在含有机物丰富的洞穴中，同时加速了不可提取结合物的形成，并在 68d 内降低了莠去津的矿化速率。蚯蚓可能会降低莠去津的矿化速率这一观点也进而被 Binet 等（2006）的实验结果所证实。他们研究了两种蚯蚓（陆正蚓和背暗流蚓）对莠去津矿化、吸附和分布的短期和长期效应。实验进行 86d 后，添加有蚯蚓的土壤莠去津的矿化率与未添加的处理相比减少了 3.5%，实验还观察到蚯蚓肠道中形成的残留物较多，且蚓粪对莠去津的吸附要高于洞穴。Kersante 等（2006）的研究也得到相类似的结果，他们认为土壤中莠去津矿化率降低的原因来自于其对蚯蚓形成的富含有机碳的特殊生物结构较强的吸附，从而减少污染物在生物结构中的降解。虽然前人的研究观察到了两种相互矛盾的结果，但考虑试验选取的材料、蚯蚓物种以及实验方法的不同，可能会对结果产生较大的差异。

五氯苯酚（pentachlorophenol，PCP）作为一种通用的杀虫剂，已被广泛应用于农业和木材、木制品的保存上（McGrath and Singleton，2000），并被美国环境保护署列为优先控制污染物（Zou et al.，2000；IRIS，2010）。因其毒性大，持久性强（Vernile et al.，2007），在全球范围内已导致了严重的土壤污染问题。生物降解是去除土壤 PCP 最重要的一个途径，一些微生物如毛霉菌（*Mucor ramosissimus*）、黄孢原毛平革菌（*Phanerochaete chrysosporium*）、白腐真菌（*Trametes versicolor*）等已被发现在 PCP 的降解中起重要作用（Tuomela et al.，1998；Reddy and Gold，2000；Szewczyk and Długoński，2009）。有研究表明，在 PCP 污染土壤中接种壮伟远盲蚓和赤子爱胜蚓后，促进了土壤 PCP 解吸并达到吸附和解吸相平衡，一些功能细菌包括克雷伯菌、贪铜菌、气单胞菌和伯克霍尔德菌能够从蚯蚓的肠道转移至土壤中，增加降解细菌的数量，同时蚯蚓的生物扰动能够加大污染物与微生物的接触面，增强 PCP 的降解性（Li et al.，2015）。李晓敏等（2012）在 PCP 污染土壤中添加内层种蚯蚓（壮伟远盲蚓）和表层种蚯蚓（赤子爱胜蚓）40d 后，壮伟远盲蚓和赤子爱胜蚓对 PCP 的消除率分别为 85.9% 和 74.5%，两种生态型蚯蚓都有助于提高土壤微生物的数量、代谢活性及群落结构多样性，进而提高了微生物降解污染物的效率（Brown et al.，2000），且前者对微生物的促进效果优于后者。Lin 等（2016）的试验同样证明了壮伟远盲蚓比赤子爱胜蚓具有更好的 PCP 降解性能。

双对氯苯基三氯乙烷（dichloro-diphenyl-trichloroethane，DDT）是一种有机氯类杀虫剂，因其具有稳定的化学结构、环境持久性、生物累积性以及对人类和野生动物潜在的致癌性，而被大多数国家禁用（Lin et al.，2012b）。生物降解是去除土壤中 DDT 的主要途径，蚯蚓除能够增强土著微生物的降解活性外，还能通过形成洞穴，促进 DDT 脱氯形成 DDE，更重要的是，其肠道能利用不同的降解途径将 DDT/DDE 还原为 DDD/DDMU（Xu et al.，2018）。Lin 等（2012b）将两种生态型蚯蚓（壮伟远盲蚓和赤子爱胜蚓）添加至 $2mg \cdot kg^{-1}$ 和 $4mg \cdot kg^{-1}$ DDT 污染水平下的土壤中，经过一段时间的培养后发现：两种污染水平下土壤 DDT 的浓度都随时间推移而降低（图 7.1），土壤 DDD、DDE、DDMU 的浓度变化则呈相反趋势（图 7.2），说明蚯蚓在两种污染条件下能显著促进 DDT 降解为 DDD、DDE 和 DDMU。另外，Xu 等（2018）发现，蚯蚓（壮伟远盲蚓）处理后土壤中 DDT 的半衰期缩短至原来的 57%，且检测到的 DDT 的降解产物含量远高于其在未添加蚯蚓处理样本的含量。

此外，Schreck 等（2008）指出了蚯蚓修复法能够减少毒死蜱、三氟氯氰菊酯、甲霜灵和腈菌唑在实验容器中的残留量。Sun 等（2019）对土壤中两种浓度的异丙甲草胺的生物降解的研究中还发现，相比于其他土壤微生物，蚯蚓更能够促进真菌降解，如粪壳菌目、小子囊菌目、肉座菌目和被孢霉目等，在投放赤子爱胜蚓 15d 时，浓度为 $5mg \cdot kg^{-1}$ 和 $20mg \cdot kg^{-1}$ 的异丙甲草胺的降解率分别为 30% 和 63%。

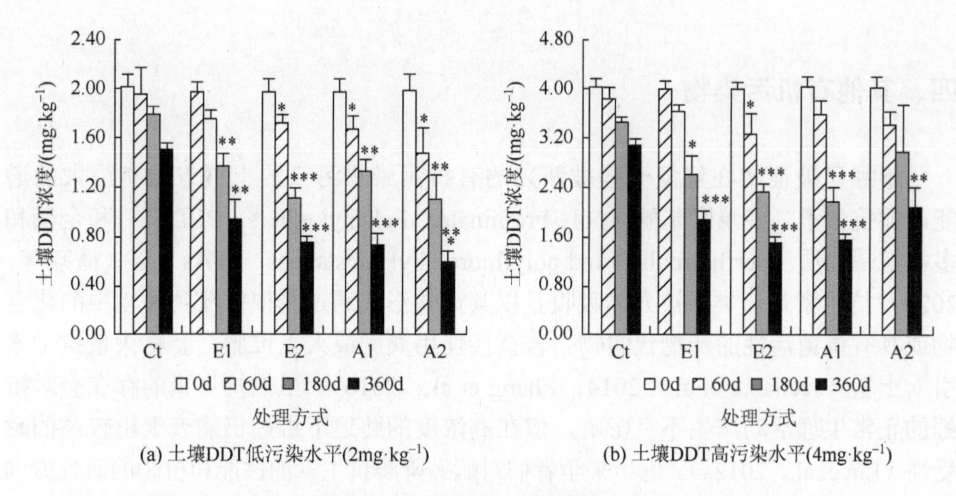

(a) 土壤DDT低污染水平(2mg·kg^{-1})　(b) 土壤DDT高污染水平(4mg·kg^{-1})

图 7.1　360d 内不同处理的土壤 DDT 残留量（Lin et al.，2012b）

Ct 为对照；E1 为低密度赤子爱胜蚓处理；E2 为高密度赤子爱胜蚓处理；A1 为低密度壮伟远盲蚓处理；A2 为高密度壮伟远盲蚓处理。*是指在相同的处理时间使用和不使用蚯蚓的处理之间的显著差异（*t* 检验）。*：$P \leqslant 0.05$，**：$P \leqslant 0.01$，***：$P \leqslant 0.001$

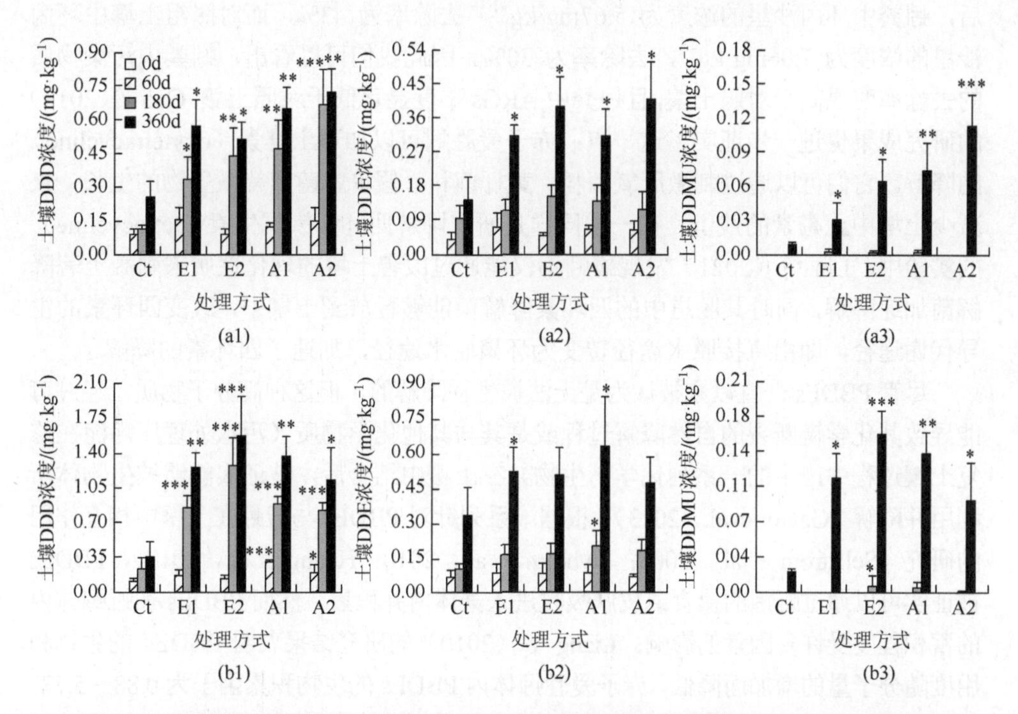

图 7.2　试验期间不同处理下土壤 DDD、DDE 和 DDMU 的产量（Lin et al.，2012）

（a1）DDD、（a2）DDE 和（a3）DDMU 处于低 DDT 污染水平下；（b1）DDD、（b2）DDE 和（b3）DDMU 处于高 DDT 污染水平下。*是指在相同的试验时间下使用和不使用蚯蚓的处理之间的显著性差异（*t* 检验）。*：$P \leqslant 0.05$，**：$P \leqslant 0.01$，***：$P \leqslant 0.001$

四、其他有机污染物

蚯蚓已被证实在修复一些被新兴的有机污染物污染的土壤方面有巨大的潜能，如抗生素、多溴联苯醚（poly-brominated diphenyl ethers，PBDEs）和全氟和多氟烷基物质（perfluoroalkyl and polyfluoroalkyl substances，PFAs）等（潘政等，2020）。抗生素是一类未被人体吸收且以其母体形式通过粪便排泄到环境中的化合物或具有抗菌活性的药物代谢物。若直接使用粪肥或人工堆肥，会将大量抗生素引入土壤（Jechalke et al.，2014；Zhang et al.，2016）。虽然抗生素的存在会对蚯蚓的正常生理活动产生不良影响，但在高浓度的胁迫下蚯蚓仍能表现出较高的耐受性（Lin et al.，2012a）。近年来学者们对蚯蚓降解抗生素的性能和机制的研究方向有了更多的关注：例如，Pu 等（2020）采用高效液相色谱、16S rRNA 基因测序和高通量定量 PCR 来研究蚯蚓（*Metaphire vulgaris*）的加入对环丙沙星（ciprofloxacin）去除率和污染土壤中抗生素耐药基因（ARGs）的影响。结果显示，添加蚯蚓 28 天后，蚓粪中环丙沙星的浓度为 5.67mg·kg^{-1}，去除率为 43%，而对照组土壤中环丙沙星的浓度为 7.06mg·kg^{-1}，去除率为 30%。因此我们可以看出，蚓粪中污染物质的去除率明显高于对照土壤，且蚓粪中 ARGs 丰度显著低于对照土壤。Cao 等（2018）的研究成果也进一步证实了这一点：赤子爱胜蚓可以加速土霉素（oxytetracycline）的降解。它们可以通过刺激厌氧菌科、黄杆菌科、假单胞菌属等微生物的生长，来减少土壤中土霉素的残留。在一项同样是研究降解四环素族抗生素（tetracycline）的实验中，Lin 等（2021）发现蚯蚓不仅能通过改善土壤的理化性质来刺激土著降解菌加速降解，同时其肠道中的四环素降解菌能够释放到土壤中，改变四环素的主导代谢途径，即由直接脱水途径转变为环聚脱水途径，加速了四环素的降解。

尽管 PBDEs 一直以来被认为是无法被生物降解的，但这种高分子物质，经过可能导致其化学键断裂的自然降解过程或是其与其他化学物质（污水处理厂污泥在修复土壤过程中产生的一系列化学衍生物）在土壤中结合后，被证实能够被生物体所利用并降解（Gaylor et al.，2013）。根据一系列针对 PBDEs 与蚯蚓在土壤中相互作用的研究（Sellstrom et al.，2005；Nyholm et al.，2010；Huang et al.，2017），PBDEs 被证实可以通过蚯蚓的摄食或皮肤吸收进入其体内并积累。然而 PBDEs 在蚯蚓体内的蓄积程度受许多因素的影响：Liang 等（2010）的研究结果表明 PBDEs 的生物利用度随分子量的增加而降低，赤子爱胜蚓体内 PBDEs 的生物积累因子为 0.88～5.77，其中七溴联苯醚（BDE183）的生物积累因子最低，为 0.88±0.09，而四溴联苯醚（BDE47）最高，为 5.77±0.79（图 7.3）；Zhang 等（2014）首次对十溴联苯醚（BDE209）和 Pb 同时存在的情况下蚯蚓对污染物的吸收和转化进行研究，试验发现，在低浓度 BDE209（1mg·kg^{-1}）的土壤中添加 Pb 后不影响蚯蚓的生物累积效率，而在含高浓度

BDE209（100mg·kg^{-1}）的土壤中，蚯蚓的积累效应较为复杂，当其暴露在 250mg·kg^{-1} Pb 的土壤中时可通过皮肤吸收更多的 BDE209，但当 Pb 浓度上升至 500mg·kg^{-1} 时，因高剂量的 Pb 对蚯蚓皮肤细胞膜造成了严重损害（Li et al.，2009），所以蚯蚓对 BDE209 的吸收减少，体内总浓度下降；此外，还有学者证明 PBDEs 的生物蓄积还受土壤老化程度的影响，即随老化时间的延长，其在生物体内的积累减少（Nyholm et al.，2010）。

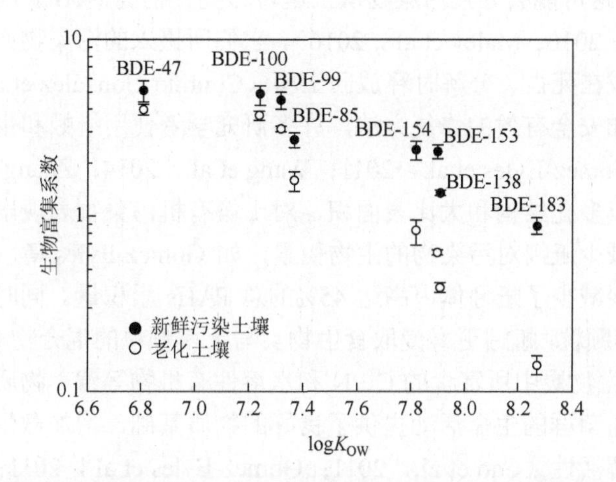

图 7.3　蚯蚓中 PBDEs 的生物富集系数与辛醇水分配系数（logK_{ow}）的关系（Liang et al.，2010）

PFAs 自 20 世纪 50 年代以来被广泛应用在工业制造和产品生产中（Prevedouros et al.，2006），因其难降解且具有生物毒性和累积性的特点（Adetunji et al.，2017；Grønnestad et al.，2019），在 2009 年被列入《斯德哥尔摩公约》的限制名单（UNEP，2017），国际上要求各缔约国家对其进行严加管控。近年来许多学者研究了 PFAs 在蚯蚓体内的积累情况（Zhao et al.，2013；Rich et al.，2015；Jin et al.，2020），发现其能有效地被蚯蚓利用并累积。学者们同时还观察到，蚯蚓对 PFAs 的吸收与碳链长度有关，如全氟烷基羧酸（perfluoroalkyl carboxylic acid，PFCAs）的生物累积量随链长度的增加而增加，全氟烷烃磺酸盐（perfluoroalkane sulfonates，PFSAs）则随链长度的增加而减少（Zhao et al.，2013；Rich et al.，2015；Zhu and Kannan，2019），即长链 PFCAs 和短链 PFSAs 能优先积累。Zhao 等（2018）还发现在土壤中存在金属 Cd、Zn、Ni、Pb 和 Cu 的情况下，蚯蚓会减少对全氟辛烷磺酸（perfluorooctane sulfonate，PFOS）和全氟辛酸（perfluorooctanoic acid，PFOA）吸收：PFOS 和 PFOA 的生物积累因子分别下降了 49.8%～72.9%和 60.6%～97.8%。尽管蚯蚓被证实对一些 PFAs 有明显的降解作用，但我们也应该注意到一些 PFAs 能够诱导蚯蚓氧化应激，造成 DNA 损伤（Zhao et al.，2019），且被蚯蚓吸收后会代谢转化成毒性较大的 PFOS 和 PFOA（Jin et al.，2020）。因此，我们仍需进一步探究蚯蚓在全氟烷基物质污染土壤修复中的应用效果。

五、蚯蚓与生物炭在有机污染土壤修复中的联合应用

尽管蚯蚓对有机污染土壤有良好的作用效果，但由于许多小型哺乳动物和鸟类喜食蚯蚓，这可能会导致污染物从土壤转移到食物链中（Bergknut et al.，2007；Fagervold et al.，2010；Malev et al.，2016）。它们所摄入的污染物亦可在活动期间排泄回土壤，或在死亡、分解时释放回土壤（Coutiño-González et al.，2010）。因此，为寻求更加安全有效的修复方法，许多研究学者使用蚯蚓和生物炭共同去除土壤污染物（Gomez-Eyles et al.，2011；Wang et al.，2014；Zhang et al.，2019）。

因生物炭具多孔结构和大比表面积，对土壤有机污染物表现出强大的吸附作用效果，能够减少蚯蚓对污染物的生物积累，如 Gomez-Eyles 等（2011）的研究中，施用生物炭减少了蚯蚓体内高达 45%的总 PAHs 累积量。同时，一些研究发现，相对于土壤颗粒，蚯蚓更喜爱取食生物炭与土壤颗粒的混合物（Topoliantz and Pong，2003）。生物炭中所富含的 C、N 和水溶性有机物等营养物质能够为土壤微生物和蚯蚓肠道菌群的生命活动提供了良好的物质基础，增加微生物的丰度，刺激微生物的降解活性（Cao et al.，2011；Gomez-Eyles et al.，2011；Wang et al.，2012a；Sanchez-Hernandes et al.，2019）。Ding 等（2019）报道，施加 0.5%水稻生物炭显著增加了蚯蚓肠道细菌群落。Wang 等（2020）的实验也证明了生物炭的施用显著增加了蚯蚓肠道细菌多样性，有利于污染物的生物降解。

蚯蚓在土壤中的扰动作用对生物炭的迁移与再分配起重要作用，使生物炭与污染土壤接触得更加紧密，促进了污染物在生物炭中的吸附（Eckmeier et al.，2007；Topoliantz et al.，2002；Topoliantz and Ponge，2003）。此外，有研究表明，蚯蚓可以提高生物炭表面吸附酶的活性，这可能与蚯蚓分泌的胃肠道和外部黏液有关（Sanchez-Hernandes，2018）。在添加蚯蚓后，生物炭颗粒表面的羧酸酯酶（carboxylesterase）、β-葡萄糖苷酶（β-glucosidase）、碱性磷酸酶（alkaline phosphatase）和芳基硫酸酯酶（arylsulfatase）的活性增加（Sanchez-Hernandes，2018），其中表面包被有羧酸酯酶的生物炭已被发现对一些剧毒农药代谢物具有很高的亲和力（Wheelock et al.，2008）。

第三节　本 章 展 望

蚯蚓通过自身生命活动，直接或间接地作用于土壤有机污染物。许多学者已指出蚯蚓能够通过改善土壤的结构、理化性质和营养状况间接影响污染物的性质

以及土壤微生物对污染物的作用效果。蚯蚓可通过生物富集将有机污染物转移至体内，也可通过破碎、吞食、消化土壤等过程影响土壤微生物的群落结构组成和多样性。蚯蚓肠道微生物也同时参与了污染物的降解过程：穴壁内蚯蚓的排泄物及代谢物同样能为微生物生长提供所需的营养物质，使土壤环境更加适宜微生物生长，最终提高降解污染物的活性。另外，蚯蚓在提高土壤酶活性方面也起到了至关重要的作用，而土壤酶在降解污染物过程中也起到非常积极的作用。

蚯蚓在降解土壤中的有机污染物（多环芳烃、多氯联苯、农药和抗生素等）过程中表现出了突出的环境净化能力。这表明蚯蚓不仅可用于解决土壤污染问题，而且其对后续土壤结构的改良和理化性质的改善方面也有重要帮助（Hickman and Reid，2008；Zeb et al.，2020）。蚯蚓与生物炭的联合应用也表现出良好的修复效果。然而，这些研究大多是在实验室中进行，与实地土壤修复不同的是实验室为蚯蚓和微生物提供了恒定的环境和营养条件（Meharg，1996；Binet et al.，2006；Schreck et al.，2008；Lu Y F and Lu M，2015；Rorat et al.，2017），而自然环境的不确定性可能会导致室内与室外所观察到的结果相异。因此研究蚯蚓在实际污染地的应用具有重要意义。同时，蚯蚓在富集污染物后发生二次污染的问题也值得我们去关注。目前，对于有机污染的生物修复中蚯蚓物种选择方面，国内外学者更多的是选取表层种蚯蚓赤子爱胜蚓作为实验观察对象，而对其他蚓种研究较少，因此相关研究仍需进一步丰富。

参考文献

曹佳，王冲，皇彦，等，2015. 蚯蚓对土壤微生物及生物肥力的影响研究进展[J]. 应用生态学报，26（5）：1579-1586.

郜红建，蒋新，魏俊岭，等，2006. 蚯蚓对污染物的生物富集与环境指示作用[J]. 中国农学通报，22（11）：360-363.

李冰，姚天琪，孙红文，2016. 土壤中有机污染物生物有效性研究的意义及进展[J]. 科技导报，34（22）：48-55.

罗舒文，甄珍，李文清，等.，2020. 两种生态型蚯蚓对四环素污染土壤中酶活性和细菌群落结构的影响[J].农业环境科学学报，39（2）：321-330.

李晓敏，孙礼勇，陈昊，等，2012. 土壤有机氯的生物协同强化降解效应与机理[C]//中国土壤学会第十二次全国会员代表大会暨第九届海峡两岸土壤肥料学术交流研讨会：1389-1393.

龙建亮，张池，杨远秀，等，2018. 赤子爱胜蚓对两种土壤中细菌群落结构组成及多样性的影响[J]. 动物学杂志，53（6）：963-977.

倪妮，宋洋，王芳，等，2016. 多环芳烃污染土壤生物联合强化修复研究进展[J]. 土壤学报，53（3）：561-571.

潘声旺，魏世强，袁馨，等，2010. 蚯蚓在植物修复菲污染土壤中的作用[J]. 农业环境科学学报，29（7）：1296-1301.

潘声旺，魏世强，袁馨，等，2011. 蚯蚓活动对金发草修复土壤菲芘污染的强化作用[J]. 土壤学报，48（1）：62-69.

潘政，郝月崎，赵丽霞，等，2020. 蚯蚓在有机污染土壤生物修复中的作用机理与应用[J]. 生态学杂志，39（9）：3108-3117.

张广柱，杨蕾，王繁业，2009. 蚯蚓对污染土壤的生物修复研究进展[J]. 化工科技市场，32（3）：27-30.

Abramovitch R A，Huang B Z，Abramovitch D A，et al.，1999. In situ decomposition of PCBs in soil using microwave energy[J]. Chemosphere，38（10）：2227-2236.

Abramovitch R A，Huang B Z，Davis M et al.，1998. Decomposition of PCB’s and other polychlorinated aromatics in soil using microwave energy[J]. Chemosphere，37（8）：1427-1436.

Abramowicz D A，1995. Aerobic and anaerobic PCB biodegradation in the environment[J]. Environmental Health Perspectives，103（s5）：97-99.

Adetunji A T，Lewu F B，Mulidzi R et al.，2017. The biological activities of β-glucosidase，phosphatase and urease as soil quality indicators：A review[J]. Journal of Soil Science and Plant Nutrition，17（3）：794-807.

Agarwal S，Al-Abed S R，Dionysiou D D，2009. A feasibility study on Pd/Mg application in historically contaminated sediments and PCB spiked substrates[J]. Journal of Hazardous Materials，172（2-3）：1156-1162.

Ahmad M，Simon M A，Sherrin A，et al.，2011. Treatment of polychlorinated biphenyls in two surface soils using catalyzed H_2O_2 propagations[J]. Chemosphere，84（7）：855-862.

Alder A C，Häggblom M M，Oppenheimer S R，et al.，1993. Reductive dichlorination of polychlorinated biphenyls in anaerobic sediments[J]. Environmental Science & Technology，27（3）：530-538.

Alkorta I，Aizpurua A，Riga P，et al.，2003. Soil enzyme activities as biological indicators of soil health[J]. Reviews Environmental Health，18（1）：65-73

Al-Maliki S，Scullion J，2013. Interactions between earthworms and residues of differing quality affecting aggregate stability and microbial dynamics[J]. Applied Soil Ecology，64：56-62.

Barré P，McKenzie B M，Hallett P D，2009. Earthworms bring compacted and loose soil to a similar mechanical state[J]. Soil Biology and Biochemistry，41（3）：656-658.

Belfroid A，Van Den Berg M，Seinen W，et al.，1995. Uptake bioavailability and elimination of hydrophobic compounds in earthworms（*Eisenia andrei*）in field-contaminated soil[J]. Environmental Toxicology and Chemistry，14（4）：605-612.

Bergknut M，Sehlin E，Lundstedt S，et al.，2007. Comparison of techniques for estimating PAH bioavailability：Uptake in *Eisenia fetida*，passive samplers and leaching using various solvents and additives[J]. Environmental Pollution，145（1）：154-160.

Binet F，Fayolle L，Pussard M，et al.，1998. Significance of earthworms in stimulating soil microbial activity[J]. Biology and Fertility of Soils，27（1）：79-84.

Binet F，Kersanté A，Munier-Lamy C，et al.，2006. Lumbricid macrofauna alter atrazine mineralization and sorption in a silt loam soil[J]. Soil Biology and Biochemistry，38（6）：1255-1263.

Bolan N S，Baskaran S，1996. Characteristics of earthworm casts affecting herbicide sorption and movement[J]. Biology and Fertility of Soils，22（4）：367-372.

Brown G G，Barois I，Lavelle P，2000. Regulation of soil organic matter dynamics and microbial activity in the drilosphere and the role of interactions with other edaphic functional domains[J]. European Journal of Soil Biology，36（3-4）：177-198.

Brown G G，Doube B M，2004. Functional interactions between earthworms，microorganisms，organic matter，and plants[M]//Edwards C A. Earthworm Ecology. 2nd Edition. Boca Raton：CRC Press：213-239.

Brown J F，Wagner Jr R E，Feng H，et al.，1987. Environmental dichlorination of PCBs[J]. Environmental Toxicology and Chemistry，6（8）：579-593.

Cao J，Ji D G，Wang C，2015. Interaction between earthworms and arbuscular mycorrhizal fungi on the degradation of oxytetracycline in soils[J]. Soil Biology and Biochemistry，90：283-292.

Cao J，Wang C，Dou Z X，et al.，2018. Hyphospheric impacts of earthworms and arbuscular mycorrhizal fungus on soil bacterial community to promote oxytetracycline degradation[J]. Journal of Hazardous Materials，341：346-354.

Cao X D，Ma L N，Liang Y，et al.，2011. Simultaneous immobilization of lead and atrazine in contaminated soils using dairy-manure biochar[J]. Environmental Science & Technology，45（11）：4884-4889.

Ceccanti B，Masciandaro G，Garcia C，et al.，2006. Soil bioremediation：Combination of earthworms and compost for the ecological remediation of a hydrocarbon polluted soil[J]. Water，Air，and Soil Pollution，177（1-4）：383-397.

Chaoui H I，Zibilske L M，Ohno T，2003. Effects of earthworm casts and compost on soil microbial activity and plant nutrient availability[J]. Soil Biology and Biochemistry，35（2）：295-302.

Cho Y M，Ghosh U，Kennedy A J，et al.，2009. Field application of activated carbon amendment for In-situ stabilization of polychlorinated biphenyls in marine sediment[J]. Environmental Science & Technology，43（10）：3815-3823.

Cho Y M，Smithenry D W，Ghosh U，et al.，2007. Field methods for amending marine sediment with activated carbon and assessing treatment effectiveness[J]. Marine Environmental Research，64（5）：541-555.

Comba S，Di Molfetta A，Sethi R，2011. A comparison between field applications of Nano-，Micro-，and Millimetric zero-valent iron for the remediation of contaminated aquifers[J]. Water，Air，and Soil Pollution，215（1-4）：595-607.

Contreras-Ramos S M，Álvarez-Bernal D，Dendooven L，2006. *Eisenia fetida* increased removal of polycyclic aromatic hydrocarbons from soil[J]. Environmental Pollution，141（3）：396-401.

Contreras-Ramos S M，Álvarez-Bernal D，Dendooven L，2008. Removal of polycyclic aromatic hydrocarbons from soil amended with biosolid or vermicompost in the presence of earthworms（*Eisenia fetida*）[J]. Soil Biology and Biochemistry，40（7）：1954-1959.

Coutiño-González E，Hernández-Carlos B，Gutiérrez-Ortiz R，et al.，2010. The earthworm *Eisenia fetida* accelerates the removal of anthracene and 9，10-anthraquinone，the most abundant degradation product，in soil[J]. International Biodeterioration & Biodegradation，64（6）：525-529.

Dendooven L，Alvarez-Bernal D，Contreras-Ramos S M，2011. Earthworms，a means to accelerate removal of hydrocarbons（PAHs）from soil？A mini-review[J]. Pedobiologia，54：S187-S192.

Denyes M J，Langlois V S，Rutter A，et al.，2012. The use of biochar to reduce soil PCB bioavailability to Cucurbita pepo and *Eisenia fetida*[J]. Science of the Total Environment，437：76-82.

Dhaliwal S S，Singh J，Taneja P K，et al.，2020. Remediation techniques for removal of heavy metals from the soil contaminated through different sources：A review[J]. Environment Science and Pollution Research，27（2）：1319-1333.

Di P，Chang D P Y，Dwyer H A，2002. Modeling of polychlorinated biphenyl removal from contaminated soil using steam[J]. Environmental Science & Technology，36（8）：1845-1850.

Dick R P，1997. Soil Enzyme activities as integrative indicators of soil health[M]//Pankhurst C E，Doube B M，Gupta V V S R. Biological Indicators of Soil Health. Oxon：CAB International：121-156.

Ding J，Yin Y，Sun A Q，et al.，2019. Effects of biochar amendments on antibiotic resistome of the soil and collembolan gut[J]. Journal of Hazardous Materials，377：186-194.

Don A，Steinberg B，Schöning I，et al.，2008. Organic carbon sequestration in earthworm burrows[J]. Soil Biology and Biochemistry，40（7）：1803-1812.

Drake H L，Horn M A，2007. As the worm turns：The earthworm gut as a transient habitat for soil microbial biomes[J]. Annual Review of Microbiology，61：169-189.

Eckmeier E，Gerlach R，Skjemstad J O et al. 2007. Minor changes in soil organic carbon and charcoal concentrations detected in a temperate deciduous forest a year after an experimental slash-and-burn[J]. Biogeosciences，4（3）：377-383.

Edwards C A，Bohlen P J，1996. Biology and ecology of earthworms[M]. 3rd Edition. London：Chapman & Hall.

Eijsackers H，Van Gestel C A，De Jonge S，et al.，2001. Polycyclic aromatic hydrocarbon-polluted dredged peat sediments and earthworms：a mutual interference[J]. Ecotoxicology，10（1）：35-50.

Fagervold S K，Chai Y，Davis J W，et al.，2010. Bioaccumulation of polychlorinated dibenzo-p-dioxins/dibenzofurans in *E.fetida* from floodplain soils and the effect of activated carbon amendment[J]. Environmental Science & Technology，44（14）：5546-5552.

Farenhorst A，Topp E，Bowman B T，et al.，2000. Earthworms and the dissipation and distribution of atrazine in the soil profile[J]. Soil Biology and Biochemistry，32（1）：23-33.

Furukawa K，Fujihara H，2008. Microbial degradation of polychlorinated biphenyls：Biochemical and molecular features[J]. Journal of Bioscience and Bioengineering，105（5）：433-449.

Gaylor M O，Harvey E，Hale R C，2013. Polybrominated diphenyl ether（PBDE）accumulation by earthworms（*Eisenia fetida*）exposed to biosolids-，polyurethane foam microparticle-，and penta-BDE-amended Soils[J]. Environmental Science & Technology，47（23）：13831-13839.

Gerhardt K E，Huang X D，Glick B R，et al.，2009. Review：Phytoremediation and rhizoremediation of organic soil contaminants：Potential and challenges[J]. Plant Science，176（1）：20-30.

Gevao B，Mordaunt C，Semple K T，et al.，2001. Bioavailability of nonextractable（bound）pesticide residues to earthworms[J]. Environmental Science & Technology，35（3）：501-507.

Gomez-Eyles J L，Sizmur T，Collins C D，et al.，2011. Effects of biochar and the earthworm *Eisenia fetida* on the bioavailability of polycyclic aromatic hydrocarbons and potentially toxic elements[J]. Environmental Pollution，159（2）：616-622.

González-Mille D J，Ilizaliturri-Hernández C A，Espinosa-Reyes G，et al.，2010. Exposure to persistent organic pollutants（POPs）and DNA damage as an indicator of environmental stress in fish of different feeding habits of Coatzacoalcos，Veracruz，Mexico[J]. Ecotoxicology，19（7）：1238-1248.

Grønnestad R，Vázquez B P，Arukwe A，et al.，2019. Levels，Patterns，and biomagnification potential of perfluoroalkyl substances in a terrestrial food chain in a Nordic Skiing Area[J]. Environmental Science & Technology，53（22）：13390-13397.

Haimi J，2000. Decomposer animals and bioremediation of soils[J]. Environmental Pollution，107（2）：233-238.

Hamdi H，Benzarti S，Manusadžianas L，et al.，2007. Bioaugmentation and biostimulation effects on PAH dissipation and soil ecotoxicity under controlled conditions[J]. Soil Biology and Biochemistry，39（8）：1926-1935.

Hao Y Q，Zhao L X，Sun Y，et al.，2018. Enhancement effect of earthworm（*Eisenia fetida*）on acetochlor biodegradation in soil and possible mechanisms[J]. Environmental Pollution，242（Pt A）：728-737.

Hawarl J，Demeter A，Samson R，1992. Sensitized photolysis of polychlorobiphenyls in alkaline 2-propanol：Dechlorination of aroclor 1254 in soil samples by solar radiation[J]. Environmental Science & Technology，26（10）：2022-2027.

He F，Zhao D Y，Paul C，2010. Field assessment of carboxymethyl cellulose stabilized iron nanoparticles for in situ destruction of chlorinated solvents in source zones[J]. Water Research，44（7）：2360-2370.

Hickman Z A，Reid B J，2008. Earthworm assisted bioremediation of organic contaminants[J]. Environment International，34（7）：1072-1081.

Hoeffner K，Monard C，Santonja M，et al.，2018. Feeding behaviour of epi-anecic earthworm species and their impacts on soil microbial communities[J]. Soil Biology and Biochemistry，125：1-9.

Hong P K A，Nakra S，Kao C M J，et al.，2008. Pressure-assisted ozonation of PCB and PAH contaminated sediments[J]. Chemosphere，72（11）：1757-1764.

Hu X T，Zhu J X，Ding Q，2011. Environmental life-cycle comparisons of two polychlorinated biphenyl remediation technologies：Incineration and base catalyzed decomposition[J]. Journal of Hazardous Materials，191（1-3）：258-268.

Huang G Y，Zhao L，Dong Y H，et al.，2011. Remediation of soils contaminated with polychlorinated biphenyls by microwave-irradiated manganese dioxide[J]. Journal of Hazardous Materials，186（1）：128-132.

Huang L，Wang W，Zhang S F，et al.，2017. Bioaccumulation and bound-residue formation of 14C-decabromodiphenyl ether in an earthworm-soil system[J]. Journal of Hazardous Materials，321：591-599.

Hund K，Traunspurger W，1994. Ecotox-evaluation strategy for soil bioremediation exemplified for a PAH-contaminated site[J]. Chemosphere，29（2）：371-390.

Inoue K，Kaneko K，Yoshida M，1978. Adsorption of dodecylbenzenesulfonates by soil colloids and influence of soil colloids on their degradation[J]. Soil Science and Plant Nutrition，24（1）：91-102.

IRIS，2010. Chemical Assessment Summary[R]. Washington，D.C.：U.S. Environmental Protection Agency，National Center for Environmental Assessment .

Izadifard M，Langford C H，Achari G，2010. Photocatalytic dechlorination of PCB 138 using leuco-methylene blue and visible lignt；reaction conditions and mechanisms[J]. Journal of Hazardous Materials，181（1-3）：393-398.

Jechalke S，Heuer H，Siemens J，et al.，2014. Fate and effects of veterinary antibiotics in soil[J]. Trends in Microbiology，22（9）：536-545.

Jin B，Mallula S，Golovko S A，et al.，2020. In vivo Generation of PFOA，PFOS，and other compounds from cationic and zwitterionic per-and polyfluoroalkyl substances in a terrestrial invertebrate（*Lumbricus terrestris*）[J]. Environmental Science & Technology，54（12）：7378-7387.

Jones C G，Lawton J H，Shachak M，1994. Organisms as ecosystem engineers[J]. Oikos，69（3）：373-386.

Juwarkar A A，Singh S K，Mudhoo A，2010. A comprehensive overview of elements in bioremediation[J]. Reviews in Environmental Science and Bio/Technology，9（3）：215-288.

Kelsey J W，Kottler B D，Alexander M，1997. Selective chemical extractants to predict bioavailability of soil-aged organic chemicals[J]. Environmental Science & Technology，31（1）：214-217.

Kersante A，Martin-Laurent F，Soulas G，et al.，2006. Interactions of earthworms with atrazine-degrading bacteria in an agricultural soil[J]. FEMS Microbiology Ecology，57（2）：192-205.

Korte N E，West O R，Liang L，et al.，2002. The effect of solvent concentration on the use of palladized-iron for the step-wise dichlorination of polychlorinated biphenyls in soil extracts[J]. Waste Management，22（3）：343-349.

Lavelle P，Bignell D，Lepage M，et al.，1997. Soil function in a changing world：The role of invertebrate ecosystem engineers[J]. European Journal of Soil Biology，33（4）：159-193.

Lehtinen T，Mikkonen A，Sigfusson B，et al.，2014. Bioremediation trial on aged PCB-polluted soils—a bench study in Iceland[J]. Environmental Science and Pollution Research，21（3）：1759-1768.

Lerda D，2011. Polycyclic aromatic hydrocarbons（PAHs）factsheet[R]. 4th edition of JRC-IRMM mission report.

Li M，Liu Z T，Xu Y，et al.，2009. Comparative effects of Cd and Pb on biochemical response and DNA damage in the earthworm *Eisenia fetida*（Annelida，Oligochaeta）[J]. Chemosphere，74（5）：621-625.

Li X M，Lin Z，Luo C L，et al.，2015. Enhanced microbial degradation of pentachlorophenol from soil in the presence of earthworms：Evidence of functional bacteria using DNA-stable isotope probing[J]. Soil Biology and Biochemistry，81：168-177.

Liang X W，Zhu S Z，Chen P，et al.，2010. Bioaccumulation and bioavailability of polybrominated diphynel ethers（PBDEs）in soil[J]. Environmental Pollution，158（7）：2387-2392.

Lin D S，Zhou Q X，Xu Y M，et al.，2012a. Physiological and molecular responses of the earthworm（*Eisenia fetida*）to soil chlortetracycline contamination[J]. Environmental Pollution，171：46-51.

Lin Z，Li X M，Li Y T，et al.，2012b. Enhancement effect of two ecological earthworm species（*Eisenia foetida* and *Amynthas robustus* E. Perrier）on removal and degradation processes of soil DDT[J]. Journal of Environmental Monitoring Jem，14（6）：1551-1558.

Lin Z，Zhen Z，Luo S W，et al.，2021. Effects of two ecological earthworm species on tetracycline degradation performance，pathway and bacterial community structure in laterite soil[J]. Journal of Hazardous Materials，412：125212.

Lin Z，Zhen Z，Ren L，et al.，2018. Effects of two ecological earthworm species on atrazine degradation performance and bacterial community structure in red soil[J]. Chemosphere，196：467-475.

Lin Z，Zhen Z，Wu Z H，et al.，2016. The impact on the soil microbial community and enzyme activity of two earthworm species during the bioremediation of pentachlorophenol-contaminated soils[J]. Journal of Hazardous Materials，301：35-45.

Lu X X，Reible D D，Fleeger J W，2004. Relative importance of ingested sediment versus pore water as uptake routes for PAHs to the deposit-feeding oligochaete Ilyodrilus templetoni[J]. Archives of Environmental Contamination and Toxicology，47（2）：207-214.

Lu Y F，Lu M，2015. Remediation of PAH-contaminated soil by the combination of tall fescue，arbuscular mycorrhizal fungus and epigeic earthworms[J]. Journal of Hazardous Materials，285：535-541.

Luepromchai E，Singer A C，Yang C H，et al.，2002. Interactions of earthworms with indigenous and bioaugmented PCB-degrading bacteria[J]. FEMS Microbiology Ecology，41（3）：191-197.

Ma W C，Immerzeel J，Bodt J，1995. Earthworm and food interactions on bioaccumulation and disappearance in soil of polycyclic aromatic hydrocarbons：Studies on phenanthrene and fluoranthene[J]. Ecotoxicology and Environmental Safety，32（3）：226-232.

Majid A，Argue S，Sparks B D，2002. Removal of aroclor 1016 from contaminated soil by solvent extraction soil agglomeration process[J]. Journal of Environmental Engineering and Science，1（1）：59-64.

Malev O，Contin M，Licen S，et al.，2016. Bioaccumulation of polycyclic aromatic hydrocarbons and survival of earthworms（*Eisenia andrei*）exposed to biochar amended soils[J]. Environmental Science and Pollution Research，23（4）：3491-3502.

Manilal V B，Alexander M，1991. Factors affecting the microbial degradation of phenanthrene in soil[J]. Applied Microbiology Biotechnology，35（3）：401-405.

Marinari S，Masciandaro G，Ceccanti B，et al.，2000. Influence of organic and mineral fertilisers on soil biological and physical properties[J]. Bioresource Technology，72（1）：9-17.

Mary E S，Aidan M K，Olaf S，2011. Distinct microbial and faunal communities and translocated carbon in Lumbricus terrestris drilospheres[J]. Soil Biology and Biochemistry，46：155-162.

Mayer P，Fernqvist M M，Christensen P S，et al.，2007. Enhanced diffusion of polycyclic aromatic hydrocarbons in artificial and natural aqueous solutions[J]. Environmental Science &Technology，41（17）：6148-6155.

McGrath R，Singleton I，2000. Pentachlorophenol transformation in soil：a toxicological assessment[J]. Soil Biology and Biochemistry，32（8）：1311-1314.

Meagher R B，2000. Phytoremediation of toxic elemental and organic pollutants[J]. Current Opinion in Plant Biology，3（2）：153-162.

Meharg A A，1996. Bioavailability of atrazine to soil microbes in the presence of the earthworm *Lumbricus terrestrius*

（L.）[J]. Soil Biology and Biochemistry，28（4）：555-559.

Michael J，Jürgen S，Karl-Josef M，1997. The inoculation of *Lumbricus terrestris* L. in an acidic spruce forest after liming and its influence on soil properties[J]. Soil Biology and Biochemistry，29（3）：677-679.

Nam P，Kapila S，Liu Q-H，et al.，2001. solvent extraction and tandem dechlorination for decontamination of soil[J]. Chemosphere，43（4-7）：485-491.

Natarajan M R，Nye J，Wu W-M，et al.，1997. Reductive dechlorination of PCB-contaminated raisin river sediments by anaerobic microbial granules[J]. Biotechnology and Bioengineering，55（1）：182-191.

Norris G，Al-Dhahir Z，Birnstingl J，et al.，1999. A case study of the management and remediation of soil contaminated with polychlorinated biphenyls[J]. Engineering Geology，53（2）：177-185.

Nyholm J R，Asamoah R K，van der Wal L，et al.，2010. Accumulation of polybrominated diphenyl ethers，hexabromobenzene，and 1，2-dibromo-4-（1，2-dibromoethyl）cyclohexane in earthworm（*Eisenia fetida*）. Effects of soil type and aging[J]. Environmental Science & Technology，44（23）：9189-9194.

Oshita K，Takaoka M，Kitade S-I，et al.，2010. Extraction of PCBs and water from river sediment using liquefied dimethyl ether as an extractant[J]. Chemosphere，78（9）：1148-1154.

Pagenkemper S K，Athmann M，Uteau D，et al.，2015. The effect of earthworm activity on soil bioporosity：Investigated with X-ray computed tomography and endoscopy[J]. Soil and Tillage Research，146：79-88.

Parrish Z D，White J C，Isleyen M，et al.，2006. Accumulation of weathered polycyclic aromatic hydrocarbons（PAHs）by plant and earthworm species[J]. Chemosphere，64（4）：609-618.

Parthasarathi K，Ranganathan L S，2000. Aging effect on enzyme activities in pressmud vermicasts of *Lampito mauritii*（Kinberg）and *Eudrilus eugeniae*（Kinberg）[J]. Biology and Fertility of Soils，30（4）：347-350.

Poluszyńska J，Jarosz-Krzemińska E，Helios-Rybicka E，2017.Studying the effects of two various methods of composting on the degradation levels of Polycyclic Aromatic Hydrocarbons（PAHs）in sewage sludge[J]. Water，Air，& Soil Pollution，228（8）：305.

Poster D L，Chaychian M，Neta P，et al.，2003. Degradation of PCBs in a marine sediment treated with ionizing and UV radiation[J]. Environmental Science & Technology，37（17）：3808-3815.

Prevedouros K，Cousins I T，Buck R C，et al.，2006. Sources，fate and transport of perfluorocarboxylates[J]. Environmental Science & Technology，40（1）：32-44.

Pu Q，Wang H T，Pan T，et al.，2020. Enhanced removal of ciprofloxacin and reduction of antibiotic resistance genes by earthworm *Metaphire vulgaris* in soil[J]. Science of the Total Environment，742：140409.

Qi Y C，Chen W，2010. Comparison of earthworm bioaccumulation between readily desorbable and desorption-resistant naphthalene：Implications for biouptake routes[J]. Environmental Science & Technology，44（1）：323-328.

Reddy G V B，Gold M H，2000. Degradation of pentachlorophenol by *Phanerochaete chrysosporium*：Intermediates and reactions involved[J]. Microbiology，146（2）：405-413.

Rich C D，Blaine A C，Hundal L，et al.，2015. Bioaccumulation of perfluoroalkyl acids by earthworms（*Eisenia fetida*）exposed to contaminated soils[J]. Environmental Science & Technology，49（2）：881-888.

Rodriguez-Campos J，Dendooven L，Alvarez-Bernal D，et al.，2014. Potential of earthworms to accelerate removal of organic contaminants from soil：A review[J]. Applied Soil Ecology，79：10-25.

Rodriguez-Campos J，Perales-Garcia A，Hernandez-Carballo J，et al.，2019. Bioremediation of soil contaminated by hydrocarbons with the combination of three technologies：Bioaugmentation，phytoremediation，and vermiremediation[J]. Journal of Soils and Sediments，19（4）：1981-1994.

Rorat A，Wloka D，Grobelak A，et al.，2017. Vermiremediation of polycyclic aromatic hydrocarbons and heavy metals in sewage sludge composting process[J]. Journal of Environmental Management，187：347-353.

Sanchez-Hernandez J C，2018. Biochar activation with exoenzymes induced by earthworms：A novel functional strategy for soil quality promotion[J]. Journal of Hazardous Materials，350：136-143.

Sanchez-Hernandez J C，Ro K S，Díaz F J，2019. Biochar and earthworms working in tandem：Research opportunities for soil bioremediation[J]. Science of the Total Environment，688：574-583.

Sato T，Todoroki T，Shimoda K，et al.，2010. Behavior of PCDDs/PCDFs in remediation of PCBs-contaminated sediments by thermal desorption[J]. Chemosphere，80（2）：184-189.

Schaefer M，Juliane F，2007. The influence of earthworms and organic additives on the biodegradation of oil contaminated soil[J]. Applied Soil Ecology，36（1）：53-62.

Schaefer M，Petersen S O，Filser J，2005. Effects of *Lumbricus terrestris*，*Allolobophora chlorotica* and *Eisenia fetida* on microbial community dynamics in oil-contaminated soil[J]. Soil Biology and Biochemistry，37（11）：2065-2076.

Schreck E，Geret F，Gontier L，et al.，2008. Neurotoxic effect and metabolic responses induced by a mixture of six pesticides on the earthworm *Aporrectodea caliginosa* nocturna[J]. Chemosphere，71（10）：1832-1839.

Scullion J，2006. Remediating polluted soils[J]. Naturwissenschaften，93（2）：51-65.

Sellstrom U，de Wit C A，Lundgren N，et al.，2005. Effect of sewage-sludge application on concentrations of higher-brominated diphenyl ethers in soils and earthworms[J]. Environmental Science & Technology，39（23）：9064-9070.

Semple K T，Morriss A W J，Paton G I，2003. Bioavailability of hydrophobic organic contaminants in soils：Fundamental concepts and techniques for analysis[J]. European Journal of Soil Science，54（4）：809-818.

Sharma B M，Bharat G K，Tayal S，et al.，2014. Environment and human exposure to persistent organic pollutants（POPs）in India：A systematic review of recent and historical data[J]. Environment International，66：48-64.

Shi Z M，Liu J H，Tang Z W，et al.，2020. Vermiremediation of organically contaminated soils：Concepts，current status，and future perspectives[J]. Applied Soil Ecology，147（Supplement）：103377.

Shi Z M，Xu L，Hu F，2014. A hierarchic method for studying the distribution of phenanthrene in *Eisenia fetida*[J]. Pedosphere，24（6）：743-752.

Shipitalo M J，Bayon R C L，2004. Quantifying the effects of earthworms on soil aggregation and porosity[M]//Edwards C A. Earthworm Ecology. 2nd Edition. Boca Raton：CRC Press：183-200.

Simmers J W，Rhett R G，Kay S H，et al.，1986. Bioassay and biomonitoring assessments of contaminant mobility from dredged material[J]. The Science of the Total Environment，56：173-182.

Singer A C，Jury W，Luepromchai E，et al.，2001. Contribution of earthworms to PCB bioremediation[J]. Soil Biology and Biochemistry，33（6）：765-776.

Sinha R K，Bharambe G，Ryan D，2008. Converting wasteland into wonderland by earthworms—a low-cost nature's technology for soil remediation：A case study of vermiremediation of PAHs contaminated soil[J]. The Environmentalist，28（4）：466-475.

Sinha R K，Chauhan K，Valani D，et al.，2010. Earthworms：Charles Darwin's 'Unheralded soldiers of mankind'：protective & productive for man & environment[J]. Journal of Environmental Protection，1（3）：251-260.

Smídová K，Hofman J，2014. Uptake kinetics of five hydrophobic organic pollutants in the earthworm *Eisenia fetida* in six different soils[J]. Journal of Hazardous Materials，267（C）：175-182.

Sun Y，Zhao L X，Li X J，et al.，2019. Stimulation of earthworms（*Eisenia fetida*）on soil microbial communities to promote metolachlor degradation[J]. Environmental Pollution，248：219-228.

Sylvestre M，2013. Prospects for using combined engineered bacterial enzymes and plant systems to rhizoremediate polychlorinated biphenyls[J]. Environmental Microbiology，15（3）：907-915.

Szewczyk R，Długoński J，2009. Pentachlorophenol and spent engine oil degradation by Mucor ramosissimus[J]. International Biodeterioration & Biodegradation，63（2）：123-129.

Takigami H，Etoh T，Nishio T，et al.，2008. Chemical and bioassay monitoring of PCB-contaminated soil remediation using solvent extraction technology[J]. Journal of Environmental Monitoring，10（2）：198-205.

Tang J X，Carroquino M J，Robertson B K，et al.，1998. Combined effect of sequestration and bioremediation in reducing the bioavailability of polycyclic aromatic hydrocarbons in soil[J]. Environmental Science & Technology，32（22）：3586-3590.

Taniguchi S，Hosomi M，Murakami A，et al.，1996. Chemical decomposition of toxic organic chlorine compounds[J]. Chemosphere，32（1）：199-202.

Taniguchi S，Miyamura A，Ebihara A，et al.，1998. Treatment of PCB-contaminated soil in a pilot-scale continuous decomposition system[J]. Chemosphere，37（9-12）：2315-2326.

Thakuria D，Schmidt O，Finan D，et al.，2010. Gut wall bacteria of earthworms：A natural selection process[J]. The ISME Journal，4（3）：357-366.

Tharakan J，Tomlinson D，Addagada A，et al.，2006. Biotransformation of PCBs in contaminated sludge：Potential for novel biological technologies[J]. Engineering in Life Sciences，6（1）：43-50.

Tiunov A V，Scheu S，1999. Microbial respiration，biomass，biovolume and nutrient status in burrow walls of *Lumbricus terrestris* L.（Lumbricidae）[J]. Soil Biology and Biochemistry，31（14）：2039-2048.

Topoliantz S，Ponge J F，2003. Burrowing activity of the geophagous earthworm *Pontoscolex corethrurus*（Oligochaeta：Glossoscolecidae）in the presence of charcoal[J]. Applied Soil Ecology，23（3）：267-271.

Topoliantz S X E，Phanie，Ponge J X E，et al.，2002. Effect of organic manure and the endogeic earthworm *Pontoscolex corethrurus*（Oligochaeta：Glossoscolecidae）on soil fertility and bean production[J]. Biology and Fertility of Soils，36（4）：313-319.

Tran N H，Urase T，Ngo H H，et al.，2013. Insight into metabolic and cometabolic activities of autotrophic and heterotrophic microorganisms in the biodegradation of emerging trace organic contaminants[J]. Bioresource Technology，146：721-731.

Tuomela M，Lyytikäinen M，Oivanen P，et al.，1998. Mineralization and conversion of pentachlorophenol（PCP）in soil inoculated with the white-rot fungus *Trametes versicolor*[J]. Soil Biology and Biochemistry，31（1）：65-74.

UNEP，2017. Stockholm convention on persistent organic pollutants[R]. Geneva：United Nations Environment Programme.

Van Aken B，Correa P A，Schnoor J L，2010. Phytoremediation of polychlorinated biphenyls：New trends and promises[J]. Environmental Science & Technology，44（8）：2767-2776.

Varanasi P，Fullana A，Sidhu S，2007. Remediation of PCB contaminated soils using iron nano-particles[J]. Chemosphere，66（6）：1031-1038.

Verma A，Ali D，Farooq M，et al.，2011. Expression and inducibility of endosulfan metabolizing gene in Rhodococcus strain isolated from earthworm gut microflora for its application in bioremediation[J]. Bioresource Technology，102（3）：2979-2984.

Vernile P，Fornelli F，Bari G，et al.，2007. Bioavailability and toxicity of pentachlorophenol in contaminated soil evaluated on coelomocytes of *Eisenia andrei*（Annelida：Lumbricidae）[J]. Toxicology in Vitro，21（2）：302-307.

Vidali M，2001. Bioremediation. An overview[J]. Pure and Applied Chemistry，73：1163-1172.

Vos H M J，Koopmans G F，Beezemer L，et al.，2019. Large variations in readily-available phosphorus in casts of eight earthworm species are linked to cast properties[J]. Soil Biology and Biochemistry，138：107583.

Wang C-B，Zhang W-X，1997. Synthesizing nanoscale iron particles for rapid and complete dichlorination of TCE and PCBs[J]. Environmental Science & Technology，31（7）：2154-2156.

Wang F，Ji R，Jiang Z W，et al.，2014. Species-dependent effects of biochar amendment on bioaccumulation of atrazine in earthworms[J]. Environmental Pollution，186：241-247.

Wang H T，Ding J，Chi Q Q，et al.，2020. The effect of biochar on soil-plant-earthworm-bacteria system in metal（loid）contaminated soil[J]. Environmental Pollution（1987），263：114610.

Wang T T，Cheng J，Liu X J，et al.，2012a. Effect of biochar amendment on the bioavailability of pesticide chlorantraniliprole in soil to earthworm[J]. Ecotoxicology and Environmental Safety，83：96-101.

Wang Y，Wang L，Fang G D，et al.，2013. Enhanced PCBs sorption on biochars as affected by environmental factors：Humic acid and metal cations[J]. Environmental Pollution，172：86-93.

Wang Y，Zhou D-M，Wang Y-J，et al.，2012b. Automatic pH control system enhances the dichlorination of 2，4，4’-trichlorobiphenyl and extracted PCBs from contaminated soil by nanoscale Fe0 and Pd/Fe0[J]. Environmental Science and Pollution Research，19（2）：448-457.

Weber J B，Coble H D，1968. Microbial decomposition of diquat adsorbed on montmorillonite and kaolinite clays[J]. Journal of Agricultural and Food Chemistry，16（3）：475-478.

Wheelock C E，Phillips B M，Anderson B S，et al.，2008. Applications of carboxylesterase activity in environmental monitoring and toxicity identification evaluations（TIEs）[J]. Reviews of Environmental Contamination and Toxicology，195：117-178.

White J C，Kelsey J W，Hatzinger P B，et al.，1997. Factors affecting sequestration and bioavailability of phenanthrene in soils[J]. Environmental Toxicology and Chemistry，16（10）：2040-2045.

Wilson S C，Jones K C，1993. Bioremediation of soil contaminated with polynuclear aromatic hydrocarbons（PAHs）：A review[J]. Environmental Pollution，81（3）：229-249.

Wong F，Bidleman T F，2011. Aging of organochlorine pesticides and polychlorinated biphenyls in muck soil：Volatilization，bioaccessibility，and degradation[J]. Environmental Science & Technology，45（3）：958-963.

Wu Y P，Liu J，Shaaban M，et al.，2021. Dynamics of soil N_2O emissions and functional gene abundance in response to biochar application in the presence of earthworms[J]. Environmental Pollution，268（Pt A）：115670.

Xu H J，Bai J，Li W Y，et al.，2018. Removal of persistent DDT residues from soils by earthworms：A mechanistic study[J]. Journal of Hazardous Materials，365：622-631.

Ye D Y，Quensen J F，Tiedje J M，et al.，1995. Evidence for para dechlorination of polychlorobiphenyls by methanogenic bacteria[J]. Applied and Environmental Microbiology，61（6）：2166-2171.

Yukselen-Aksoy Y，Reddy K R，2012. Effect of soil composition on electrokinetically enhanced persulfate oxidation of polychlorobiphenyls[J]. Electrochimica Acta，86：164-169.

Zeb A，Li S，Wu J N，et al.，2020. Insights into the mechanisms underlying the remediation potential of earthworms in contaminated soil：A critical review of research progress and prospects[J]. Science of the Total Environment，740：140145.

Zhang B G，Li G T，Shen T S，et al.，2000. Changes in microbial biomass C，N，and P and enzyme activities in soil incubated with the earthworms *Metaphire guillelmi* or *Eisenia fetida*[J]. Soil Biology and Biochemistry，32（14）：2055-2062.

Zhang H B，Zhou Y，Huang Y J，et al.，2016. Residues and risks of veterinary antibiotics in protected vegetable soils following application of different manures[J]. Chemosphere，152：229-237.

Zhang Q M，Saleem M，Wang C X，2019. Effects of biochar on the earthworm（*Eisenia foetida*）in soil contaminated with and/or without pesticide mesotrione. Science of the Total Environment，671：52-58.

Zhang W，Chen L，Liu K，et al.，2014. Bioaccumulation of decabromodiphenyl ether（BDE209）in earthworms in the presence of lead（Pb）[J]. Chemosphere，106：57-64.

Zhang X L，Cheng X M，Lei B L，et al.，2021. A review of the transplacental transfer of persistent halogenated organic pollutants：Transfer characteristics，influential factors，and mechanisms[J]. Environment International，146：106224.

Zhao S Y，Liu T Q，Wang B H，et al.，2019. Accumulation，biodegradation and toxicological effects of N-ethyl perfluorooctane sulfonamidoethanol on the earthworms *Eisenia fetida* exposed to quartz sands[J]. Ecotoxicology and Environmental Safety，181：138-145.

Zhao S Y，Yang Q，Wang B H，et al.，2018. Effects of combined exposure to perfluoroalkyl acids and heavy metals on bioaccumulation and subcellular distribution in earthworms（*Eisenia fetida*）from co-contaminated soil[J]. Environmental Science and Pollution Research，25（29）：29335-29344.

Zhao S Y，Zhu L Y，Liu L，et al.，2013. Bioaccumulation of perfluoroalkyl carboxylates（PFCAs）and perfluoroalkane sulfonates（PFSAs）by earthworms（*Eisenia fetida*）in soil[J]. Environmental Pollution，179：45-52.

Zheng S L，Song Y F，Qiu X Y，et al.，2008. Annetocin and TCTP expressions in the earthworm *Eisenia fetida* exposed to PAHs in artificial soil[J]. Ecotoxicology and Environmental Safety，71（2）：566-573.

Zhu H，Kannan K，2019. Distribution and partitioning of perfluoroalkyl carboxylic acids in surface soil，plants，and earthworms at a contaminated site[J]. Science of Total Environment，647：954-961.

Zou S W，Anders K M，Ferguson J F，2000. Biostimulation and bioaugmentation of anaerobic pentachlorophenol degradation in contaminated soils[J]. Bioremediation Journal，4（1）：19-25.

第八章 蚯蚓对肥力贫瘠退化土壤的修复

土壤为生命的维持和生存提供着重要的生态服务，生产了全球95%以上的食物，对保障可持续农业生产尤为重要。然而，由于传统农业的不当管理、对化肥农药的过度依赖，导致土壤有机质流失，土壤理化和生物学特性恶化，土壤肥力退化，进而影响土壤健康以及农产品质量（Pahalvi et al.，2021）。土壤退化问题已引起了世界各国政府和学者的广泛关注，成为粮食安全生产的最大挑战之一。蚯蚓是调控土壤生态系统功能和服务的关键土壤生物，其在土壤中的活动能显著影响土壤物理、化学、生物学性质，改良土壤质量以及提高农作物品质（Blouin et al.，2013；Lavelle et al.，2016）。本章主要介绍土壤退化现状、农业土壤退化主要特征及常用修复方法，阐明蚯蚓有机培肥体系对肥力贫瘠退化茶园土壤的影响，以期为极具潜力的蚯蚓修复技术在退化土壤恢复和农业生产利用方面提供借鉴意义。

第一节 土壤退化问题

一、土壤退化现状概述及特征

土壤退化是指在各种自然特别是人为因素影响下所发生的导致土壤的农业生产能力或土地利用和环境调控潜力，即土壤质量及其可持续性下降（暂时性的和永久性的）甚至完全丧失其物理、化学和生物学特征的过程，包括过去的、现在的和将来的退化过程（Rauschkolb，1971；张桃林和王兴祥，2000）。土壤退化大致可分为三种类型：物理退化、化学退化以及生物退化。

Prăvălie（2021）归纳总结了 17 种土地退化途径：干旱、生物入侵、海岸侵蚀、水蚀、风蚀、土壤污染、地面沉降、滑坡、冻土融化、土壤盐碱化、土壤酸化、土壤生物多样性丧失、土壤板结、土壤有机碳流失、土壤封存、植被退化和渍水。截至 2021 年，全球土壤退化面积可达 5670 万 km^2（FAO，2021）。在我国，2022 年水土流失面积达 265.34 万 km^2（水利部，2022）；2019 年土壤荒漠化面积达 257.37 万 km^2（国家林业和草原局，2021）；还有不同程度的土壤酸化、土壤污染和土壤盐碱化。

土壤退化直接影响到农业的可持续生产。联合国粮食及农业组织发布的《世界粮食和农业领域土地及水资源状况》指出我们的农业体系正“濒临极限”。在过去的几十年中，世界人口急剧增加，全球粮食产量预估需要增加 60%～70%才能养活 2050 年的 90 亿人口（Alexandratos and Bruinsma，2012）。土壤退化将导致全球平均作物产量损失 10%，在某些地区可高达 50%，严重威胁着人类的粮食安全（IPBES，2018）。人为因素诱导的土壤退化占总土壤退化面积的 35%，达 16.6 亿 hm^2，全球近三分之一的旱地和近一半的水田受其影响（陈义群等，2008；FAO，2021）。人类为维持高粮食产量而滥用化肥农药，已造成的全球土壤板结、有机碳流失、酸化、盐碱化、污染、生物多样性丧失等退化现象日益加剧（McLaughlin and Mineau，1995；Horrigan et al.，2002；Guo et al.，2010；Savci，2012；Pahalvi et al.，2021；杨世琦和颜鑫，2023）。因此，在不降低产量的同时，减轻长期施用化肥产生的环境效应，恢复土壤肥力以实现可持续发展成为未来农业面临的巨大挑战（Chen et al.，2014）。

二、肥力退化土壤修复的常用管理模式

农业绿色生产要求有更小的资源环境代价获得更高的农作物产量或品质，增强农作物种植体系的可持续性和稳定性。化肥农药投入的减量和农业管理模式的改变一定程度能减少土壤酸化和板结问题，激活土壤生物，促进生物间相互作用和恢复复杂营养网络作用（Beketov et al.，2013；Tang et al.，2021），助力土壤健康和生态系统功能（Pahalvi et al.，2021；Massah and Azadegan，2016；Nadarajan and Sukumaran，2021）。目前，少耕免耕、轮作覆盖作物、间套作豆科作物、施用有机物料、施用微生物菌肥以及蚯蚓生物培肥等都是典型的绿色农业可持续发展的管理代表模式（Magdoff and Es，2010；Li et al.，2023）。它们对于改善土壤物理结构，土壤化学性质（如阳离子交换量、pH、土壤养分含量、有机质含量等）以及土壤生物性质（如土壤微生物活性、微生物生物量、酶活性等），提高土壤质量和稳定粮食生产具有重要意义。

（一）少耕和免耕管理模式

少耕免耕是现代农业生产中保护性耕作方法。少耕是在全田进行间隔耕作、减少耕作面积或尽量减少耕作次数的方法。免耕即不翻动表土，全年在土壤表面留下作物残茬以保护土壤的耕作方式。少耕和免耕能减少耕层土壤扰动，减缓土壤侵蚀，较常规耕作能提高农田表层土壤孔隙度，降低土壤容重，增加土壤团聚体，提升土壤有机质含量，对恢复土壤肥力、保护农田生态环境、实现农业可持

续发展具有重要意义（Busari et al.，2015；Knapp and van der Heijden，2018；刘红梅等，2020）。

（二）轮作覆盖作物管理模式

合理的轮作制度能降低产量的变异，提高养分和水的利用效率。轮作覆盖作物能为冬闲田提供表土覆盖，可保护土壤表面免受雨水冲刷导致的水蚀和风蚀（Baets et al.，2011）。覆盖作物根系的生长能增加土壤孔隙度以防止土壤板结，而增加土壤团聚体，其对土壤表层的疏松作用使得下茬作物的根系能下扎得更深（Adetunji et al.，2020）。在保护表层土壤的同时，轮作豆科覆盖作物能减少氮素淋溶，增加土壤中根瘤固氮从而提高农田土壤速效氮含量，助力减肥减药（Abdalla et al.，2019）。覆盖作物还能为土壤中的有益生物（如蚯蚓）提供良好的栖息地和食物，进而提高土壤生物多样性以综合提升土壤健康状况（Lamichhane and Alletto，2022；吕陇等，2023）。

（三）间套作管理模式

间套作管理模式是高效进行土地利用的农田管理模式。Li 等（2013）通过整合分布于全球不同地区的 226 个间套作田间试验，分析了作物组合和氮肥投入对间套作生产功能指标的影响，结果显示在较低氮供应条件下玉米/大豆间作的蛋白质产量明显高于最高产的单作。Yu 等（2021）和 Wu 等（2023）的研究也显示间作豆科作物时，豆科作物能借助根瘤菌从空气中进固氮，增加土壤氮含量，提高农田生物多样性，形成良好共生关系，提高资源利用效率，减少病害发生从而减少对化肥农药投入的依赖性，进而可持续增加粮食生产力及生产力的稳定性。

（四）有机培肥管理模式

有机物料添加被广泛认为是实现可持续农业的重要管理措施（Amanullah et al.，2019），如秸秆、畜禽粪便、生物炭等。施用秸秆、畜禽粪便以及生物炭都能提高土壤养分含量，提高土壤孔隙度，促进团聚体形成，改善土壤结构（Meena et al.，2020；Ding et al.，2016；Cai et al.，2019）。其中生物炭对土壤物理性质改良效果尤佳，因其为碱性，对酸性土壤的 pH 有较好的改良作用，因其较大的比表面积，能提高土壤的阳离子交换量，从而提高土壤保肥性能（Lehmann and Joseph，2015）。除此之外，富碳的生物炭施入土壤能显著提高土壤有机质含量（Smith，2016）。而畜禽粪便的养分更为全面，富含各种大、中、微量元素，肥效更为稳定（Cai et al.，2019）。施用秸秆能改善土壤的水气条件，塑造良好的土壤微气候，为土壤生物提供良好的栖息地，对土壤生物的生存繁殖产生积极影响，进而提高农田土壤生物多样性（Fujii et al.，2020）。

（五）微生物菌肥管理模式

微生物作为土壤活性和生态功能的核心，是耕地质量提升的关键要素。在作物养分吸收方面，根瘤菌、解磷菌以及解钾菌等能增加土壤氮素，活化土壤中的磷钾元素，进而提高土壤肥力，而根际促生菌能通过分泌植物促生物质促进植物生长，进而减少化肥投入（Wang et al.，2022）。在生物防治方面，微生物菌肥更是发挥着不可替代的作用，苏云金芽孢杆菌（*Bacillus thuringiensis*）等菌株可以有效抑制虫害，枯草芽孢杆菌（*Bacillus subtilis*）能有效抑制香蕉凋萎病的发生，微生物菌肥在生物防治上良好的效果能有效减少农药施用（Bravo et al.，2011；Cao et al.，2011）。施用微生物菌肥能灵活针对目标土壤对症下药，助力同一健康的发展目标（Banerjee and van der Heijden，2022）。

（六）蚯蚓生物培肥管理模式

蚯蚓作为土壤中最重要的土壤动物之一，是“生态系统工程师”。近年来，蚯蚓由于其取食、排泄、掘穴等活动对土壤生境的良性改造作用，能从物理、化学、生物等多方面改良土壤，其在农田土壤肥力恢复中的作用逐渐得到国内外学者的广泛关注。

在农田中接种蚯蚓能够显著促进土壤有效养分含量的增加。李辉信等（2002）发现在水稻-小麦轮作体系中蚯蚓接种可增加土壤微生物量碳、氮含量，并且提高土壤矿质氮和氮矿化速率，降低土壤容重，增加水稻产量9.3%。刘德辉等（2003）发现蚯蚓活动能促进红壤中有机物料分解，促进微生物活性，提高土壤的磷酸酶活性和土壤速效磷含量。刘宾等（2006，2007）发现蚯蚓活动促进了土壤中氮素的矿化，在潮土接种蚯蚓相比对照处理显著提高土壤铵态氮和硝态氮含量以及氮矿化速率。Li 等（2018）发现接种蚯蚓能增加土壤速效养分，酶活性以及微生物多样性。王笑等（2017）探究了不同生态型蚯蚓的作用效果，发现表层种蚯蚓在施用牛粪的处理中显著增加土壤团粒结构和速效磷含量，而在不施用牛粪时效果不明显；而内层种蚯蚓则无论牛粪施用与否都促进土壤团粒结构的形成，对微生物量氮有促进作用，表明蚯蚓生态型的差异也会引起实际效果的差异。

接种蚯蚓能调控微生物群落并显著提高土壤酶活性。在13年连续施用秸秆的土壤中，Gong 等（2018）首次展示出接种蚯蚓与施用秸秆处理的共线网络，结果强调蚯蚓是土壤微生物群落的主要驱动力。接种蚯蚓增加了微生物相互作用的复杂度，并且主要通过影响原核生物进而调控土壤微生物的功能。Gong 等（2019）发现蚯蚓显著促进了土壤大团聚体形成，进而促进细菌群落；而通过改变土壤 pH 影响真菌群落。Tao 等（2009）发现相较于单独施用玉米秸秆，接种蚯蚓结合混施玉米秸秆显著提升了土壤酶活性。陶军等（2010）发现蚓粪中的水解酶活性远高于周围土壤。蚯蚓通过促进土壤碳循环酶活性，减少真菌数量增加真菌细菌比，促进细菌能流通道进而促进土壤中植物凋落物的分解和养分的周转（Zheng et al.，2018）。

Liu 等（2019）从土壤生态系统多功能的角度综合评价了蚯蚓在土壤中扮演的重要角色（图 8.1）。蚯蚓对生态功能的贡献主要体现在加速养分循环、促进土壤有机质的积累、保持水土以及生物防治，能一定程度上替代农药化肥的施用，在提升土壤肥力的同时能兼顾作物产量（Blouin et al.，2013；Lavelle et al.，2016）。因此利用蚯蚓生物培肥技术恢复土壤肥力极具应用价值，在实际应用时可以结合其他措施并行。

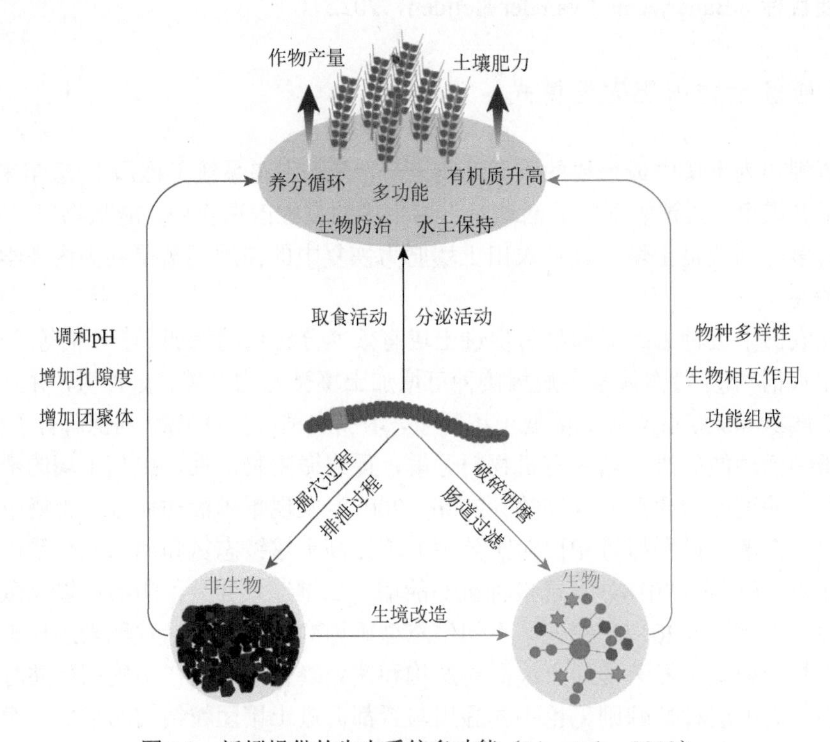

图 8.1　蚯蚓提供的生态系统多功能（Liu et al.，2019）

第二节　蚯蚓生物有机培肥技术体系在华南茶园的应用研究

一、茶园土壤的退化问题

茶树是我国南方重要的多年生木本经济作物，种植面积和产量均居世界第一位。2016年，中国茶叶种植面积达2.93×10^6hm^2，约占全球植茶面积的60%以上（刘丽芳，2018）。随着物质生活水平的提高，消费者对茶叶的需求量和品质要求不断增加，茶叶市场的潜力逐年增大。但是，近年来由于长期茶园土壤养分管理措施的不当，大量化学肥料的施用，在一定程度上增加茶叶产量的同时，带来茶园土壤生物多样性减少，土壤质量退化，茶叶产品质量急剧下降，茶园土壤生态质量恶化（Hou et al.，2015），严重阻碍了茶叶的内销和外贸出口。同时，大量投入化肥和农药物质带来的茶叶种植的成本过高，产量多而价格低，茶农增收难，直接影响到茶农生产生活，制约了农村经济的发展。因此，为应对日益严重的环境污染，以及农产品安全和环境问题的挑战，遵循可持续发展原则，改变现有的茶园土壤养分管理措施，在生产过程中尽量减少化学合成的肥料、杀虫剂、药品等外部投入，而主要依靠自然规律和法则、提高生态循环效率的土壤资源利用方式以及有效的农业生产管理模式，培育健康的土壤及其生态系统，对于获得高安全性、高品质的作物十分必要。

二、蚯蚓生物有机培肥技术体系的应用

（一）蚯蚓生物有机培肥技术体系概述

蚯蚓生物有机培肥技术（fertilization bio-organic technology，FBO）体系是由法国发展研究院的Lavelle教授和印度萨姆巴珀大学Senapati教授共同合作开发的一种利用土壤工程生物蚯蚓和农业有机废弃物共同作用，激活土壤生态系统，全面提升土壤质量，利用自然培肥机制管理土壤、农作物和森林，注重生态效应的新型土壤培肥管理技术体系。

该技术体系于20世纪90年代研制成功，在近十几年中，已在法国、印度、墨西哥、秘鲁、西班牙、荷兰等8个国家的茶园、咖啡园等的24种作物上进行应用试验。实践证明其既可提高树木、种植园、农作物产量，又可保持土壤肥力及其生物多样性，同时其利用当地的有机物质和其他原料进行农田管理，明显减少了化肥的投入量（Senapati et al.，2002；Brown et al.，1999）。在印度南部亚热带

Caroline 和 Sheikalmudi 地区茶园，由于土壤的长期使用，土地十分贫瘠，尽管加施化肥与杀虫剂，但增产效果仍不明显，茶园产量停滞不前，自引进该技术体系后，状况得到明显改观。

通过向退化土壤中加入经筛选的土壤工程生物蚯蚓和大量有机物料（图 8.2），利用蚯蚓在土壤中的活动以及有机物料的分解、同化等作用优化土壤结构，促使土壤氮、磷、钾元素自然增加，并且使土壤中的这些营养元素自然稳定释放，土壤与作物间养分循环达到供需平衡，从而提高土壤整体质量。同时，这种复合培育技术体系的加入可以使土壤生物在经优化的适宜环境条件下物种多样性更加丰富和种群数量显著增加，使土壤生物群落得到逐步完善，促使生物对土壤质量的积极改良作用得到更大程度的发挥。与常规田间管理中人为强制施入化肥导致土壤性质恶化，被迫施入更多化肥的恶性循环系统相比较，蚯蚓-有机物复合培育体系构建的这种良性循环系统在强调土壤获得最大生产力的同时遵循自然规律的原则，能够充分实现土壤功能和土壤生态系统的可持续循环与发展。作为一种完全施用有机肥、环境友好型的培肥技术，蚯蚓有机肥技术体系的推广应用必将带来更大的生态效益以及经济效益，具有广阔的应用前景。

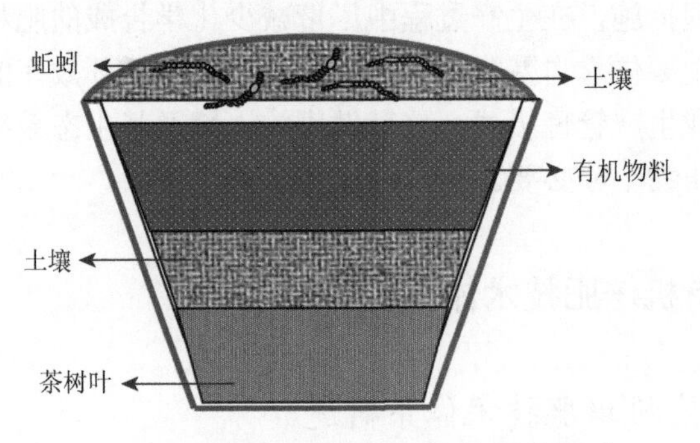

图 8.2　FBO 茶园蚯蚓及有机物料施体系

（二）蚯蚓有机培肥技术体系对茶园土壤肥力的影响

茶园土壤环境质量是影响茶叶产量和品质的重要因素之一。华南农业大学土壤生物学研究团队在广东省农业科学院茶叶研究所英德基地进行了长期定位试验，通过在南方茶园生态系统中利用 FBO 技术，研究蚯蚓和其他有机物料的共同作用对茶园土壤物理、化学和生物学性质的影响，以及茶园土壤质量的动态变化过程，揭示了 FBO 技术对提高土壤质量、维护茶园土壤生态系统可持续发展的作用。该技术可以利用生物措施来修复茶园土壤，加快传统普通茶园向有机茶园的转化，为我国有机茶生产过程中的养分管理提供了一条新的途径，有利于解决目前有机茶行业中“茶园土壤肥力无法提高，病虫害无法得到有效地控制”的共性问题，从而进一步推动茶叶的可持续发展（图 8.3）。

图 8.3 FBO 茶园工作照片（戴军提供）

1. 土壤碳固定

土壤有机质是土壤的最关键属性和土壤质量的核心，是可持续农业的基础。有机质的积累不仅仅依靠进入土壤的有机物质的数量和质量，同时与土壤中各种生物的作用密切相关（Lavelle et al.，1997；Scullion and Malik，2000；Marashi and Scullion，2003；Smith and Bradford，2003）。蚯蚓在土壤中可以通过吞食破碎凋落物使其转变为小的有机化合物和矿质营养，并将其与土壤混合，促进凋落物在土壤中的分解，从而提高土壤中有机碳含量（Brown et al.，2000）。在本书英德茶园试验中，设置 100%FBO 处理与 100%常规复合肥处理对具有 5 年茶龄的黄金桂进行田间管理。试验布置三年后，前者的土壤有机质含量均显著高于后者（Zhang et al.，2005；张池，2006；罗中海，2007；陈旭飞，2009）。但是，有研究表明以有机物料和土壤混合物为食物的蚯蚓，在短期农田接种过程中导致土壤有机质碳含量随时间的增加而显著减少（Pashanasi et al.，1996；Gilot，1997）。邵元虎等（2015）提出在有蚯蚓的土壤中，蚯蚓复杂的肠道生化和物理过程，可以同时加快有机质的矿化速率和稳定化过程，在短期内一部分碳进入“即时可矿化碳”因而短期内可能二氧化碳释放明显增加，但是随着时间的增长，大量的碳进入稳定碳库，因而固定在土壤中；其中稳定化过程大于矿化速率，最终导致生态系统内碳的净固存。另外，蚯蚓有机培肥技术体系引起的碳固定与土壤团聚体来源、种类、数量和动力学特征密切相关（Lavelle and Spain，2021），深入的机制研究将在未来的研究中继续进行。

2. 理化性质

（1）土壤容重、坚实度和水分含量是土壤重要的物理特征，其随土壤质地、结构和有机质含量变化，影响土壤氧气的供给、根系的生长（Doran and Parkin，1994；Powers et al.，1998）。在英德基地 FBO 试验中，试验布置 12 个月后的 100%FBO 处理土壤容重显著低于 100%复合肥处理（$P<0.05$）。试验布置第三年，100%FBO 处理的土壤容重和土壤坚实度平均值显著均低于 100%常规复合肥处理，含水量则是后者的 2 倍（Zhang et al.，2005）。蚯蚓-有机物复合培肥技术体系向土壤中施加了大量有机物料，其富含碳水化合物，多糖、腐殖质能够以胶膜形式包被在矿质土粒的表面，可以促进大小团聚体的形成和优化其分布（李学垣，2001；崔莹莹等，2020），从而影响孔隙大小、数量及分布（Marinari et al.，2000），使土壤松紧度发生变化，减小土壤容重，提高土壤饱和导水率（Jordán et al.，2013；王芳，2014；王秋菊等，2015）。同时，蚯蚓的进食和排泄活动都会在很大程度上影响土壤结构发展和水分调节（Pagenkemper et al.，2015；Kawaguchi and Kaneko，2011）。蚯蚓活动增加土壤大孔隙，改变水对土壤的渗透，影响土壤储水量（Edwards，2004）。在 Guo 等（2021）的研究中显示，在培养 180d 后蚯蚓增加了无耕作地块中平均孔径大于 500μm 的孔隙数，同时减少了平均孔径 100～500μm 的孔隙数。野外田间试验也表明蚯蚓在压实的土壤能够快速恢复其丰度，在一到两年内恢复土壤中原有的大孔隙（Yvan et al.，2012）。

（2）土壤 pH 决定土壤的整体化学环境，影响养分的可利用率。目前我国已有超过 52.0%的茶园土壤处于严重酸化程度，茶园土壤 pH＜4.5，只有 41.0%的茶园土壤最适宜茶树生长（颜鹏等，2020）。华南地区茶园土壤都为酸性，而常规管理土壤化肥的添加更容易加速土壤的酸化进程。茶树生长会对 Al 大量富集，其代谢循环使茶树根区的 Al 不断在土壤表层富集，从而造成了表层土壤的酸化（Ruan et al.，2010），因此随着茶树种植年限增长，茶园土壤的酸化程度会逐渐加重，造成土壤严重退化（黄意欢和萧力争，1992），茶园土壤酸化问题已成为制约茶叶产量和品质的关键因素。在华南地区黄金桂茶园中应用 FBO 技术后土壤 pH 降低幅度明显低于常规化肥处理（Zhang et al.，2005）。前人研究显示蚯蚓能够通过体内的钙腺合成 $CaCO_3$ 并排出体外（Lee，1985；García-Montero et al.，2013），使得蚓粪的 pH 高于周围土壤，从而提高土壤中的 pH。但是，由于试验中接种蚯蚓为壮伟远盲蚓、皮质远盲蚓等环毛蚓，其不具有钙腺，因此蚯蚓表皮能分泌大量黏液，肠道排泄产物中也含有甘氨酸、丙氨酸、苏氨酸等 18 种氨基酸、糖类（结合糖）、较高的交换性 Ca^{2+}、Mg^{2+}和 K^{+}等可溶性无机盐以及具有—COOH、—NH_2、—C═O 等活性基团的大分子量胶黏物质（冯凤玲等，2006；Wu et al.，2018），这些组分增加可能是蚯蚓调节土壤 pH 的原因之一。此外，土壤中添加有机物料后，有机物碱性物质的释放以及土壤中的氮转化过程也影响了土壤 pH（王磊等，2013）。由此可见，华南地区茶园中应用 FBO 技术可以一定程度上减缓土壤的酸化进程。

（3）土壤 CEC 及养分状况及其供需平衡程度决定了土壤功能的好坏。一方面，土壤阳离子交换量（CEC）是土壤基本特性和重要肥力影响因素之一，是土壤保肥、供肥和缓冲能力的重要标志，对提高肥力、改良土壤及治理土壤污染有重要作用。经过蚯蚓-有机物复合培肥技术体系管理的茶园土壤阳离子交换量得到显著提升。试验布置 24 个月 100%FBO 处理的土壤 CEC 比 100%常规施肥处理提高 35%，36 个月后处理间差异达极显著水平（$P<0.0001$）。有机胶体表面的吸附性能增强了阳离子交换能力，蚓粪中微团聚体也会富集大量的阳离子，使土壤中阳离子含量得到显著增加（Tisdall and Oades，1982；Shipitalo and Protz，1989），促使蚯蚓-有机物复合培育体系处理的土壤具有较高的保肥能力。另一方面，氮磷钾是茶树生长发育重要的营养元素，对茶树全株各器官的生长发育、提高植物的抗病性、抗寒性和抗旱能力都有良好的作用（刘克锋等，2001；杨亚军，2005）。土壤中能被茶树直接吸收并得以利用的氮磷元素主要为无机态的氨态氮、硝态氮和速效磷等有效态形式，只占全量含量的 7%以下。茶树作为一种多年生的作物，以营养器官叶作为收获的对象，当茶树对养分的不断吸收和利用并伴随着茶叶的不断收获必定减少土壤中的这些营养成分的含量，一般长期施用化肥可以提高其在土壤中含量，但施入的这些无机肥很少能在土壤有机质中积累，很容易流失，而

且使土壤的各种属性性状变得恶劣，使土壤功能下降，蚯蚓-有机物复合培育技术体系可以让种植土壤在其自然的系统生态循环中解决这个问题。在茶园 FBO 试验布置 6 个月后，100%复合肥处理的全氮、速效氮含量显著高于 100%FBO 处理；试验布置 24 个月后，各处理间差异全氮差异不显著而速效氮差异显著减小；试验布置 36 个月后，100%FBO 的全氮、铵态氮、硝态氮和速效钾的含量与常规复合肥处理相比得到了显著增加（Zhang et al.，2005；唐劲驰等，2008）。有机物料和蚯蚓联合加入的初期，它们对有机质分解转化释放的养分十分有限，但是随着时间的增长二者加速了有机质的分解转化，促进土壤有机质团聚体破碎，加速了有机质的分解转化，释放出有机物料中的养分（张宝贵等，2000；Gorres and Savin，2001；Lavelle and Spain，2001），因此土壤养分含量较高、质量较好。周波等（2020）在广东潮州单丛茶园进行三年不同培肥实验，结果也显示蚯蚓生物培肥管理措施后土壤全氮、碱解氮和速效钾含量显著高于常规施肥措施。

（4）土壤生物学性质的影响

土壤微生物是茶园生态系统中比较活跃的组成成分，其参与土壤有机质和养分转化与循环，影响茶园土壤肥力和茶树生长。土壤微生物生物量作为土壤营养库的重要组成部分，在土壤生态系统物质循环和能量流动中起着重要作用。土壤微生物量碳占总有机碳的 1%～5%（Insam，1990），影响着土壤中所有有机碳的转化，调节土壤养分的释放，对提高土壤养分的生物有效性和利用率起着积极作用（Sanchez et al.，1997）。本书在英德基地试验布置 12 个月后，蚯蚓-有机培肥处理的土壤微生物碳含量明显高于 100%复合肥处理（张池，2006）。唐劲驰等（2016）连续 5 年对蚯蚓生物有机培肥的金萱茶园土壤微生物特的变化情况进行了进一步研究（表 8.1），结果显示：在 0～20cm 土层，100%FBO 处理的微生物量碳、呼吸速率和微生物熵，以及细菌、真菌和放线菌的数量都显著高于常规化肥处理（$P<0.05$），而微生物的代谢熵则显著低于后者；但是在 20～40cm 土层，100%FBO 处理的微生物指标略高于 100%常规处理，但多数未达显著水平。

表 8.1 蚯蚓生物有机培肥对茶园土壤微生物特征的影响

土层	处理	微生物量碳/($g·kg^{-1}$)	呼吸速率/($g·kg^{-1}·d^{-1}$)	微生物熵/(C_{CO_2} mg·MBCmg^{-1})	代谢熵/($mg·g^{-1}$)	细菌数量/(×10^5cfu·g^{-1})	真菌数量/(×10^5cfu·g^{-1})	放线菌数量/(×10^5cfu·g^{-1})
0～20cm	CK	21.76±5.40[b]	48.52±9.93[b]	0.21±0.02[b]	2.25±0.21[a]	0.60±0.11[b]	0.17±0.03[b]	5.03±6.77[b]
	50%FBO	55.24±12.47[b]	105.38±12.29[b]	0.23±0.05[ab]	1.96±0.42[b]	59.11±53.36[b]	2.25±1.82[ab]	34.60±48.60[ab]
	100%FBO	121.00±24.70[a]	192.56±48.81[a]	0.29±0.02[a]	1.58±0.18[b]	209.70±68.87[a]	5.03±2.47[a]	115.96±44.38[a]

续表

土层	处理	微生物量碳/(g·kg^{-1})	呼吸速率/(g·kg^{-1}·d^{-1})	微生物熵/(C_{CO_2} mg·MBCmg^{-1})	代谢熵/(mg·g^{-1})	细菌数量/(×10^{5}cfu·g^{-1})	真菌数量/(×10^{5}cfu·g^{-1})	放线菌数量/(×10^{5}cfu·g^{-1})
20～40cm	CK	49.61±12.97^b	46.91±7.65^a	0.58±0.23^a	0.96±0.09^a	0.11±0.01^a	0.01±0.01^a	0.03±0.02^a
	50%FBO	67.97±4.48^a	46.79±4.19^a	0.73±0.06^a	0.69±0.04^b	5.65±1.95^a	1.90±1.01^a	2.19±2.90^a
	100%FBO	73.34±9.52^a	48.53±2.34^a	0.68±0.05^a	0.67±0.07^b	5.25±5.45^a	2.51±1.27^a	1.72±1.27^a

土壤酶是表征土壤中物质、能量代谢旺盛程度和土壤质量水平的一个重要生物指标（周礼恺等，1983）。目前，长期培肥对土壤酶活性的影响多集中于非茶园土壤（方日尧等，2003；王冬梅等，2006），而对茶园土壤酶活性的影响研究报道较少。茶园土壤中的酶很多，如蛋白分解酶、多酚氧化酶、过氧化氢酶、磷酸酶、转化酶等，它们都是茶树和土壤生物活动的产物。各种酶活性反应参与土壤各种生物化学过程，是土壤养分有效化强度的表征，也是土壤肥力的重要指标，与茶树生长、茶叶优质量、高产关系较密切。在英德基地黄金桂茶园实验中，蚯蚓有机培肥处理在试验布置两年后显著提高土壤过氧化氢酶、转化酶活性（罗中海，2007）。唐劲驰等（2016）在金萱茶园试验中也发现了类似的结果，0～20cm 土层 100%FBO 处理的过氧化氢酶、脲酶、转化酶和碱性磷酸酶的活性均显著高于常规化肥处理（表 8.2）。上述结果与 Song 等（2020）使用蚯蚓和水稻秸秆的相互作用增加土壤蛋白酶、转化酶、脲酶和碱性磷酸酶的活性结果一致。

因此，接种蚯蚓和施加有机物料能够显著提高土壤中更多酶促基质，提高酶活性，加速有机碳向微生物碳的转化效率，新增的有机物料为微生物的生存和繁殖提供充足的营养和能量，从而提高微生物生物量、活性。同时，蚯蚓活动也能和体系内微生物相互作用，激活微生物，为微生物的生存和繁衍提供良好的生存空间（陈平等，2018；徐晓燕等，2011）。由此可见，蚯蚓生物有机培肥技术体系对于表层土壤微生物生物量、数量、酶活性具有重要提升作用，有利于受损茶园生态系统的恢复和重建，全面提升土壤质量。

表 8.2 蚯蚓生物有机培肥对茶园土壤酶活性的影响

土层	处理	过氧化氢酶/(mL·g^{-1})	脲酶/(g·kg^{-1}·d^{-1})	转化酶/(mL·g^{-1}·d^{-1})	酸性磷酸酶/(mg·g^{-1}·d^{-1})	碱性磷酸酶/(mg·g^{-1}·d^{-1})
0～20cm	CK	0.27±0.01^b	0.51±0.08^b	0.65±0.03^c	1.21±0.02^a	0.45±0.02^c
	50%FBO	0.66±0.25^b	1.37±0.16^b	2.36±0.30^b	1.32±0.01^a	0.84±0.02^b
	100%FBO	1.09±0.12^a	3.08±0.68^a	4.26±0.39^a	1.40±0.23^a	1.41±0.10^a

续表

土层	处理	过氧化氢酶 /(mL·g^{-1})	脲酶 /(g·kg^{-1}·d^{-1})	转化酶 /(mL·g^{-1}·d^{-1})	酸性磷酸酶 /(mg·g^{-1}·d^{-1})	碱性磷酸酶 /(mg·g^{-1}·d^{-1})
20～40cm	CK	0.28±0.01^{b}	0.16±0.01^{c}	0.44±0.07^{b}	1.08±0.15^{a}	0.16±0.01^{b}
	50%FBO	0.32±0.03^{b}	0.24±0.02^{b}	0.78±0.17^{a}	1.23±0.07^{a}	0.40±0.01^{a}
	100%FBO	0.39±0.01^{a}	0.35±0.04^{a}	0.79±0.05^{a}	1.23±0.05^{a}	0.41±0.01^{a}

（三）蚯蚓生物有机培肥技术体系对茶叶品质和产量的影响

培肥管理措施是茶业生产持续发展的物质基础，是增加茶叶产量和提高茶叶品质的一项重要技术。据有关研究，1970～1992年世界主要产茶国家茶叶的年平均增产幅度为3.11%，其中来自肥料的贡献率达41%，超过土地25%、劳动力8%等的贡献率（阮建云等，2001）。

1. 蚯蚓生物有机培肥技术体系对茶叶产量的影响

茶叶产量是由茶树上采摘下来的芽叶组成的，茶叶产量的高低取决于单位面积茶树上采摘的芽数和芽重。唐劲驰等（2008）在黄金桂茶树上的施肥试验表明，与单纯施用尿素相比，施牛粪、蚕粪、花生麸等有机肥料均能显著改善茶树生产性状，增加茶叶产量。在英德基地黄金桂茶园蚯蚓-有机培肥试验中，施用有机肥的100%FBO处理与常规处理相比，年产量第一年提高1.5%，第二年提高3.6%（罗中海，2007）。周波等（2020）通过田间实验研究不同化肥减时增效复合技术模式对单丛茶园茶叶产量的影响，结果也显示蚯蚓生物有机培肥技术体系与常规化肥施用技术相比可提高茶鲜叶产量12.3%。

2. 蚯蚓生物有机培肥技术体系对茶叶品质的影响

茶叶的品质评价在茶叶产业和科学研究中均备受关注。目前，国内外对茶叶品质的优劣和等级的鉴定主要采用感官审评法，通过茶叶的色泽、外形、香气、滋味去评审（陈宗懋，1992；黄继轸，2000）。这种方法对环境和人员的专业度要求高、易受多方面因素干扰。针对这种现象，人们结合茶叶生化指标，如茶多酚、咖啡碱、氨基酸、可溶性糖、水浸出物等进行评价。施肥管理措施能优化茶叶品质成分，保证了形成茶叶品质所需要的氮、磷、钾等大量元素的充足供给，从而影响茶叶的香气和滋味以及各种生化指标（张文锦，1992；施嘉潘，1992；Sharma D K and Sharma K L，1998；Yuan et al.，2000；杨亚军，2005）。本书在英德基地黄金桂茶园试验表明：蚯蚓生物有机培肥技术体系能显著提高茶叶外形、香气、滋味评分以及感官审评总分，显著提升茶叶综合品质。周波等（2017）在金萱茶园进行相似的研究也表明，蚯蚓生物有机培肥技术实施后茶叶综合感官品质提升 3.5%～5.7%，同时茶叶咖啡碱含量显著，可溶性糖含量有一定提升，这一定程度上可以减少茶叶的苦涩味，增加鲜爽程度（沈星荣，2014）。因此，在良好、健康的生态系统下，蚯蚓有机培肥技术体系的应用可以为土壤提供成分完全、比例协调的养分，提高养分有效性，刺激茶树吸收，使呈味物质含量达到相互协调和拮抗的较佳比例，因而可以显著提高茶叶品质。但是如何调控呈味物质比例及影响呈味物质在茶树体内运移和转化的机制等问题仍有待深入研究（周波等，2017）。

第三节　本章展望

蚯蚓生物有机培肥技术体系能明显提高土壤有机碳含量，增加土壤固碳能力；其改善土壤结构，降低土壤容重，并通过增加土壤孔隙度、调节土壤水分状况；同时，其降低土壤 pH，减缓茶园土壤酸化进程，提高土壤阳离子交换量，改善土壤保肥能力，提高茶园土壤的氮、磷、钾等养分含量，增加土壤微生物量和活性，最终修复退化土壤。另外，这一技术体系也能增强茶树免疫力，稳定茶叶的产量和提高茶叶质量，将传统普通茶园向有机茶园快速转化，建设有机生态茶园，用好茶卖好价，提高市场竞争实力，获得较好的经济效益。

蚯蚓生物有机培肥技术体系的研究是可持续农业管理的重要手段之一。然而，在茶园生态系统中，这一技术体系的研究目前大多聚焦于土壤基础理化及微生物等的影响，较少关注该体系如何调控土壤生物类群及其互作效应对土壤各物质生物地球化学循环的调控机制。同时，作为可持续生态茶园，蚯蚓和有机物联合的培肥管理措施对茶树病虫害、整个生态系统生产力和茶叶产量及品质等关键生态过程的研究仍十分缺乏。蚯蚓生物有机培肥技术体系是否可以在果园、旱地等农业生态系统进行应用，如何因地制宜地对相关措施等进行调控都是我们未来需要解决的问题。

参考文献

陈平，赵博，杨璐，等，2018. 接种蚯蚓和添加凋落物对油松人工林土壤养分和微生物量及活性的影响[J]. 北京林业大学学报，40（6）：63-71.

陈旭飞，2009. 蚯蚓-有机物复合培育体系在英德茶园土壤中的应用效果研究[D]. 广州：华南农业大学.

陈义群，董元华，陈德强，2008. 人为引起土壤退化的驱动力[J]. 农业工程学报，24：114-118.

陈宗懋，1992.中国茶经[M].上海：上海文化出版社.

崔莹莹，吴家龙，张池，等，2020. 不同生态类型蚯蚓对赤红壤和红壤团聚体分布和稳定性的影响[J]. 华南农业大学学报，41（1）：8.

方日尧，同延安，耿增超，等，2003.黄土高原区长期施用有机肥对土壤肥力及小麦产量的影响[J].中国生态农业学报，11（2）：47-49.

冯凤玲，成杰民，王德霞，2006. 蚯蚓在植物修复重金属污染土壤中的应用前景[J]. 土壤通报，37（4）：809-814.

高宗，刘杏兰，刘存寿，等，1992. 长期施肥对关中楼土肥力和作物产量的影响[J]. 西北农业学报，1（3）：65-68.

国家林业和草原局，2021. 第六次全国荒漠化和沙化监测成果[R/OL]. https://www.forestry.gov.cn/main/135/20230109/ 154423802716439.html.

韩晓日，邹德乙，郭鹏程，等，1996. 长期施肥条件下土壤生物量氮的动态及其调控氮素营养的作用[J]. 植物营养与肥料学报，2（1）：16-22.

何云峰，徐建民，侯惠，等，1998. 有机无机复合作用对红壤团聚体组成及腐殖质氧化稳定性的影响[J]. 浙江农业学报，10（4）：197-201.

黄继轸，2000.论茶叶品质的构成及品质评定[J].茶业通报，22（2）：19-21.

黄意欢，萧力争，1992. 茶树营养生理与土壤管理[M]. 长沙：湖南科学技术出版社.

焦加国，朱玲，李辉信，等，2012. 蚯蚓活动和秸秆施用方式对土壤生物学性质的动态影响[J]. 水土保持学报，26（1）：209-213，218.

李辉信，胡锋，沈其荣，等，2002. 接种蚯蚓对秸秆还田土壤碳、氮动态和作物产量的影响[J]. 应用生态学报，13（12）：1637-1641.

李隆，2016. 间套作强化农田生态系统服务功能的研究进展与应用展望[J]. 中国生态农业学报，403-415.

李学垣，2001. 土壤化学[M]. 北京：高等教育出版社.

刘安世，1993. 广东土壤[M]. 北京：科学出版社.

刘宾，李辉信，朱玲，等，2006. 接种蚯蚓对红壤氮素矿化特征的影响[J]. 生态环境，15（5）：1056-1061.

刘宾，李辉信，朱玲，等，2007. 接种蚯蚓对潮土氮素矿化特征的影响[J]. 土壤学报，（1）：98-105.

刘德辉，胡锋，胡佩，2003. 蚯蚓活动对红壤磷素有效性的影响及其活化机理研究[J]. 生态学报，23（11）：2229-2306.

刘红梅，李睿颖，高晶晶，等，2020. 保护性耕作对土壤团聚体及微生物学特性的影响研究进展[J]. 生态环境学报，29：1277-1284.

刘克锋，韩劲，刘建斌，2001. 土壤肥料学[M]. 北京：气象出版社.

刘丽芳，2018. 国内外茶叶产业发展情况[J]. 农学学报，8（3）：87-92.

罗中海，2007. 生物有机培肥技术在英德茶园的应用研究[D]. 广州：华南农业大学.

吕陇，张登奎，王琦，等，2023. 三叶草活覆盖对杂草、捕食性节肢动物和作物产量的影响[J]. 生态学杂志，42（12）：2944-2952.

吕贻忠，李保国，2006. 土壤学[M]. 北京：中国农业出版社.

阮建云，吴洵，石元值，2001. 中国典型茶区养分投入与施肥效应[J].土壤肥料，（5）：9-13.

邵元虎，张卫信，刘胜杰，等，2015. 土壤动物多样性及其生态功能[J].生态学报，35（20）：6614-6625.

沈善敏，1984. 国外的长期肥料试验[J]. 土壤通报，（3）：134-138.

沈星荣，2014. 有机肥料对茶树生长、茶叶品质及经济效益的影响[D]. 北京：中国农业科学院.

施嘉潘，1992. 茶树栽培生理学[M]. 北京：中国农业出版社.

史吉平，张夫道，林葆，1998. 长期施用氮磷钾化肥和有机肥对土壤氮磷钾养分的影响[J]. 土壤肥料，（1）：7-10.

水利部，2022. 2022 年中国水土保持公报[R/OL]. http://www.mwr.gov.cn/sj/tjgb/zgstbcgb/202308/t20230825_1680719.html.

唐劲驰，周波，黎健龙，等，2016. 蚯蚓生物有机培肥技术（FBO）对茶园土壤微生物特征及酶活性的影响[J]. 茶叶科学，36（1）：7.

唐劲驰，张池，赵超艺，等，2008. 有机生物培肥体系在华南茶园土壤中的应用[J]. 茶叶科学，28（3）：201-206.

陶军，张树杰，焦加国，等，2010. 蚯蚓对秸秆还田土壤细菌生理菌群数量和酶活性的影响[J]. 生态学报，30（5）：1306-1311.
田态灿，刘方，陈祖拥，2015. 贵州东南部山区新茶园土壤养分特点与有机培肥效果[J]. 南方园艺，26（6）：37-40.
王斌，李根，刘满强，等，2013. 不同生活型蚯蚓蚓粪化学组成及其性状的研究[J]. 土壤，45（2）：1313-1318.
王冬梅，王春枝，韩晓日，等，2006. 长期施肥对棕壤主要酶活性的影响[J]. 土壤通报，37（2）：263-267.
王芳，2014. 有机培肥措施对土壤肥力及作物生长的影响[D]. 杨凌：西北农林科技大学.
王磊，汪玉，杨兴伦，等，2013. 有机物料对强酸性茶园土壤的酸度调控研究[J]. 土壤，45（3）：430-436.
王秋菊，高中超，常本超，等，2015. 有机物料深耕还田改善石灰性黑钙土物理性状[J]. 农业工程学报，31（10）：161-166.
王笑，王帅，滕明姣，等，2017. 两种代表性蚯蚓对设施菜地土壤微生物群落结构及理化性质的影响[J]. 生态学报，37（15）：5146-5156.
文启孝，1984. 土壤有机质研究法[M]. 北京：农业出版社.
吴洵，1995. 大力加强茶园有机肥料的施用与开发[J]. 中国茶叶，（6）：4-5.
肖伟祥，1982. 茶氨酸与茶红素的组成研究[J]. 贵州茶叶，（1）：32-34.
徐晓燕，何应森，龙孝燕，等，2011. 接种蚯蚓对土壤过氧化氢酶和转化酶活性的影响[J]. 广东农业科学，38（12）：75-77.
颜鹏，韩文炎，李鑫，等，2020. 中国茶园土壤酸化现状与分析[J]. 中国农业科学，53（4）：795-813.
杨劲松，姚荣江，2015. 我国盐碱地的治理与农业高效利用[J]. 中国科学院院刊，30（Z1）：162-170.
杨世琦，颜鑫，2023. 基于农作物施肥量视角的区域尺度农田面源污染风险评价研究[J]. 中国农业大学学报，28（2）：147-159.
杨亚军，2005. 中国茶树栽培学[M]. 上海：上海科学技术出版社.
袁玲，邦俊，郑兰君，等，1997. 长期施肥对土壤酶活性和氮磷养分的影响[J]. 植物营养与肥料学报，3（4）：300-306.
张宝贵，李贵桐，申天寿，2000. 威廉环毛蚯蚓对土壤微生物量及活性的影响[J]. 生态学报，20（1）：168-172.
张池，2006. 有机生物培肥技术在茶园土壤中的应用研究[D]. 广州：华南农业大学.
张夫道，1996. 长期施肥条件下土壤养分的动态和平衡. Ⅱ. 对土壤氮的有效性和腐殖质氮组成的影响[J]. 植物营养与肥料学报，2（1）：39-48.
张桃林，王兴祥，2000. 土壤退化研究的进展与趋向[J]. 自然资源学报，15（3）：280-284.
张文锦，1992. 鲜叶氮磷钾含量与乌龙茶品质关系的研究[J]. 福建茶叶，（3）：16-19.
张亚莲，2001. 有机茶园的施肥技术问题[J]. 茶叶通讯，（2）：28-31.
赵长巍，2007. 接种蚯蚓对黑土水稳性团聚体含量及有机碳蓄积的影响[D]. 吉林：吉林农业大学.
赵学强，潘贤章，马海艺，等，2023. 中国酸性土壤利用的科学问题与策略[J]. 土壤学报，60（5）：1248-1263.
中华人民共和国农业农村部，2014. 关于全国耕地质量等级情况的公报[Z/OL]. http://www.moa.gov.cn/govpublic/ZZYGLS/201412/t20141217_4297895.htm.
周波，陈勤，陈汉林，等，2020. 广东单丛茶区化肥减施增效技术模式研究[J]. 茶叶科学，40（5）：607-616.
周波，黎健龙，唐颢，等，2017. 蚯蚓生物有机培肥对金萱绿茶品质成分的影响[J]. 南方农业学报，48（7）：1261-1265.
周礼恺，张志明，曹承绵，1983. 土壤酶活性的总体在评价土壤肥力水平中的应用[J]. 土壤学报，20（4）：413-417.
邹文秀，韩晓增，严君，等，2020. 耕翻和秸秆还田深度对东北黑土物理性质的影响[J]. 农业工程学报，36（15）：9-18.
Abdalla M，Hastings A，Cheng K，et al.，2019. A critical review of the impacts of cover crops on nitrogen leaching, net greenhouse gas balance and crop productivity[J]. Global Change Biology，25（8）：2530-2543.
Adetunji A T，Ncube B，Mulidzi R，et al.，2020. Management impact and benefit of cover crops on soil quality：A

review[J]. Soil and Tillage Research，204：104717.

Alexandratos N，Bruinsma J，2012. World agriculture towards 2030/2050：The 2012 revision[R]. ESA Working Paper No. 12-03.

Amanullah，Khalid S，Imran，et al.，2019. Organic matter management in cereals based system：Symbiosis for improving crop productivity and soil health[M].Lal R，Francaviglia R. Sustainable Agriculture Reviews 29. Cham：Springer：67-92.

Angers D A，Carter M R，2020. Aggregation and organic matter storage in cool，humid agricultural soils[M]//Carter M R，Stewart B A. Structure and Organic Matter Storage in Agricultural. Boca Raton：CRC Press：131-212.

Angst S，Mueller C W，Cajthaml T，et al.，2017. Stabilization of soil organic matter by earthworms is connected with physical protection rather than with chemical changes of organic matter[J]. Geoderma，289：29-35.

Baets S D，Poesen J，Meersmans J，et al.，2011. Cover crops and their erosion-reducing effects during concentrated flow erosion[J]. Catena，85（3）：237-244.

Banerjee S，van der Heijden M G A，2022. Soil microbiomes and one health[J]. Nature Reviews Microbiology，21：6-20.

Barois I，Verdier B，Kaiser P，et al.，1987. Influence of the tropical earthworm *Pontoscolex coretbrurus*（Glossoscolecodae）on the fixation and mineralization of nitrogen[M].（Bonvicini Pagliai A M and Omodeo P eds.）. Modena：Mucchi Press：151-158.

Basker A，Kirkman J H，Macgregor A N，1994 . Changes in potassium availability and other soil properties due to soil ingestion by earthworms[J]. Biology and Fertility of Soils，17（2）：154-158.

Beketov M A，Kefford B J，Schäfer R B.，et al.，2013. Pesticides reduce regional biodiversity of stream invertebrates[J]. Proceedings of the National Academy of Sciences，110：11039-11043.

Blanchart E，Albrecht A A，Chevallier T，et al.，2004. The respective roles of roots and earthworms in restoring physical properties of Vertisol under a Digitaria decumbens pasture（Martinique，WI）[J]. Agriculture Ecosystems & Environment，103（2）：343-355.

Blouin M，Hodson M E，Delgado E A，et al.，2013.A review of earthworm impact on soil function and ecosystem services[J]. European Journal of Soil Science，64（2）：161-182.

Bravo A，Likitvivatanavong S，Gill S S，et al.，2011. Bacillus thuringiensis：A story of a successful bioinsecticide[J]. Insect Biochemistry and Molecular Biology，41：423-431.

Brown G G，Barois I，Lavelle P，2000. Regulation of soil organic matter dynamics and microbial activity in the drilosphere and the role of interactions with other edaphic functional domains[J]. European Journal of Soil Biology，36（3-4）：177-198.

Brown G G，Pashanasi B，Villenave C，et al.，1999. Effects of earthworms on plant production in the tropics[M]//Lavelle P，Brussaard L，Hendrix P F. Earthworm management in tropical agroecosystems. Wallingford：CAB International：87-147.

Busari M A，Kukal S S，Kaur A，et al.，2015. Conservation tillage impacts on soil，crop and the environment[J]. International Soil and Water Conservation Research，3：119-129.

Cai A D，Xu M G，Wang B R，et al.，2019. Manure acts as a better fertilizer for increasing crop yields than synthetic fertilizer does by improving soil fertility[J]. Soil and Tillage Research，189：168-175.

Cao Y，Zhang Z H，Ling N，et al.，2011. Bacillus subtilis SQR 9 can control Fusarium wilt in cucumber by colonizing plant roots[J]. Biology and Fertility of Soils，47：495-506.

Capowiez Y，Pierret A，Moran C J，2003. Characterisation of the three-dimensional structure of earthworm burrow systems using image analysis and mathematical morphology[J]. Biology and Fertility of Soils，38（5）：301-310.

Casenave A，Valentin C，1989. Les états de surface de la zone sahélienne[M]. Orstom，Paris：Influence sur l'infiltration.

Chen X P，Cui Z L，Fan M S，et al.，2014. Producing more grain with lower environmental costs[J]. Nature，514：486-489.

Ding Y，Liu Y G，Liu S B，et al.，2016. Biochar to improve soil fertility. A review[J]. Agronomy for Sustainable Development，36：36.

Doran J W，Coleman D C，Bezdicek D F，et al.，1994.Defining soil quality for a sustainable environment[M]. Madison：Soil Science Society of America，Inc.：91-106.

Doran J W，Parkin T B，1994. Defining and assessing soil quality[M]//Doran J W，Coleman D C，Bezdicek D F，et al. Defining soil quality for a sustainable environment. Madison：Soil Science Society of America，Inc.

Edwards C，2004. The importance of earthworms as key representatives of the soil fauna[M]. Edwards C A. Earthworm Ecology. 2nd Edition. Boca Raton：CRC Press.

Edwards C A，Bohlen P J，1996. Biology and ecology of earthworms[M]. 3rd Edition. London：Chapman and Hall.

FAO，2021. The state of the world's land and water resources for food and agriculture-systems at breaking point[R]. Rome：FAO.

Fujii S，Berg M P，Cornelissen J H C，2020. Living litter：Dynamic trait spectra predict fauna composition[J]. Trends in Ecology & Evolution，35：886-896.

García-Montero L G，Valverde-Asenjo I，Grande-Ortíz M A，et al.，2013. Impact of earthworm casts on soil pH and calcium carbonate in black truffle burns[J]. Agroforestry Systems，87（4）：815-826.

Gilot C，1997. Effects of a tropical geophageous earthworm *M. anomala*（Megascolecidea），on soil characteristics and production of yam crop in Ivory Coast[J]. Soil Biology and Biochemistry，29（3-4）：353-359

Gong X，Jiang Y Y，Zheng Y，et al.，2018. Earthworms differentially modify the microbiome of arable soils varying in residue management[J]. Soil Biology and Biochemistry，121：120-129.

Gong X，Wang S，Wang Z W，et al.，2019. Earthworms modify soil bacterial and fungal communities through enhancing aggregation and buffering pH[J]. Geoderma，347：59-69.

Gorres J H，Savin M C，Amador J A，2001. Soil micropore structure and carbon mineralizaton in burrows and casts of anecic earthworm（*Lumbricus terrestris*）[J]. Soil Biology and Biochemistry，33：1881-1887.

Gravuer K，Gennet S，Throop H L，2019. Organic amendment additions to rangelands：A meta - analysis of multiple ecosystem outcomes[J]. Global Change Biology，25：1152-1170.

Griffiths B S，Bardget R D，1997. Interactions between microbial feeding invertebrates and soil microorganisms[M]. van Elsas J D，Wellington E，Trevors J T. Modern soil microbillogy. New York，Marcell Dekker：165-182.

Guo J H，Liu X J，Zhang Y，et al.，2010. Significant acidification in major Chinese croplands[J]. Science，327（5968）：1008-1010.

Guo Y，Fan R Q，Mclaughlin N，et al.，2021. Impacts induced by the combination of earthworms，residue and tillage on soil organic carbon dynamics using 13C labelling technique and X-ray computed tomography[J]. Soil and Tillage Research，205：104737.

Horrigan L，Lawrence R S，Walker P，2002. How sustainable agriculture can address the environmental and human health harms of industrial agriculture[J]. Environmental Health Perspectives，110：445-456.

Hou M，Ohkama-Ohtsu N，Suzuki S，et al.，2015. Nitrous oxide emission from tea soil under different fertilizer managements in Japan[J]. Catena，135：304-312.

Insam H，1990. Are the soil microbial biomass and basal respiration governed by the climatic regime？[J]. Soil Biology Biochemistry，22（4）：32-525

IPBES，2018.The IPBES assessment report on land degradation and restoration[R].Bonn：Intergovernmental Science-Policy Platform on Biodiversity and Ecosystem Services.

Jastrow J D，1996. Soil aggregate formation and the accrual of particulate and mineral-associated organic matter[J].Soil Biology Biochemistry，28（4-5）：665-676.

Jordán A，Zavala L M，Mataix-Solera J，et al.，2013. Soil water repellency：Origin，assessment and geomorphological consequences[J]. Catena，108：1-5.

Kawaguchi T，Kaneko N，2011 . Mineral nitrogen dynamics in the casts of epigeic earthworms（Metaphire hilgendorfi：Megascolecidae）[J]. Soil Science and Plant Nutrition，57（3）：387-395.

Knapp S，van der Heijden M G A，2018. A global meta-analysis of yield stability in organic and conservation agriculture[J]. Nature Communications，9：3632.

Lamichhane J R，Alletto L，2022. Ecosystem services of cover crops：A research roadmap[J]. Trends in Plant Science，27（8）：758-768.

Lavelle P，1988. Assessing the abundance and role of invertebrate communities in tropical soils：Aims and methods[J]. Journal of African Zoology，102：275-283.

Lavelle P，1997. Faunal activities and soil processes：Adaptive strategies that determine ecosystem function[J]. Advances In Ecological Research，27：93-132.

Lavelle P，Spain A V，2021.Soil ecology[M]. Boston：Kluwer Academic Publishers.

Lavelle P，Spain A V，Blouin M，et al.，2016. Ecosystem engineers in a self-organized soil：A review of concepts and future research questions[J]. Soil Science，181：91-109.

Lee K E，1985. Earthworms：Their ecology and relationships with soils and land use[M]. Sydney：Academic Press.

Lehmann J，Joseph S，2015. Biochar for environmental management：Science，technology and implementation[M]. 2nd Edition. London：Routledge.

Li C J，Stomph T J，Makowski D，et al.，2023.The productive performance of intercropping[J/OL].Agricultural Sciences，120（2）：e2201886120.

Li L，Zhang L Z，Zhang F Z，2013. Crop mixtures and the mechanisms of overyielding[M]// Levin S A.Encyclopedia of biodiversity.2nd ed.Waltham：Academic Press，2：382-395.

Li X P，Liu C L，Zhao H，et al.，2018. Similar positive effects of beneficial bacteria，nematodes and earthworms on soil quality and productivity[J]. Applied Soil Ecology，130：202-208.

Linden D R，Hendrix P F，Coleman D C，et al.，1994. Faunal indicators of soil quality[M]. Madison：Soil Science Society of America.

Liu T，Chen X Y，Gong X，et al.，2019. Earthworms coordinate soil biota to improve multiple ecosystem functions[J]. Current Biology，29：3420-3429，e1-e5.

Magdoff F，Es V H，2010. Building soils for better crops：Sustainable soil management[M].3rd ed.Maryland：Sustainable Agriculture Research and Education.

Marashi A R A，Scullion J，2003. Earthworm casts form stable aggregates in physically degraded soils[J]. Biology Fertilize Soils，37：375-380.

Marinari S，Masciandaro G，Ceccanti B，et al.，2000. Influence of organic and mineral fertilizers on soilbiological and physical properties[J]. Bioresource Technology，72（1）：9-17.

Martin A，Mariotti A，Balesdent J，et al.，1990. Estimate of organic matter turnover rate in a savanna soil by 13C natural abundance measurements[J]. Soil Biology Biochemistry，22（4）：23-517.

Massah J，Azadegan B，2016. Effect of chemical fertilizers on soil compaction and degradation[J]. Agricultural Mechanization in Asia，Africa and Latin America，47（1）：44-50.

McLaughlin A，Mineau P，1995. The impact of agricultural practices on biodiversity[J]. Agriculture，Ecosystems &

Environment，55：201-212.

Meena R S，Lal R，Yadav G S，2020. Long-term impacts of topsoil depth and amendments on soil physical and hydrological properties of an Alfisol in central Ohio，USA[J]. Geoderma，363：114164.

Mirsal I A，2004. Soil pollution：Origin，monitoring，restoration[M]. Heidelberg：Springer Verlag.

Nadarajan S，Sukumaran S，2021. Chemistry and toxicology behind chemical fertilizers[M]//Lewu F B，Volova T，Thomas S，et al. Controlled release fertilizers for sustainable agriculture. London：Elsevier：195-229.

Oldeman L R，1992. Global extent of soil degradation[R]. Bi-Annual Report 1991-1992/ISRIC. Wageningen：ISRIC：19-36.

Pagenkemper S K，Athmann M，Uteau D，et al.，2015. The effect of earthworm activity on soil bioporosity：Investigated with X-ray computed tomography and endoscopy[J]. Soil and Tillage Research，146：79-88.

Pahalvi H N，Rafiya L，Rashid S，et al.，2021. Chemical fertilizers and their impact on soil health[M]. Cham：Springer International Publishing，1-20.

Pashanasi P，Lavelle P，Alegre J，et al.，1996.Effects of a tropical geophagous earthworm，*Millsonia anomala*，on some soil characteristics，on maize-residue decomposition and on maize production in Ivory Coast[J]. Soil Biology Biochemistry，20：28-30.

Powers R F，Tiarks A E，Boyle J R，1993，Assessing soil quality: Practicable standards for sustainable forest productivity in the United States[M]. Madison:Soil Science Society of America，53-80.

Prăvălie R，2021. Exploring the multiple land degradation pathways across the planet[J]. Earth-Science Reviews，220：103689.

Rauschkolb R S，1971. Land degradation[R]. Rome：Food and Agriculture Organization of the United Nations，Soils Bulletin，13：105.

Ruan J J，Gerendás J，Härdter R，et al.，2010. Effect of root zone pH and form and concentration of nitrogen on accumulation of quality-related components in green tea[J]. Journal of the Science of Food & Agriculture，87（8）：1505-1516.

Ruiz N，Camacho，2004，Mise au point d'un systeme de bioindication de la qualite du sol base sur l'etude des peuplements de macroinvertebres[D]. Paris：Universite Pierre et Marie Curie.

Sanchez P A，Buresh R J，Leakey R R B，1997. Tree，soils and food security land resources：On the edge of the Malthusian precipice philosophical[J]. Transactions of the Royal Society of London B，252：949-961.

Savci S，2012. An agricultural pollutant：Chemical fertilizer[J]. International Journal of Environmental Science and Development，3（1）：77-80.

Scheu S，1987. Microbial activity and nutrient dynamics in earthworm casts（Lumbricidae）[J]. Biology&Fertility of Soils，5（3）：230-234.

Scullion J，Malik A，2000. Earthworm activity affecting organic matter，aggregation and microbial activity in soils restored after opencast mining for coal[J]. Soil Biology Biochemistry，32：119-126.

Senapati B K，Lavelle P，Panigrahi P K，et al.，2002. Restoring soil fertility and enhancing productivity in Indian tea plantations with earthworms and organic fertilizers[C]//International Technical Workshop on Biological Management of Soil Ecosystems for Sustainable Agriculture，Food and Agriculture Organization of the United Nations，1：172-190.

Sharma D K，Sharma K L，1998. Effect of nitrogen and potash application on yield and quality of China hybrid tea（*Camellia sinensis*）grown in Kangra valley of Himachal pradesh[J]. India Journal of Agricultural Science，68（6）：307-309.

Shipitalo M J，Protz R，1989. Chemistry and micromorphology of aggregation in earthworm casts[J]. Geoderma，45：357-374.

Smith P，2016. Soil carbon sequestration and biochar as negative emission technologies[J]. Global Change Biology，22：1315-1324.

Smith V C，Bradford M A，2003. Litter quality impacts on grassland litter decomposition are differently dependent on soil fauna across time[J]. Applied. Soil Ecology，24：197-203.

Song K.，Sun L，Lv W，et al.，2020. Earthworms accelerate rice straw decomposition and maintenance of soil organic carbon dynamics in rice agroecosystems[J]. PeerJ，8（1）：e9870.

Tang F H M，Lenzen M，McBratney A，et al.，2021. Risk of pesticide pollution at the global scale[J]. Nature Geoscience，14：206-210.

Tao J，Griffiths B S，Zhang S J，et al.，2009. Effects of earthworms on soil enzyme activity in an organic residue amended rice-wheat rotation agro-ecosystem[J]. Applied Soil Ecology，42（3）：221-226.

Tisdall J M，Oades J M，1982. Organic matter and moisture stable aggregates in soils[J]. Soil Science，33：141-163.

Walker T W，Adams A F R，1958. Studies on soil organic matter：1. Influence of phosphorus content of parent materials on accumulations of carbon，nitrogen，sulfur，and organic phosphorus in grassland soils[J]. Soil Science，85：18-30

Wang Z H，Yang T J，Mei X L，et al.，2022. Bio-organic fertilizer promotes pear yield by shaping the rhizosphere microbiome composition and functions[J]. Microbiology Spectrum，10（6）：e03572-22.

Wu J P，Bao X G，Zhang J D，et al.，2023. Temporal stability of productivity is associated with complementarity and competitive intensities in intercropping[J]. Ecological Applications，33：e2731.

Wu Y，Shaaban M，Peng Q A，et al.，2018. Impacts of earthworm activity on the fate of straw carbon in soil：a microcosm experiment[J]. Environmental Science and Pollution Research，25（11）：11054-11062.

Yu R P，Lambers H，Callaway R M，et al.，2021. Belowground facilitation and trait matching：Two or three to tango？[J]. Trends in Plant Science，26（12）：1227-1235.

Yuan L，Wang S S，Wang Z H，2000. Tea-grown soils and tea quality in Sichuan and Chongqing，China[J]. Pedosphere，10（1）：45-52.

Yvan C，Stéphane S，Stéphane C，et al.，2012. Role of earthworms in regenerating soil structure after compaction in reduced tillage systems[J]. Soil Biology and Biochemistry，55：93-103.

Zhang C，Tang J C，Li Y T，et al.，2005. Preliminary results of application of Bio-organic fertilization（FBO）in tea plantation of South China[C]. International symposium on innovation in tea science and sustainable development in tea industry，Hangzhou，P. R. China，2005. 11. 15-11.17.

Zheng Y，Wang S，Bonkowski M.，Chen X，et al.，2018. Litter chemistry influences earthworm effects on soil carbon loss and microbial carbon acquisition[J]. Soil Biology and Biochemistry，123：105-114.

Ziadat F M，Taimeh A Y，2013. Effect of rainfall intensity，slope，land use and antecedent soil moisture on soil erosion in an arid environment[J]. Land Degradation & Development，24（6）：582-590.

第九章　蚯蚓在建设项目临时用地损毁土壤生态恢复中的应用潜力

随着工业化与城市化进程的快速发展，各种工程建设项目对临时用地的需求日益迫切。能源、交通、水利等基础设施的建设不可避免占用和破坏大量的临时用地，因而这些用地被损毁的土壤重新修复利用是土地复垦中的一项重要工作。生产、建设项目因挖损、塌陷、压占或临时占用等原因破坏的土地，其土壤退化严重、生物多样性丧失。蚯蚓作为“生态系统工程师”，对于土壤中有机质循环、碳氮循环、成土作用、土壤结构稳定改善等方面具有重要贡献，同时也对植物生长发挥着积极作用。本章主要介绍蚯蚓在建设项目临时用地损毁土壤生态修复中的应用潜力。

第一节　建设项目临时用地损毁土壤

一、临时用地损毁土壤的问题

作为非农生产和城乡居民生活的重要载体，城市化与工业化需要更多的建设用地。因此，因建设用地扩张而导致土壤的损毁越来越频繁。土壤是耕地的基础，是人类赖以生存的物质基础和持续发展的宝贵资源。能源、水利、交通建设在促进社会经济发展的同时，不可避免地占用和破坏一定数量的土地资源。自然土壤被硬化地表逐渐封实，高强度的人类活动改变了土壤覆被，影响了城市土壤地球化学元素的循环过程，土壤动物的生境随之受到威胁，生物多样性发生变化，土壤生态系统的健康状态受到影响，超出土壤自然生态功能的阈值，从而带来一系列的土壤生态环境问题（谢天等，2019）。据调查发现，我国建设项目临时用地损毁土壤质量普遍存在结构破坏、pH 偏高、有效态养分匮乏或营养过剩、有机质含量偏低、容重偏高、通气性差、土壤压实严重等问题。近年来，我国非常重视对建设项目临时用地损毁土壤研究，要求必须对这些生产建设活动损毁的土地进行复垦利用，并开始制定建设项目临时用地损毁土壤质量相关标准。如何对其修复和地力培肥、生态修复和景观重建是当前亟待解决的问题（顾志权，2005；窦红桥等，2010）。

二、临时用地损毁土壤的修复

复垦土地生态恢复是指修复受损的生态系统，再现生态系统结构及其原有功能。要想达到理想的复垦效果，关键是要对工程建设损毁土地的土壤进行修复，重构其耕作层次，提高其理化性质和质量，增强其生物活性。生态恢复（restoration）包含修复（rehabilitation）、复绿（revegetation）、复垦（reclamation）、重建（reconstruction）等含义。其中，生态重建最为关键，生态重建是指在不可能或不需要再现生态系统原貌的情况下营造新的生态系统。生态重建并不意味着完全恢复原有生态系统，其关键是恢复生态系统必要的结构和功能，使之实现自我维持（魏远等，2012）。对于建设项目临时用地而言，原有土地的耕作层被破坏，除了回填从其他地方剥离出的表土重构土壤基质外，仍需要及时跟进生物修复。生物修复是利用植物、土壤动物和土壤微生物的生命活力及其代谢产物改变土壤物理结构、化学性质，并增强土壤肥力的过程，兼具降解、吸收或富集受污染土壤和水体中污染物质的能力（刘英琴，2010）。一般而言，通过选取本土植物和筛选某些特殊植物（固氮能力强的豆科植物、重金属富集植物）创建植被群落，待植被恢复和生态景观重建取得一定进展后，培养低等动物（如蚯蚓）开展土壤动物修复，同时利用当地物种资源培育土壤微生物，以增加土壤活性，加速土壤改良，促进生土向熟土转化。

第二节　建设项目临时用地损毁土壤的特征

临时用地损毁土壤受人类活动的强烈影响，其本质是一种广泛的人为土或人为新成土，其形成和性质与所处的自然环境没有必然的联系。临时用地损毁前后土地利用/覆盖发生了很大变化。在建设过程中大量的挖方、填方、弃土和弃渣造成土体原有自然结构完全改变，原有地表植被彻底消失（刘建芬，2011）。调查发现，高速公路临时用地损毁后土壤颜色变浅、结构和层次混乱、容重增大、紧实度增强、孔隙度降低、含水量和田间持水量减少；土壤有机质、全氮、碱解氮和速效磷等养分含量急剧减少，肥力普遍降低；受损毁后土地利用、覆盖变化和土壤理化性质恶化的影响，土壤酶活性显著降低，土壤呼吸作用减弱（袁中友等，2015）。

一、临时用地损毁土壤物理性质

临时用地损毁土壤压实现象比较严重，主要是由于施工建设的需要以及施工过程中机械碾压和其他人为的影响使土壤压实和板结（卢瑛等，2002）。大量研究证明，土壤压实导致临时用地损毁土壤物理性质退化严重，主要表现在土壤紧实度增加（杨金玲等，2004）、土壤容重增大（卢瑛等，2002；田红卫等，2012；余海龙等，2006）、通气和持水孔隙度降低、土壤颗粒组成极端以及土壤结构受到严重破坏。在同一质地的土壤上，压实越严重，容重越大，孔隙度越小，田间持水量越低（杨金玲等，2006）。而临时用地损毁土壤与自然土壤有一定差别，相比较而言，因高标准道路建设的需要，临时用地多被压实或硬化，使得施工便道、拌和站和施工营地土壤密度和紧实度显著增大，孔隙度减小，田间持水量显著降低（袁中友等，2018）。

此外，压实不但影响土壤物理肥力，还阻碍土壤水分和养分的供应和储存，因压实后临时用地损毁土壤容重和紧实度增大、孔隙度下降等导致土壤含水量和田间持水量降低，几乎完全失去了“土壤水库”的功能（李玉和，1997；袁中友等，2018）。在施工过程中表土层被移走或掩埋，淀积层裸露，南方赤红壤淀积层因机械淋溶而使粘粒含量相对增高，并较粘重、紧实，致使损毁后施工营地和施工便道临时用地土壤粘粒含量还有增大趋势（广东省土壤普查办公室，1993）。

二、临时用地损毁土壤化学性质

已有研究表明，损毁土壤向碱性方向演变，pH 比周围自然土壤高（卢瑛等，2001；余海龙等，2006），在热带、亚热带地区尤为明显（卢瑛等，2002），pH 升高，可能与高速公路建设过程中石灰、水泥等碱性建筑材料的混入（张家洋等，2013），以及母质层和心土层等含钾丰富的底层土壤混入表层土壤等有关。陈友光等（2008）的研究显示临时用地土壤有机质不足，普遍缺氮，严重缺磷，氮磷钾比例严重失调。袁中友等（2018）的研究表明与未损毁用地土壤相比，高速公路临时用地土壤有机质、土壤氮素和土壤速效磷等养分含量急剧降低。损毁后土壤有机质与氮磷养分含量显著降低可能的原因是：原状土壤样品大多采自耕地、林地和园地，表层土壤在多年种植和植被覆盖条件下，有机质等养分经过长期积累，含量相对稳定并达到一定的水平。这些土壤被建设占用后，富含有机质的表层土壤缺失，新形成的表层土壤多为化残积土或底层心土，有机质等养分含量因而显著减少（卓慕宁等，2008）。此外，土地利用方式变化也会影响土壤有机质及氮素含量（Sun et al.，2011）。陈友光等（2008）研究显示临时用地土壤只有部分缺钾。田红卫等（2012）和卓慕宁等（2008）等的研究表明损毁后土壤中钾元素含量变化不大，甚至有所增加。造成这种现象的原因可能是土壤中的钾主要来源于成土母质，受成土母质的影响大，损毁土壤表层混入大量母质风化土，钾含量大多保留原成土母质的特性。

三、临时用地损毁土壤生物的影响

临时用地进行建设时，通常会对表层植被进行清除、剥离耕作层并采用重型作业设备对土地进行碾压，这一过程对土壤生物不可避免地造成伤害，对生态的影响较大，但至今较少资料显示临时用地土壤的生物种群多样性及结构变化相关研究。目前资料更多显示了损毁土壤微生物活性的变化特征。随着土壤理化性状恶化，土壤的微生物活性显著降低。Smith（2003）的研究显示损毁后土壤呼吸变化显著，其与土壤全碳、全氮、速效氮、速效磷、速效钾的含量，以及土壤容重和 pH 等紧密相关。Batlle-Aguilar 等（2011）的研究显示土地利用方式改变了地表覆盖和土壤的透气性，从而改变了土壤有机质、微生物碳、一氧化碳、水溶性碳等，导致土壤呼吸速率发生变化。袁中友等（2018）的调查也得出与未损毁用地土壤相比，临时用地土壤转化酶、酸性磷酸酶、脲酶和过氧化氢酶活性都显著降低。

第三节　蚯蚓对建设项目临时用地损毁土壤的修复作用

土壤是复杂的自组织系统（Perry，1995），其性质与功能与土壤生物的长期作用密不可分。无脊椎动物是土壤功能的主要参与者，是参与生态系统工程过程多样性的关键土壤功能媒介（图 9.1；Lavelle et al.，2006）。蚯蚓作为土壤自组织

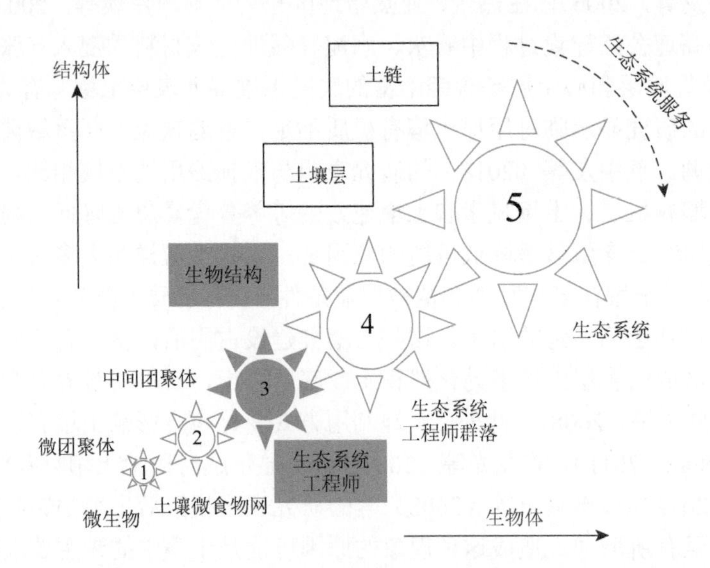

图 9.1　土壤自组织系统在时间和空间尺度上的分级组织（Lavelle et al.，2006）

系统中主要的生态系统工程师，对土壤生态系统服务功能的传递具有重要作用。蚯蚓可以通过取食有机凋落物并将其混入土壤中，以及通过挖土、构建洞穴等活动建立和维持土壤孔隙和团聚体、调控微生物群落、增强植物抵抗病虫害的能力、加速植物演替等（Jouquet et al.，2006）。在这一过程中，蚯蚓能够与其他生物在不同的尺度上、土壤生态系统服务的化学、物理和生物过程中发挥多重相互作用。

一、蚯蚓对临时用地损毁土壤物理结构的影响

（一）蚯蚓对临时用地损毁土壤容重的影响

土壤容重是反映土壤物理性质好坏的重要指标之一。容重的大小受土壤质地、有机质以及土壤结构等影响。一般土壤容重小，表明土壤比较疏松，孔隙多，保水保肥能力强，反之，土壤容重大，表明土壤紧实，土壤结构差。土壤容重反映土壤压实情况。

蚯蚓通过取食土壤有机成分、排泄蚓粪、分泌黏液和挖掘洞穴等活动会对土壤物理结构产生较大影响（Carpenter et al.，2007）。蚯蚓活动在土壤中形成大量纵横交错的孔道，这些孔道往往又被蚓粪粒填充，粪粒互相堆叠形成许多非毛管孔隙（邱江平，1999），增大了土壤孔隙度，降低了土壤容重（Milleret et al.，2009；李辉信等，2002）。袁中友（2016）的研究也显示接种蚯蚓和直接施蚓粪到公路建设项目临时用地损毁土壤中显著降低土壤容重（表 9.1）。接种蚯蚓后，蚯蚓、2.5%牛粪＋蚯蚓和 5%牛粪＋蚯蚓处理，临时用地损毁土壤容重分别比对照土壤降低了 2%、13%和 14%。施牛粪后接种蚯蚓较单施牛粪处理土壤容重有所降低，呈现对照土壤＞蚯蚓＞牛粪＞牛粪＋蚯蚓的趋势。另外，土壤容重随着施入蚓粪量的增加而降低：施加 2.5%蚓粪、5%蚓粪后，临时用地损毁土壤容重分别比对照土壤降低了 9%和 11%。

表 9.1　不同处理方式对建设项目临时用地损毁土壤物理指标的影响（袁中友，2016）

处理方式	容重/($g·cm^{-3}$)	孔隙度/%	田间持水量/%	电导率/($ms·cm^{-1}$)
对照土壤	$1.25±0.01^{bc}$	$53.00±0.49^{de}$	$12.55±0.44^{c}$	$0.16±0.01^{e}$
2.5%蚓粪	$1.14±0.02^{d}$	$56.90±0.70^{c}$	$24.88±0.56^{a}$	$0.38±0.02^{d}$
5%蚓粪	$1.11±0.02^{ef}$	$58.29±0.63^{ab}$	$26.40±0.68^{a}$	$0.66±0.03^{b}$
2.5%牛粪	$1.13±0.01^{de}$	$57.23±0.36^{bc}$	$24.50±0.53^{a}$	$0.33±0.01^{d}$
5%牛粪	$1.10±0.00^{ef}$	$58.41±0.17^{ab}$	$26.48±1.24^{a}$	$0.46±0.05^{c}$
2.5%化肥	$1.28±0.01^{b}$	$51.75±0.32^{e}$	$12.16±0.53^{c}$	$1.06±0.01^{a}$
5%化肥	$1.33±0.01^{a}$	$50.00±0.54^{f}$	$12.36±0.50^{c}$	$1.11±0.04^{a}$

续表

处理方式	容重/(g·cm^{-3})	孔隙度/%	田间持水量/%	电导率/(ms·cm^{-1})
接种蚯蚓	1.22±0.01^{c}	53.84±0.21^{d}	15.55±0.33^{b}	0.21±0.01^{e}
2.5%牛粪＋接种蚯蚓	1.09±0.02^{ef}	58.68±0.63^{ab}	24.51±0.64^{a}	0.35±0.02^{d}
5%牛粪＋接种蚯蚓	1.07±0.01^{f}	59.60±0.50^{a}	26.5±0.63^{a}	0.41±0.02^{cd}
F 值	45.96	47.25	100.04	176.95
P 值	＜0.0001	＜0.0001	＜0.0001	＜0.0001

（二）蚯蚓对临时用地损毁土壤孔隙度的影响

土壤孔隙是土壤的基本物理性质之一，是土壤中气相和液相物质转移的通道，其大小、数量和空间结构决定了土壤中物质转移的形式和速率（Vogel and Roth，2001），是植物根系和微生物的生活空间。

蚯蚓活动对孔道的形成影响极大（张卫信等，2007）。有报道称蚯蚓孔隙约占到土壤总孔隙空间的25%。不同生态类型蚯蚓由于其取食偏好和生境类型的差异，不同生态类型蚯蚓对土壤性质的影响也可能不同（王笑等，2017），表栖型蚯蚓蚓体直径 1～2.5mm，对土壤结构的影响较小，在土壤表层形成的蚓道不明显；而内栖型蚯蚓蚓体直径 2～4.5mm，上食下栖型蚯蚓均能显著影响土壤的透气性以及水分运移（Lavelle and Spain，2001；Kavdir and Ilay，2011）。袁中友（2016）的研究显示与施加化肥相比较，施加蚓粪更能增加临时用地损毁土壤的孔隙度，且接种蚯蚓也有助于改善临时用地损毁土壤孔隙度（表 9.1）。在施加 2.5%蚓粪、5%蚓粪后，临时用地损毁土壤孔隙度分别比对照土壤增加了 7%、10%，且土壤孔隙度随着蚓粪施入量的增加而增大。接种蚯蚓后，蚯蚓、2.5%牛粪＋蚯蚓和 5%牛粪＋蚯蚓处理，临时用地损毁土壤孔隙度分别比对照土壤增加了 2%、11%和 12%。施牛粪后接种蚯蚓较单施牛粪土壤孔隙度有所降低，呈现牛粪＋蚯蚓＞牛粪＞单独接种蚯蚓＞对照土壤的趋势。蚯蚓对孔隙度的影响与土壤微团聚体、水稳性团聚体的形成密切相关（崔莹莹等，2020）。团聚体不同粒径在养分的保持、转化过程中的作用不同，且数量和空间排列分布方式决定了土壤孔隙的分布和连续性，从而决定了土壤保肥性能，进而影响土壤生物活动（刘红梅等，2020）。

（三）蚯蚓对建设项目临时用地损毁土壤田间持水量的影响

土壤的田间持水量是指自然状况下土壤所能保持的最大水量，是土壤保水性的重要指标之一。土壤压实会明显降低土壤田间持水量和有效水含量，压实程度小的土壤田间持水量下降程度相对较小（伍海兵，2013）。

蚯蚓活动能增强土壤田间持水能力，它的洞穴成为水分流动的通道，也利于水分的渗透。袁中友（2016）的研究显示与施加化肥处理相比，施加蚓粪更能增加临时用地损毁土壤田间持水能力，且接种蚯蚓能增强损毁土壤田间持水能力（表 9.1）。施牛粪后接种蚯蚓与单施牛粪土壤田间持水量差异显著，2.5%蚓粪、5%蚓粪后，田间持水量分别比对照土壤增加了 98%、110%，且土壤田间持水量随施肥量的增加而增大。接种蚯蚓后，土壤田间持水量与对照土壤相比有所增加。接种蚯蚓后，蚯蚓、2.5%牛粪＋蚯蚓和 5%牛粪＋蚯蚓处理，土壤田间持水量分别比对照土壤增加了 24%、95%和 111%。接种蚯蚓后土壤田间持水量增大，呈现牛粪＋蚯蚓＞牛粪＞单独接种蚯蚓＞对照土壤的趋势。

（四）蚯蚓对建设项目临时用地损毁土壤电导率的影响

土壤电导率是反映土壤电化学性质和分离特性的基础指标，其表征的是土壤中盐成分的含量。土壤电导是通过土壤孔隙溶液中离子的迁移进行的，孔隙越多越大，其中溶液离子的迁移速度就越快，电导率就越大。

蚯蚓对临时用地损毁土壤电导率影响极显著（表 9.1）。施加 2.5%蚓粪、5%蚓粪后，土壤电导率分别比对照土壤增加了 138%、313%，且土壤电导率随着施肥量的增加而增大。接种蚯蚓后，土壤田间持水量与对照土壤相比有所增加。接种蚯蚓后，蚯蚓、2.5%牛粪＋蚯蚓和 5%牛粪＋蚯蚓处理，土壤电导率分别比对照土壤增加了 31%、119%和 156%。蚯蚓能增大土壤电导率：一是因为蚯蚓直接加速土壤中有机质的分解，在分解过程中向土壤释放更多的可溶性盐分（Schaefer and Juliane，2007）；二是蚯蚓通过自身腔体排泄和体表分泌产生盐分（Krewitt et al.，1997）。蚯蚓活动随着时间的增加而逐渐释放更多的盐分在土壤中，盐分的迁移随着时间的增加而影响到更远处的土壤电导率（王斌，2011）。

二、蚯蚓对临时用地损毁土壤化学性质的影响

（一）蚯蚓对临时用地损毁土壤 pH 的影响

土壤 pH 直接影响土壤中养分元素的存在形态和对植物的有效性，也会影响土壤中微生物的数量、组成和活性。

袁中友（2016）在公路建设项目临时用地修复研究中对实验组进行施肥 2.5%蚓粪和 5%蚓粪处理，实验组的土壤 pH 比对照组提高了 7%和 9%，与对照差异极

显著；接种蚯蚓处理土壤 pH 与对照土壤差异极显著（表 9.2），接种蚯蚓后，2.5%牛粪＋蚯蚓和 5%牛粪＋蚯蚓处理，土壤 pH 分别比对照土壤增加了 5%和 6%；说明直接施加蚓粪以及接种蚯蚓都会使土壤 pH 增加。蚯蚓的蚓粪 pH 高于周围土壤，从而可以增加土壤 pH；蚯蚓表皮能分泌大量黏液，肠道排泄产物中含有的氨基酸、糖类（结合糖）、可溶性无机盐以及具有活性基团的大分子量胶黏物质等组分也能够调节土壤酸碱性。蚯蚓对土壤 pH 的具体影响详见本书第五章。

（二）蚯蚓对临时用地损毁土壤有机质的影响

土壤有机质是反映土壤潜在肥力的主要指标，它是植物 N、P、K 等营养的主要来源。建设项目临时用地损毁土壤由于扰动较大，建筑材料居多，没有植被覆盖，有机质得不到补充，因此有机质含量较低。

袁中友（2016）的研究结果显示施加蚓粪处理土壤有机质含量与对照组差异极显著（$P<0.0001$，表 9.2），2.5%蚓粪和 5%蚓粪处理比对照组土壤有机质含量增加了 158%和 192%，土壤有机质含量随施加量的增加而增大；接种蚯蚓处理土壤有机质含量与对照土壤差异极显著（表 9.2），接种蚯蚓后，蚯蚓、2.5%牛粪＋蚯蚓和 5%牛粪＋蚯蚓处理的土壤有机质含量分别比对照土壤增加了 23%、87%和 136%。上述研究表明直接施加蚓粪以及接种蚯蚓均可以增加土壤有机质含量。蚯蚓在吞食土壤和有机质的过程中，促使土壤及有机物质充分混合，一部分通过其发达的砂囊磨碎在体内被生物酶所分解，另一部分则由体内微生物群落直接分解为有效的养分，通过蚓粪的形式释放于土壤中，从而能够加速土壤生态系统中有机质的分解转化和养分的释放、转移的进程（Lavelle and Spain，2001）。在蚯蚓促进土壤腐殖化过程中，蚯蚓活动改变了土壤有机碳的组成、形态和空间分布（林晓钦等，2023；Shuster et al.，2001），通过蚓粪的形式稳固土壤中的有机碳（Arai et al.，2013；Zhang et al.，2013；Lavelle et al.，2016）；具有良好稳定性的微团聚体的内部，为有机质提供物理保护，进而减慢有机质的周转，提高土壤潜在的碳吸存能力（Jongmans et al.，2003；Shipitalo and Portz，1976），这对土壤有机质的动力学特征产生了重大的影响（Martin，1991；Pulleman et al.，2005）。

表 9.2　不同处理方式对建设项目临时用地损毁土壤 pH、有机质含量的影响（袁中友，2016）

处理方式	pH	有机质含量/($g\cdot kg^{-1}$)
对照土壤	6.79 ± 0.03^{c}	15.94 ± 1.06^{d}
2.5%蚓粪	7.25 ± 0.08^{ab}	41.05 ± 1.00^{b}
5%蚓粪	7.40 ± 0.03^{a}	46.58 ± 1.23^{a}

续表

处理方式	pH	有机质含量/(g·kg^{-1})
2.5%牛粪	7.28±0.04[ab]	40.77±1.30[b]
5%牛粪	7.32±0.04[ab]	46.57±1.91[a]
2.5%化肥	4.71±0.08[e]	16.22±0.87[d]
5%化肥	4.63±0.12[e]	16.45±0.30[d]
接种蚯蚓	6.57±0.05[d]	19.56±1.10[d]
2.5%牛粪＋接种蚯蚓	7.15±0.08[b]	29.75±0.89[c]
5%牛粪＋接种蚯蚓	7.20±0.03[ab]	37.61±1.56[b]
F 值	275.86	118.16
P 值	＜0.0001	＜0.0001

（三）蚯蚓对临时用地损毁土壤氮素含量的影响

土壤碱解氮是土壤中直接被植被吸收利用的氮素形式，也是衡量土壤供氮能力，反映土壤氮素有效性重要指标。蚯蚓在土壤氮循环中起着分解、消费和调节的作用，直接或间接地参与氮循环的整个过程。

临时用地一般表层土壤被损毁缺失，新形成的表层土壤氮素极低（卓慕宁等，2008；Sun et al.，2011）。袁中友（2016）的研究结果显示在临时用地损毁上，施加蚓粪处理下土壤全氮、碱解氮含量与对照组差异极显著（P＜0.0001，表 9.3），2.5%蚓粪和 5%蚓粪处理，土壤全氮含量分别比对照组增加了 200%、321%，土壤碱解氮含量分别比对照组增加了 271%、509%，且随施肥量的增加而增大；接种蚯蚓处理土壤的全氮含量、碱解氮含量与对照土壤差异极显著（表 9.3），接种蚯蚓后，2.5%牛粪＋蚯蚓和 5%牛粪＋蚯蚓处理，土壤全氮分别比对照土壤增加了 26%和 79%，土壤碱解氮含量分别比对照土壤增加了 198%和 372%；施加蚓粪以及接种蚯蚓都对土壤全氮、碱解氮含量有积极影响。蚯蚓主要通过以下几个方面影响土壤矿质氮：蚯蚓可在生命活动中或死亡时直接向土壤释放氮素，或与其他土壤生物相互作用直接释放矿质氮；蚯蚓可以通过改变土壤的物理性质，加速土壤本体氮素的矿化；蚯蚓还可以通过取食和破碎土壤有机物料，增大微生物对物料的侵染面积，从而间接对有机物的氮素矿化做出积极贡献（李辉信等，2008）。王霞等（2008）的研究表明接种蚯蚓能明显提高土壤硝态氮、矿质总氮含量。Xue 等（2022）利用 meta 分析探究了蚯蚓对氮循环的影响，发现蚯蚓增加了固氮菌、氨氧化细菌和氮氧化古细菌等土壤氮循环相关微生物的丰度，促进了反硝化作用、矿化作用、植物氮同化作用等氮循环过程，提高了氮的转化速率，进而调控了土壤氮素的有效性。Xu 等（2018）发现蚯蚓在土壤中能够促进氨态氮和氨氧化古菌增加。Van Groenigen（2018）等发现蚯蚓通过“浓缩过程”可以使蚯蚓粪中碳氮磷总量提高 40%～48%，使矿质氮含量提高 241%。这些研究均验证了蚯蚓及蚓粪对土壤中氮循环的作用。

表 9.3 不同处理方式对建设项目临时用地损毁土壤全氮、碱解氮含量的影响（袁中友，2016）

处理方式	全氮含量/(g·kg^{-1})	碱解氮含量/(g·kg^{-1})
对照土壤	0.19±0.01^{ef}	16.30±1.61^{f}
2.5%蚓粪	0.57±0.02^{b}	60.41±2.98^{d}
5%蚓粪	0.80±0.03^{a}	99.21±2.23^{a}
2.5%牛粪	0.40±0.02^{c}	57.46±3.55^{d}
5%牛粪	0.79±0.02^{a}	82.30±0.87^{c}
2.5%化肥	0.07±0.01^{g}	59.39±3.41^{d}
5%化肥	0.09±0.01^{g}	90.14±2.37^{b}
接种蚯蚓	0.16±0.02^{f}	13.67±0.51^{f}
2.5%牛粪＋接种蚯蚓	0.24±0.02^{e}	48.60±2.52^{e}
5%牛粪＋接种蚯蚓	0.34±0.02^{d}	76.97±3.56^{c}
F 值	219.16	124.30
P 值	$<$0.0001	$<$0.0001

（四）蚯蚓对临时用地损毁土壤磷素含量的影响

土壤磷素中全磷和有效磷分别反映土壤磷库容量和可供作物当季吸收利用磷素水平，其中有效磷是评价土壤供磷能力重要指标（周东兴等，2021）。生物有机肥可以改善土壤有机质状况，减少磷的固定，从而提高土壤磷素的有效性；还可使土壤中微生物数量明显增多，磷酸酶活性增强，从而促进有机磷的矿化作用而转化为速效态磷，因此生物有机肥能显著提高土壤速效磷的含量（王美新等，2012）。

袁中友（2016）的研究结果显示在临时用地损毁土壤上，施加蚓粪处理土壤全磷、速效磷含量与对照组差异极显著（$P<0.0001$，表 9.4），2.5%蚓粪和 5%蚓粪处理，土壤全磷含量分别比对照组增加了 65%和 157%，土壤速效磷含量分别比对照组增加了 1210%和 2645%，且含量随施肥量的增加而增大；接种蚯蚓处理土壤全磷、速效磷含量与对照土壤差异极显著（表 9.4），接种蚯蚓后，2.5%牛粪＋蚯蚓和 5%牛粪＋蚯蚓处理，土壤全磷含量分别比对照土壤增加了 57%和 109%，蚯

蚓、2.5%牛粪＋蚯蚓和 5%牛粪＋蚯蚓处理，土壤速效磷含量分别比对照土壤增加了 17%、963%和 2491%；直接施加蚓粪以及接种蚯蚓均增加了土壤全磷、速效磷的含量。赵杰等（2021）的试验显示长期的蚯蚓养殖会显著增加土壤全磷、有效磷含量，而短期内速效养分的增加，可能造成土壤中磷的淋失。王皓宇等（2020）的试验结果显示，在 100%土壤处理中，南美岸蚓作用提高了土壤碱解氮和有效磷的含量，可能是由于南美岸蚓通常分泌大量富氮分泌物以及某些特殊功能菌促进土壤磷酸酶产生和加速有机磷的矿化。

（五）蚯蚓对临时用地损毁土壤钾含量的影响

土壤速效钾主要来自矿物风化，微生物分解及缓效钾的释放，从而提高钾的有效化，降低钾的无效化。施用蚯蚓粪后，土壤中有机质含量增加，土壤微生物总量提高，有利于根际土壤钾养分的释放，降低了土壤对钾离子的吸附，使土壤速效钾有效性增加。

张荣涛等（2013）通过蚯蚓粪与盐碱土的不同配比设置处理，发现蚯蚓粪可以显著提高盐碱土速效钾的含量，且随着蚯蚓粪含量的增加，土壤速效钾含量升高；李晓娜等（2016）的试验中施用蚯蚓粪后，提高了土壤速效钾含量，促进了烟草根系对钾养分的吸收。蚯蚓活动还可以通过影响土壤生态系统中的微生物，提高了土壤容纳和供给生物所需的各种营养物质的能力。吴福勇等（2012）的试验结果表明，蚯蚓对土壤中固氮细菌的生长影响不大，但对钾活化细菌生长具有明显促进作用，与对照相比，接种蚯蚓和钾活化细菌造成钾活化细菌显著增加，从而造成土壤中速效钾浓度的显著升高。袁中友（2016）的研究结果也显示，在公路建设项目临时用地损毁土壤上，施加蚓粪处理的土壤全钾、速效钾含量与对照组差异极显著（$P<0.0001$，表 9.4），2.5%蚓粪和 5%蚓粪处理，土壤全钾含量分别比对照组增加了 10%、37%，土壤速效钾含量分别比对照组增加了 431%、766%，且含量随施肥量的增加而增大；接种蚯蚓处理土壤全钾、速效钾含量与对照土壤差异极显著（表 9.4），接种蚯蚓后，蚯蚓、2.5%牛粪＋蚯蚓和 5%牛粪＋蚯蚓处理，土壤全钾含量分别比对照土壤增加了 3%、7%和 21%，土壤速效钾含量分别比对照土壤增加了 17%、243%和 458%；施加蚓粪和接种蚯蚓都增加了土壤全钾和速效钾含量，与前人研究一致。

表 9.4　不同处理方式对建设项目临时用地损毁土壤磷、钾元素含量的影响（袁中友，2016）

处理方式	全磷含量/($g·kg^{-1}$)	全钾含量/($g·kg^{-1}$)	速效磷含量/($mg·kg^{-1}$)	速效钾含量/($mg·kg^{-1}$)
对照土壤	$0.23±0.01^{e}$	$7.88±0.29^{e}$	$1.21±0.04^{e}$	$86.55±8.05^{e}$
2.5%蚓粪	$0.38±0.04^{cd}$	$8.70±0.31^{de}$	$15.85±1.36^{d}$	$459.26±36.75^{c}$

续表

处理方式	全磷含量/(g·kg^{-1})	全钾含量/(g·kg^{-1})	速效磷含量/(mg·kg^{-1})	速效钾含量/(mg·kg^{-1})
5%蚓粪	0.59±0.07^{ab}	10.80±0.38^{a}	33.21±1.21^{b}	749.76±41.11^{b}
2.5%牛粪	0.34±0.03^{d}	8.54±0.42^{e}	12.16±1.12^{d}	326.99±4.69^{d}
5%牛粪	0.44±0.03^{cd}	9.92±0.23^{abc}	32.18±1.55^{b}	523.81±3.29^{c}
2.5%化肥	0.49±0.03^{bc}	9.65±0.51^{bcd}	20.98±1.37^{c}	787.08±33.62^{b}
5%化肥	0.62±0.07^{a}	10.57±0.18^{ab}	39.11±1.56^{a}	927.63±38.06^{a}
接种蚯蚓	0.18±0.01^{e}	8.12±0.28^{e}	1.41±0.12^{e}	101.10±7.57^{e}
2.5%牛粪+蚯蚓	0.36±0.02^{d}	8.45±0.23^{e}	12.86±0.91^{d}	297.06±9.43^{d}
5%牛粪+蚯蚓	0.48±0.01^{bc}	9.53±0.22^{cd}	31.35±2.02^{b}	482.64±4.69^{c}
*F*值	13.99	10.11	112.53	136.83
*P*值	<0.0001	<0.0001	<0.0001	<0.0001

三、蚯蚓对临时用地损毁土壤微生物学性状的影响

（一）蚯蚓对临时用地损毁土壤微生物学性质的影响

土壤微生物作为土壤生物化学反应的重要参与者，对土壤生态系统和功能有重要影响，并灵敏反映土壤生物学性状的变化。

袁中友（2016）的研究结果显示，接种蚯蚓能显著提高土壤微生物学性状，接种蚯蚓后，建设项目临时用地损毁土壤微生物量碳、微生物量氮、土壤呼吸、代谢熵、细菌数量、真菌数量和放线菌数量显著增加，微生物碳氮比显著降低。另外，施蚓粪显著增加了建设项目临时用地损毁土壤微生物量碳、微生物量氮、土壤呼吸、代谢熵、细菌、真菌和放线菌数量，降低了微生物碳氮比，且随施肥量的增大效果越显著（表 9.5）。蚯蚓喜食腐烂分解状态的有机残体，由于该阶段残体上微生物较多，所以蚯蚓的取食可能会影响土壤微生物的数量和活性（Edwards and Fletcher，1988）。蚯蚓摄取的有机质在胃囊内经机械研磨，在肠道内经生物化学的联合作用后，可增加土壤微生物及其他有益土壤动物的数量和组成，优化群落结构（Barois and Lavelle，1986），促进活性微生物量的提高（Dindar et al.，2013），加速微生物的周转，微生物群落年轻化使得代谢熵增高（张宝贵等，2001），增加土壤的供肥能力。蚯蚓的蚓粪可作为有机肥施入土壤，能显著提高土壤养分含量，有助于提供大量土壤微生物生长繁殖所需的物质和能量，促进土壤微生物量碳、氮的增加。

表 9.5　不同处理方式对建设项目临时用地损毁土壤微生物学指标的影响（袁中友，2016）

处理方式	微生物量碳/(mg·kg^{-1})	微生物量氮/(mg·kg^{-1})	微生物碳氮比	土壤呼吸/(g·kg^{-1}·d^{-1})	代谢熵/(gC$_{co_2}$/gC$_{bio}$)	细菌数量/(×10^{5}cfu·g^{-1})	真菌数量/(×10^{2}cfu·g^{-1})	放线菌数量/(×10^{4}cfu·g^{-1})
对照土壤	171.53±15.32^{de}	19.49±0.93^{f}	8.86±0.93^{a}	17.7±2.00^{f}	0.11±0.02^{b}	0.14±0.01^{f}	1.17±0.18^{g}	3.57±0.28^{f}
2.5%蚓粪	267.31±18.39^{b}	47.37±4.46^{bc}	5.87±0.90^{bc}	47.26±1.59^{c}	0.18±0.02^{a}	4.35±0.14^{c}	2.54±0.14^{f}	14.47±0.49^{c}
5%蚓粪	339.46±5.00^{a}	84.21±4.37^{a}	4.06±0.18^{c}	59.43±1.36^{a}	0.18±0.01^{a}	6.28±0.22^{a}	3.33±0.24^{e}	23.11±0.74^{a}
2.5%牛粪	251.71±13.58^{b}	40.39±2.36^{cd}	6.32±0.59^{b}	40.61±2.31^{d}	0.16±0.02^{a}	4.41±0.08^{c}	7.51±0.18^{b}	13.99±0.79^{c}
5%牛粪	336.74±14.84^{a}	80.42±5.16^{a}	4.27±0.43^{c}	53.95±0.85^{b}	0.16±0.01^{a}	6.49±0.17^{a}	9.62±0.38^{a}	18.47±1.37^{b}
2.5%化肥	148.13±5.25^{e}	20.59±1.61^{f}	7.35±0.75^{ab}	3.03±0.2.00^{g}	0.02±0.00^{c}	1.10±0.15^{e}	0.60±0.11^{g}	3.76±0.28^{f}
5%化肥	165.99±4.09^{de}	21.99±1.48^{f}	7.67±0.64^{ab}	6.07±0.67^{g}	0.04±0.00^{c}	1.25±0.12^{e}	1.05±0.07^{g}	4.11±0.29^{f}
接种蚯蚓	185.60±7.96^{d}	25.66±2.86^{ef}	7.42±0.60^{ab}	31.68±2.88^{e}	0.17±0.01^{a}	3.86±0.08^{d}	4.78±0.25^{d}	6.35±0.24^{e}
2.5%牛粪+蚯蚓	218.03±5.64^{c}	33.03±1.19^{de}	6.62±0.25^{b}	38.12±2.26^{d}	0.18±0.01^{a}	5.31±0.06^{b}	5.69±0.21^{c}	7.11±0.81^{e}
5%牛粪+蚯蚓	315.40±7.47^{a}	54.76±2.33^{b}	5.8±0.33^{bc}	48.00±1.98^{c}	0.15±0.01^{a}	6.67±0.13^{a}	7.50±0.39^{b}	9.68±0.44^{d}
F 值	44.41	62.44	6.07	120.17	22.28	344.81	177.24	103.88
P 值	<0.0001	<0.0001	<0.0001	<0.0001	<0.0001	<0.0001	<0.0001	<0.0001

（二）蚯蚓对建设项目临时用地损毁土壤酶活性的影响

土壤酶是土壤营养代谢的重要驱动力，参与土壤各种生物化学过程，对土壤有机质转换、腐殖质形成、有机无机胶体形成以及各营养元素的转化和释放都有重要直接作用。土壤酶活性作为土壤肥力的一个潜在指标，其活性高低反映了土壤养分转化的强弱（刘善江等，2011）。由于建设项目临时用地损毁土壤较自然情况，其理化性状普遍会发生恶化，因此建设项目临时用地损毁土壤的酶活性都显著降低。

袁中友（2016）的研究结果显示，施牛粪后接种蚯蚓处理显著提高了建设项目临时用地损毁土壤β-葡萄糖苷酶、乙酰氨基葡萄糖苷酶、多酚氧化酶和过氧化物酶活性，但土壤转化酶、脲酶、酸性磷酸酶和过氧化氢酶活性显著降低。另外，施蚓粪显著提高了建设项目临时用地损毁土壤酶活性，显著增加了土壤转化酶、脲酶、酸性磷酸酶、β-葡萄糖苷酶、乙酰氨基葡萄糖苷酶、多酚氧化酶、过氧化物酶和过氧化氢酶活性，且随施肥量的增大效果越显著（表 9.6）。众多研究表明，土壤酶活性与土壤容重、土壤孔隙度（和文祥等，2010）、田间持水量（刘艳等，2010）；紧实度（张国红等，2006），以及土壤有机质、全氮、碱解氮、速效磷和粘粒含量（刘艳等，2010；薛冬等，2005）极其相关。蚯蚓处理土壤酶活性的增加，主要在于蚯蚓的活动及其代谢物能够促进土壤团聚体形成，团聚体的存在有利于微生物活动和繁衍；经蚯蚓过腹转化的土壤及有机物料更有利于微生物生长繁殖，会进一步增加微生物数量与活性，微生物数量和活性的增加必然导致土壤酶活性的提高（申为宝等，2009）。蚯蚓蚓粪施用增加了土壤有机质，增加了土壤微生物的碳源，促进微生物的增殖，从而刺激了土壤酶活性提高（李君剑等，2015）；并且可以作为土壤酶的底物，诱导酶活性，同时其自身携带的微生物和酶也可增加土壤酶活性（马晓霞等，2012）。申为宝等（2009）的研究表明褐土、潮土、棕壤土这 3 类土壤中蚯蚓处理均增加了土壤脲酶和磷酸酶的活性。陶军等（2010）指出，秸秆混施条件下，接种蚯蚓显著增加了土壤酶活性，尤其是蛋白酶和蔗糖酶活性，蚯蚓活动使秸秆与土壤的接触面积更大，加速秸秆分解，提高了土壤微生物量和活性，有利于土壤酶活性的增强。

表 9.6　不同处理方式对建设项目临时用地损毁土壤酶活性指标的影响（袁中友，2016）

处理方式	转化酶数量/(mL·g^{-1})	脲酶数量/(mL·g^{-1})	酸性磷酸酶数量/(mg·g^{-1})	β-葡萄糖苷酶数量/(μmol·g^{-1}·h^{-1})	乙酰氨基葡萄糖苷酶数量/(μmol·g^{-1}·h^{-1})	多酚氧化酶数量/(μmol·g^{-1}·h^{-1})	过氧化物酶数量/(μmol·g^{-1}·h^{-1})
对照土壤	0.91±0.14^{e}	0.52±0.02^{e}	0.20±0.01^{f}	9.16±0.27^{d}	18.28±0.83^{d}	0.14±0.01^{d}	0.18±0.01^{c}
2.5%蚓粪	1.86±0.14^{c}	0.79±0.05^{c}	0.40±0.03^{bc}	18.42±0.7^{c}	62.06±1.83^{b}	0.32±0.01^{c}	0.49±0.02^{b}
5%蚓粪	2.28±0.10^{ab}	1.55±0.10^{a}	0.68±0.01^{a}	26.20±0.58^{a}	88.47±1.85^{a}	0.52±0.04^{b}	0.54±0.02^{b}
2.5%牛粪	1.80±0.09^{c}	0.77±0.01^{c}	0.35±0.02^{cd}	17.76±0.72^{c}	55.34±2.33^{c}	0.38±0.02^{c}	0.47±0.03^{b}
5%牛粪	2.59±0.14^{a}	1.48±0.10^{a}	0.45±0.03^{b}	23.31±1.57^{b}	87.29±3.01^{a}	0.64±0.07^{a}	0.65±0.07^{a}
2.5%化肥	1.12±0.20^{e}	0.56±0.02^{de}	0.26±0.04^{ef}	8.09±0.16^{d}	15.42±0.57^{d}	0.02±0.00^{e}	0.17±0.01^{c}
5%化肥	1.24±0.14^{de}	0.66±0.08^{cde}	0.20±0.01^{f}	8.50±0.20^{d}	16.55±0.88^{d}	0.02±0.01^{e}	0.21±0.01^{c}
接种蚯蚓	1.07±0.09^{e}	0.53±0.02^{e}	0.27±0.01^{ef}	10.34±0.11^{d}	19.45±0.74^{d}	0.12±0.02^{d}	0.20±0.02^{c}
2.5%牛粪＋蚯蚓	1.58±0.16^{cd}	0.72±0.02^{cd}	0.30±0.02^{de}	19.09±0.80^{c}	61.20±2.67^{bc}	0.40±0.01^{c}	0.49±0.03^{b}

续表

处理方式	转化酶数量/(mL·g^{-1})	脲酶数量/(mL·g^{-1})	酸性磷酸酶数量/(mg·g^{-1})	β-葡萄糖苷酶数量/(μmol·g^{-1}·h^{-1})	乙酰氨基葡萄糖苷酶数量/(μmol·g^{-1}·h^{-1})	多酚氧化酶数量/(μmol·g^{-1}·h^{-1})	过氧化物酶数量/(μmol·g^{-1}·h^{-1})
5%牛粪＋蚯蚓	1.97±0.16^{bc}	1.08±0.02^{b}	0.37±0.01^{c}	24.04±1.14^{ab}	89.89±3.40^{a}	0.69±0.04^{a}	0.68±0.04^{a}
*F*值	16.13	47.66	43.15	82.11	236.37	62.69	39.51
*P*值	＜0.0001	＜0.0001	＜0.0001	＜0.0001	＜0.0001	＜0.0001	＜0.0001

第四节　蚯蚓在先锋植物修复临时用地损毁土壤中的作用

土壤和植被互为环境因子，土壤理化性质影响植被发生、发育和演替的速度，同时也因植被的演变而发生改变（Morrison et al.，2001）。因此，如何改良和培肥土壤，并进行有效的植物选择与配置成为突破当前建设项目临时用地损毁土地复垦与生态重建技术瓶颈的关键。

植物种类的选择在土地复垦和生态恢复的初始阶段中是至关重要的。要快速恢复植被覆盖，首先的工作就是筛选先锋植物，筛选出适宜的植物来重建受损毁的生态系统。先锋植物需要生长速率快，能够起到尽快恢复植被、固土防冲刷作用，为其他植物的引进创造条件（江玉林，2001）。

蚯蚓通常对植物生长发挥着积极作用。蚯蚓活动促进有机质的分解和矿化（伍玉鹏等，2013；Wachendorf et al.，2014；Speratti and Whalen，2008），提高土壤养分的有效性和养分周转率（Basker et al.，1992），改变土壤微生物数量、群落结构和组成（Wolters，2000；Jacquiod et al.，2019），助力植物激素的分泌，提高植物的营养状况，从而促进作物生长（Brown et al.，1999；Scheu，2003）。

蚯蚓-植物联合修复技术是近几年的研究热点，其修复效果优于单一的植物修复和蚯蚓修复，利用蚯蚓促进先锋植物生长从而快速恢复植被覆盖，加快建设用地损毁土壤的生态重建。

一、蚯蚓对先锋植物生长的影响

蚯蚓通常对植物生长发挥着积极作用。这归因于蚯蚓通过自身活动改良土壤结构，提高土壤养分有效性，促进植物根系的发育，从而增强植物的营养吸收。此外，蚯蚓通过信号物质的分泌对植物进行生理调控，增加植物的抗逆性，促进植物生长（图 9.2；王丙磊等，2021）。在热带地区 246 个研究结果中，75%的研究表明蚯蚓促进植物生长（曹佳等，2015），地上部生物量平均增加57%（Araujo et al.，2003）。接种蚯蚓能显著提高花生（孔令雅等，2013）、夏玉米（董水丽，2013）、黑麦草（王丹丹等，2007）产量和生物量，提高西南桦树高和胸径（曾郁珉等，2010）。

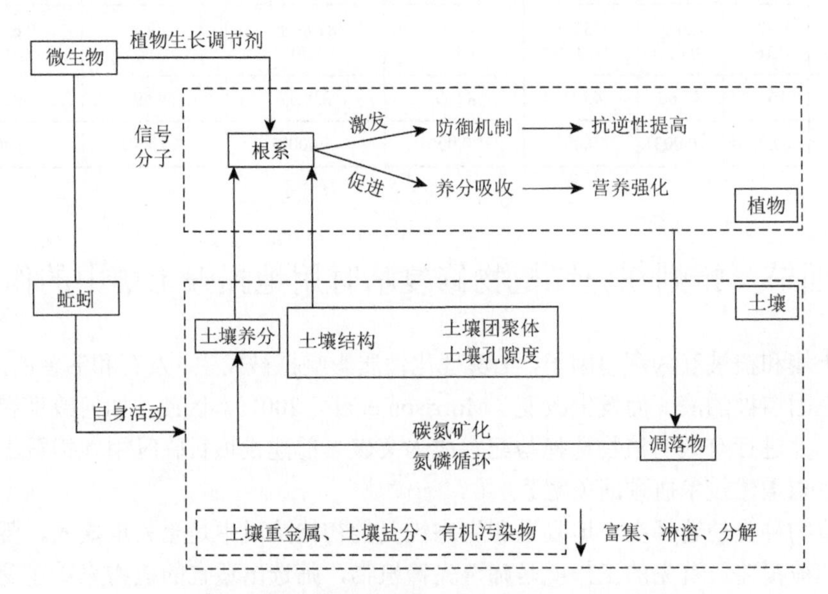

图 9.2　退化土壤中蚯蚓对植物生长的影响（王丙磊，2021）

类芦（*Neyraudia reynaudiana*）属禾本科类芦属，具有极强的抗逆境生存能力，可以快速覆盖裸露土壤，并改变土壤破坏区恶劣的生境，为其他乡土草种侵入和繁衍创造有利条件，是植被恢复的先锋植物（蔡丽平等，2012）。袁中友（2016）的研究显示，在公路建设项目临时用地损毁土壤上种植类芦，接种蚯蚓能显著促进类芦生长和植株氮、磷、钾养分的累积；在蚯蚓-牛粪协同处理中，类芦生长的效果更加显著，类芦干重、株高、分蘖数、根系形态学参数以及植株氮、磷、钾养分累积量都显著提高，且随着施肥量的增加而增大。袁中友等（2015）的研究也显示在建设项目临时用地损毁土壤上种植籽粒苋，接种蚯蚓处理籽粒苋地上干重、地下干重、总干重以及植株地上部磷、钾养分累积量显著提高。

二、蚓粪对先锋植物生长的影响

蚓粪作为蚯蚓活动的产物之一，其中各种土壤酶和腐殖酸类物质的产生，提高了植物必需营养元素的含量及有效性（Materechera，2002）。袁中友（2016）的研究显示，在公路建设项目临时用地损毁土壤上种植类芦，相比施加化肥处理，施加蚓粪处理显著提高类芦植株株高、地上和地下部干重以及地上和地下部氮、磷、钾养分累积量。这与多数研究者发现施蚓粪和牛粪比施化肥能显著提高植物生物量（袁中友等，2014；赵海涛等，2014；李静娟等，2013；杨丽娟等，2013）和氮、磷、钾养分累积量（袁中友等，2014；李静娟等，2013）的结果一致。关于蚓粪对植物生长的影响详见本书第四章。

第五节　本章展望

生产建设临时占用和损毁了大量土壤，导致土壤容重增大、层次和结构混乱、有机质及速效养分减少，土壤贫瘠。因此，保护表土层、重构土壤物理层次和结构、科学施肥是建设项目临时用地损毁土壤复垦的重要内容。蚯蚓等土壤生物是土壤结构和肥力的重要驱动力（傅声雷等，2019），已有的研究显示蚯蚓在加速损毁土壤复垦、改善土壤质量及恢复农业生态系统方面具有重要的应用潜力，但是目前相关技术研究仍十分缺乏。因此，未来可针对不同建设项目损毁土壤的特征，细化修复方案，将蚯蚓和其他生物联合起来，充分发挥和挖掘它们的潜力，共同构建新型修复措施，提高农田土壤质量和生态系统的复杂性、稳健性，为农业可持续发展提供重要途径。

参考文献

蔡丽平，吴鹏飞，侯晓龙，等，2012. 类芦根系对不同强度干旱胁迫的形态学响应[J]. 中国农学通报，(28)：44-48.

曹佳，王冲，皇彦，等，2015. 蚯蚓对土壤微生物及生物肥力的影响研究进展[J]. 应用生态学报，26（5）：1579-1586.

曾郁珉，周跃华，李翠萍，等，2010. 蚯蚓对西南桦林地土壤及林木生长的影响[J]. 东北林业大学学报，(9)：47-49.

陈友光，陈振雄，柯玉诗，等，2008. 广东地区高速公路边坡生态防护的土壤肥力调查与改良对策[J]. 公路，(6)：200-204.

崔莹莹，吴家龙，张池，等，2020. 不同生态类型蚯蚓对赤红壤和红壤团聚体分布和稳定性的影响[J]. 华南农业大学学报，41（1）：8.

窦洪桥，金晓斌，汤小橹，等，2010.工程建设项目临时用地定额指标初探——以高速铁路制梁场为例[J].中国土地科学，24（9）：57-63.

董水丽，2013. 秸秆还田后接种蚯蚓对夏玉米主要农艺性状及产量的影响[J]. 河南农业科学，(1)：67-70.

冯万忠，段文标，许皞，2008.不同土地利用方式对城市土壤理化性质及其肥力的影响——以保定市为例[J]. 河北农业大学学报，(2)：61-64.

傅声雷，张卫信，邵元虎，等，2019. 土壤生态学：土壤食物网及其生态功能[M]. 北京：科学出版社.

顾志权，2005.复垦地土壤的肥力特点和综合整治技术[J].土壤，2：220-223.

广东省土壤普查办公室，1993. 广东土壤[M]. 北京：科学出版社.

和文祥，谭向平，王旭东，等，2010. 土壤总体酶活性指标的初步研究[J]. 土壤学报，(6)：1232-1236.

贺慧，郑华斌，刘建霞，2014，姚林，黄璜.蚯蚓对土壤碳氮循环的影响及其作用机理研究进展[J]. 中国农学通报，30（33）：120-126.

江玉林，2001. 公路生物环境工程技术研究进展[J]. 中国园林，3：14-16.

敬芸仪，邓良基，张世熔，2006.主要紫色土电导率特征及其影响因素研究[J]. 土壤通报，37（3）：617-619.
孔令雅，李根，李引，等，2013. 接种蚯蚓和食细菌线虫对红壤性状及花生产量的影响[J]. 土壤，45（2）：1306-1312.
李辉信，胡锋，焦加国，2008. 蚯蚓对农田土壤质量的影响[C].苏省土壤学会：江苏耕地质量建设论文集.南京：河海大学出版社，22-26.
李辉信，胡锋，沈其荣，等，2002. 接种蚯蚓对秸秆还田土壤碳、氮动态和作物产量的影响[J]. 应用生态学报，13（12）：1637-1641.
李静娟，周波，张池，等，2013. 中药渣蚓粪对玉米生长及土壤肥力特性的影响[J]. 应用生态学报，24（9）：2651-2657.
李君剑，严俊霞，李洪建，2015. 矿区不同复垦措施对土壤碳矿化和酶活性的影响[J]. 生态学报，（12）：4178-4185.
李晓娜，陈富彩，郑璞帆，等，2016. 施用蚯蚓粪对陕南烤烟土壤和烟叶钾营养、农艺与经济性状的影响[J]. 中国土壤与肥料，（3）：105-109.
李玉和，1997. 城市土壤形成特点肥力评价及利用与管理[J]. 中国园林，（3）：20-23.
林晓钦，崔莹莹，张孟豪，等，2023.皮质远盲蚓体内酶对土壤有机碳形态及碳库管理指数的影响[J].西南农业学报，36（7）：1447-1454.
刘红梅，李睿颖，高晶晶，等，2020. 保护性耕作对土壤团聚体及微生物学特性的影响研究进展[J]. 生态环境学报，29（6）：1277-1284.
刘建芬，2011.公路铁路建设损毁土地复垦分析[J].中国土地，9：11-12.
刘善江，夏雪，陈桂梅，等，2011. 土壤酶的研究进展[J]. 中国农学通报，27（21）：1-7.
刘艳，王成，彭镇华，等，2010. 北京市崇文区不同类型绿地土壤酶活性及其与土壤理化性质的关系[J]. 东北林业大学学报，（4）：66-70.
刘英琴，2010. 矿山废弃地植被恢复技术研究[J]. 湖南有色金属，26（4）：50-53.
卢瑛，龚子同，张甘霖，2001. 南京城市土壤的特性及其分类的初步研究[J]. 土壤，（1）：47-51.
卢瑛，龚子同，张甘霖，2002. 城市土壤的特性及其管理[J]. 土壤与环境，11（2）：206-209.
马晓霞，王莲莲，黎青慧，等，2012. 长期施肥对玉米生育期土壤微生物量碳氮及酶活性的影响[J]. 生态学报，（17）：5502-5511.
邱江平，1999. 蚯蚓及其在环境保护上的应用 I.蚯蚓及其在自然生态系统中的作用[J]. 上海农学院学报，（3）：227-232.
商丽荣，万里强，李向林，2020.有机肥对羊草草原土壤细菌群落多样性的影响[J]. 中国农业科学，53（13）：2614-2624.
申为宝，杨洪强，乔海涛，等，2009. 蚯蚓对苹果园土壤生物学特性及幼树生长的影响[J].园艺学报，36（10）：1405-1410.
谭骏，黄河，汤薇，等，2021. 蚯蚓粪有机肥对土壤微生物群落的影响[J]. 江苏农业科学，49（20）：228-233.
陶军，张树杰，焦加国，等，2010. 蚯蚓对秸秆还田土壤细菌生理菌群数量和酶活性的影响[J]. 生态学报，30（5）：1306-1311.
田红卫，黄志荣，高照良，等，2012. 高速公路路域土壤特性分析及其质量评价[J]. 水土保持研究，（5）：59-64.
王斌，2011. 蚯蚓对土壤基本性状和活性物质组成及其空间异质性变化特征的影响[D]. 南京：南京农业大学.
王丙磊，王冲，刘萌丽，2021. 蚯蚓对土壤-植物系统生态修复作用研究进展[J]. 应用生态学报，32（6）：8.
王丹丹，李辉信，胡锋，等，2007. 蚯蚓-秸秆及其交互作用对黑麦草修复 Cu 污染土壤的影响[J]. 生态学报，（4）：1292-1299.
王皓宇，张池，吴家龙，等，2020. 壮伟远盲蚓（*Amynthas robustus*）和南美岸蚓（*Pontoscolex corethrurus*）的人工生长繁殖及其对赤红壤碳氮磷素的影响[J]. 西南农业学报，33（7）：1528-1537.
王美新，邵孝侯，于静，等，2012. EM 生物有机肥对植烟土壤理化性质的影响[J]. 江苏农业科学，40（6）：323-325.
王霞，李辉信，朱玲，等，2008. 蚯蚓活动对土壤氮素矿化的影响[J]. 土壤学报，（4）：641-648.

王笑，王帅，滕明姣，等，2017. 两种代表性蚯蚓对设施菜地土壤微生物群落结构及理化性质的影响[J]. 生态学报，37（15）：5146-5156.
魏远，顾红波，薛亮，等，2012. 矿山废弃地土地复垦与生态恢复研究进展[J].中国水土保持科学，10（2）：107-114.
吴福勇，毕银丽，毛艳丽，2012. 蚯蚓及植物促生根际细菌对土壤中氮和钾有效性的影响[J]. 湖北农业科学，51（15）：3186-3189.
伍海兵，2013. 城市绿地土壤物理性质特征及其改良研究[D]. 南京：南京农业大学.
伍玉鹏，吕丽媛，毕艳孟，等，2013. 接种蚯蚓对盐碱土养分、土壤生物及植被的影响[J]. 中国农业大学学报，18（4）：45-51.
谢天，侯鹰，陈卫平，等，2019. 城市化对土壤生态环境的影响研究进展[J]. 生态学报，39（4）：1154-1164.
薛冬，姚槐应，何振立，等，2005. 红壤酶活性与肥力的关系[J]. 应用生态学报，（8）：1455-1458.
杨金玲，汪景宽，张甘霖，2004. 城市土壤的压实退化及其环境效应[J]. 土壤通报，（6）：688-694.
杨金玲，张甘霖，赵玉国，等，2006. 城市土壤压实对土壤水分特征的影响—以南京市为例[J]. 土壤学报，43（1）：33-38.
杨丽娟，杨启迪，周崇峻，等，2013. 施用蚓粪堆肥对温室番茄产量和品质及土壤微生物数量的影响[J]. 土壤通报，（6）：1455-1459.
余海龙，顾卫，姜伟，等，2006. 高速公路路域土壤质量退化演变的研究[J]. 水土保持学报，20（4）：195-198.
袁中友，2016. 有机肥及蚯蚓对高速公路损毁的土壤修复及类芦生长的响应[D]. 广州：华南农业大学.
袁中友，郭彦彪，李强，等，2014. 有机无机肥配施对生态重建先锋植物类芦生长的影响[J]. 水土保持学报，28（5）：302-308.
袁中友，瑟竞，李强，等，2015. 接种蚯蚓对公路工程建设损毁赤红壤肥力及籽粒苋生长的影响[J]. 福建农业学报，30（10）：970-977.
袁中友，吴家龙，刘青，等，2017. 有机肥对高速公路建设损毁土地土壤肥力的修复及类芦生长的响应[J]. 华北农学报，32（5）：177-184.
袁中友，吴家龙，刘春，等，2018. 高速公路临时用地对土壤质量的综合影响[J]. 中国水土保持科学，16（2）：111-118.
赵海涛，车玲，姜薇，等，2014. 高温处理与添加物料对蚓粪基质培育辣椒壮苗的影响[J]. 植物营养与肥料学报，（2）：380-388.
张宝贵，李贵桐，孙钊，等，2001. 两种生态类型蚯蚓几种消化酶活性比较研究[J]. 生态学报，（6）：978-981.
张池，周波，吴家龙，等，2018. 蚯蚓在我国南方土壤修复中的应用[J].生物多样性，26（10）：1091-1102.
张国红，张振贤，黄延楠，等，2006. 土壤紧实程度对其某些相关理化性状和土壤酶活性的影响[J]. 土壤通报，6：1094-1097.
张家洋，王书丽，祝遵凌，等，2013. 宁淮盐高速公路沿线湿地土壤理化因子差异性分析[J]. 东北林业大学学报，（4）：95-99.
张荣涛，周东兴，申雪庆，2013. 蚯蚓粪对盐碱土速效养分和碱化指标的影响[J]. 国土与自然资源研究，（4）：83-86.
张卫信，陈迪马，赵灿灿，2007. 蚯蚓在生态系统中的作用[J]. 生物多样性，15（2）：142-153.
张晓明，余新晓，武思宏，等，2005. 黄土区森林植被对坡面径流和侵蚀产沙的影响[J]. 应用生态学报，16（9）：1613-1617.
赵杰，樊莉丽，吴明作，等，2021. 养殖蚯蚓对黄泛沙质平原杨树人工林土壤及生长的影响[J].中南林业科技大学学报，41（4）：39-46.
周东兴，李欣，宁玉翠，等，2021. 蚯蚓粪配施化肥对稻田土壤性状和酶活的影响[J].东北农业大学学报，52（2）：25-35.

周跃，2000. 植被与侵蚀控制：坡面生态工程基本原理探索[J]. 应用生态学报，11（2）：297-300.

卓慕宁，李定强，朱照宇，2008. 城乡结合部开发建设扰动土壤质量变化特征[J]. 土壤，（1）：61-65.

Arai M，Tayasu I，Komatsuzaki M，et al.，2013. Changes in soil aggregate carbon dynamics under no-tillage with respect to earthworm biomass revealed by radiocarbon analysis[J]. Soil & Tillage Research，126（1）：42-49.

Araujo Y，Luizão F J，Barros E，2003. Effect of earthworm addition on soil nitrogen availability，microbial biomass and litter decomposition in mesocosms[J]. Biology and Fertility of Soils，39（39）：146-152.

Barois I，Lavelle P，1986. Changes in respiration rate and some physiochemical properties of a tropical soil during transit through *Pontoscolex corethrurus*（Glossoscolecidae，Oligochaeta）[J]. Soil Biology and Biochemistry，18（5）：539-541.

Basker A，Macgregor A N，Kirkman J H，1992. Influence of soil ingestion by earthworms on the availability of potassium in soil：An incubation experiment[J]. Biology and Fertility of Soils，14（4）：300-303.

Batlle-Aguilar J，Brovelli A，Porporato A，et al.，2011. Modelling soil carbon and nitrogen cycles during land use change. A review[J]. Agronomy for Sustainable Development，31（2）：251-274.

Brown G，Pashanasi B，Villenave C，et al.，1999.Effects of earthworms on plant production in the tropics[M]//Lavelle P，Brussard L，Hendrix P. Earthworm Management in Tropical Agroecosystems. Wallingford: CAB International，87-148.

Carpenter D，Hodson M E，Eggleton P，et al.，2007. Earthworm induced mineral weathering：Preliminary results[J]. European Journal of Soil Biology，43（1）：S176-S183.

Dindar E，Şağban F O T，Alkan U，et al.，2013. Effects of canned food industry sludge amendment on enzyme activities in soil with earthworms[J]. Environmental Engineering & Management Journal，12（12）：2407-2416.

Dyrness C，1975. Grass-legume mixture for erosion control along forest roads in western Oregon[J]. Journal Soil and Water Conservation，30（40）：169-173.

Edwards C A，Fletcher K E，1988. Interactions between earthworms and microorganisms in organic-matter breakdown[J]. Agriculture Ecosystems & Environment，24（s1-3）：235-247.

Ernst G，Felten D，Vohland M，et al.，2009. Impact of ecologically different earthworm species on soil water characteristics[J]. European Journal of Soil Biology，45（3），207-213.

Iii J M G，2002. Effectiveness of vegetation in erosion control from forest road sideslopes[J]. Transactions of the ASAE，45（3）：681-685.

Van Groenigen J W，van Groenigen K J，Koopmans G F，et al.，2018. IIow fertile are earthworm casts？A meta-analysis[J]. Geoderma，338：525-535.

Jacquiod S，Puga-Freitas R，Aymé Spor，et al.，2019.A core microbiota of the plant-earthworm interaction conserved across soils[J].Cold Spring Harbor Laboratory，144：107754.

Jouquet P，Dauber J，Lagerlof P，et al.，2006. Soil inverte brates as ecosystem engineers：Intended and accidental effects on soil and feedback loops[J]. Applied Soil Ecology，32（2）：153-164.

Jongmans A G，Pulleman M M，Balabane M，et al.，2003. Soil structure and characteristics of organic matter in two orchards differing in earthworm activity[J]. Applied Soil Ecology，24（3）：219-232.

Kavdir Y，Ilay R，2011. Earthworms and soil structure[M]//Karaca A. Biology of Earthworms. Berlin：Springer，39-50.

Krewitt W，Nitsch J，Fischedick M，et al.，1997. Feasibility of using coal ash residues as CO-composting materials for sewage sludge[J]. Environmental Technology，18（18）：563-568.

Lavelle P，Decaëns T，Aubert M，et al.，2006. Soil invertebrates and ecosystem services[J]. European Journal of Soil Biology，42（S1）：S3-S15.

Lavelle P，Spain A V，2001. Soil ecology [M]. Dordrecht：Kluwer Academic Publishers.

Lavelle P，Spain A，Blouin M，et al.，2016. Ecosystem engineers in a self-organized soil：A review of concepts and future research questions[J]. Soil Science，181（3/4）：91-109.

Martin A，1991. Short-and long-term effects of the endogeic earthworm *Millsonia anomala*（Omodeo）（Megascolecidæ，Oligochæta）of tropical savannas，on soil organic matter[J]. Biology & Fertility of Soils，11（3）：234-238.

Materechera S A，2002 . Nutrient availability and maize growth in a soil amended with earthworm casts from a South African indigenous species[J]. Bioresource Technology，84（2）：197-201.

Milleret R，Bayon R C L，Lamy F，et al.，2009. Impact of roots，mycorrhizas and earthworms on soil physical properties as assessed by shrinkage analysis[J]. Journal of Hydrology，373（s3-4）：499-507.

Morrison I K，Foster N W，2001. Fifteen-year change in forest floor organic and element content and cycling at the Turkey Lakes Watershed[J]. Ecosystems，4（6）：545-554.

Perry D A，1995. Self-organizing systems across scales[J]. Trends in Ecology & Evolution，10（6）：241-244.

Pulleman M M，Six J，Breemen N V，et al.，2005. Soil organic matter distribution and microaggregate characteristics as affected by agricultural management and earthworm activity[J]. European Journal of Soil Science，56（4）：453-467.

Wang Q F，Jiang X，Guan D W，et al.，2018. Long-term fertilization changes bacterial diversity and bacterial communities in the maize rhizosphere of Chinese Mollisols[J]. Applied Soil Ecology，125：88-96.

Xu J，Chen X，Zhong W，2018. Present situation and evaluation of contaminated soil disposal technique[J]. IOP Conference Series：Earth and Environmental Science，178：012029.

Xue R，Wang C，Liu X L，et al.，2022. Earthworm regulation of nitrogen pools and dynamics and marker genes of nitrogen cycling：A meta-analysis[J]. Pedosphere，32（1）：131-139.

Schaefer M，Juliane F，2007. The influence of earthworms and organic additives on the biodegradation of oil contaminated soil[J]. Applied Soil Ecology，36（1）：53-62.

Scheu S，2003. Effects of earthworms on plant growth：Patterns and perspectives：The 7th international symposium on earthworm ecology·Cardiff·Wales·2002[J]. Pedobiologia，47（5-6）：846-856.

Shipitalo M J，Protz R，1976. Chemistry and micromorphology of aggregation in earthworm casts[J]. Western Journal of Medicine，124（1）：357-374.

Shuster W D，Subler S，Mccoy E L，2001. Deep-burrowing earthworm additions changed the distribution of soil organic carbon in a chisel-tilled soil[J]. Soil Biology and Biochemistry，33（s7-8）：983-996.

Smith V R，2003. Soil respiration and its determinants on a sub-Antarctic island[J]. Soil Biology and Biochemistry，35（1）：77-91.

Speratti A B，Whalen J K，2008 . Carbon dioxide and nitrous oxide fluxes from soil as influenced by anecic and endogeic earthworms[J]. Applied Soil Ecology，38（1）：27-33.

Sun Y G，Li X Z，Mander Ü，et al.，2011. Effect of reclamation time and land use on soil properties in Changjiang River Estuary，China[J]. Chinese Geographical Science，21（4）：403-416.

Vogel H J，Roth K，2001. Quantitative morphology and network representation of soil pore structure[J]. Advances in Water Resources，24（3）：233-242.

Wachendorf C，Potthoff M，Ludwig B，et al.，2014. Effects of addition of maize litter and earthworms on C mineralization and aggregate formation in single and mixed soils differing in soil organic carbon and clay content[J]. Pedobiologia，57（3）：161-169.

Wolters V，2000. Invertebrate control of soil organic matter stability[J]. Biology and Fertility of Soils，31（1）：1-19.